Kurt Lotz

Einführung in die Geologie des Landes Hessen

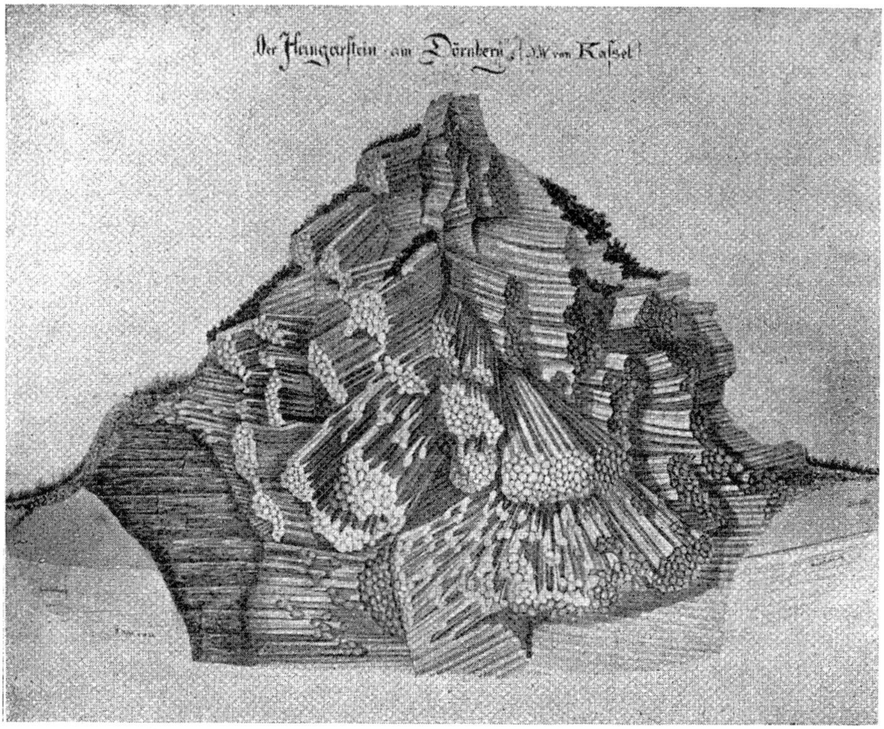

Der Hangarstein bei Kassel.

Kurt Lotz

Einführung in die Geologie des Landes Hessen

HITZEROTH

Die Deutsche Bibliothek – CIP-Einheitsaufnahme

Lotz, Kurt:
Einführung in die Geologie des Landes Hessen / Kurt Lotz.
– Marburg : Hitzeroth, 1995
ISBN 3-89616-180-6

Umschlaggestaltung: Regina Grebe
Herstellung: Hitzeroth Buchverlag
Druck: J. A. Koch, Marburg
ISBN 3-89616-180-6

Inhalt

Vorwort 9

Hilfsmittel 11

Einleitung 12

Von der geologischen Urzeit bis zur Gegenwart 15

Das Erdaltertum oder Paläozoikum 20

- Kambrium 20
- Ordovizium 20
- Silur 20
- Devon 22
- Karbon 24
  - Der westliche Odenwald 29
  - Der Vorspessart 33
  - Das Rheinische Schiefergebirge 35
    - Der Taunus 36
    - Der Westerwald 43
    - Die Ausläufer des Rheinischen Schiefergebirges im Nordwesten von Hessen 48
    - Der Kellerwald 49
    - Spuren des Variskischen Gebirges zwischen dem Rheinischen Schiefergebirge und dem Thüringer Wald bzw. Harz 50
- Das Perm 50
  - Das Rotliegende 50
  - Der Zechstein 54

Das Erdmittelalter 66
Die Trias 66
Der Buntsandstein 66
Der Muschelkalk 78
Der Keuper 84
Der Jura 85
Die Kreide 86

Die Erdneuzeit 89
Das Tertiär 89
Das Paläozän 92
Das Eozän 94
Das Oligozän 97
Das Miozän 102
Das Pliozän 104
Die große Umgestaltung Hessens 104
Verwerfungen und Gräben 104
Der Vulkanismus 115
Vulkanite in Südhessen und im Rheinischen Schiefergebirge 118
Die Rhön 122
Der Vogelsberg 125
Vulkanite im südlichen und westlichen Randgebiet des Vogelsberges 130
Vulkanite nordwestlich und nördlich des Vogelsberges 133
Das Quartär 142
Das Eiszeitalter 142
Eiszeiterscheinungen in Hessen 148
Das Holozän 151
Dolinen und Erdrutsche 151

Moore 154
Erdbeben und Meteoritenfälle 156
Erdbeben 156
Meteoritenfälle 161

Die Flußgeschichte 162
Der Rhein 162
Der Neckar 168
Die Odenwald-Flüsse 173
Der Main 173
Der ältere Unter-Main 173
Der Klingenberger Zufluß 174
Der jüngere Unter-Main 180
Der untere Mittel-Main 182
Der obere Mittel-Main 184
Der Ober-Main 185
Rechte Nebenflüsse des Mains 186
Die Gewässer im Taunus 192
Die Lahn 195
Schwalm, Eder und Diemel 201
Fulda und Werra 205

Künstliche Gewässer: Kanalpläne 210

Die Bodenschätze 220
Der Bergbau 220
Hessen als geohistorischer Pate 222
Hessische Mineral-Namen 222
Hessische Gesteins-Namen 222
Die Mineralquellen 222
Die Erdwärme 229

Hessen in Raum und Zeit 231

Anhang 237

Zur Gesteinskunde 237

Magmatite 237

Sedimente 237

Metamorphite 238

Das »Kristallin« 239

Die geographische Lage von Hessen seit dem Erdaltertum 239

Geologische Zeittafel 240

Die Erdoberfläche von Hessen innerhalb seiner politischen Grenzen 241

Gliederung des Eiszeit-Alters 242

Die Gezeiten in der geologischen Vergangenheit 243

Die Menge des Vogelsberg-Basalts 246

Museen in Hessen 247

Übersicht 247

Alphabetische Übersicht 248

Literatur 251

Abbildungsverzeichnis 258

Orts- und Bergeverzeichnis 260

Vorwort

Das vorliegende Buch soll eine Lücke füllen, die im geologischen Schrifttum des Hessenlandes vorhanden ist. Es fehlte seither eine zusammenfassende Darstellung der Geologie des Landes Hessen.

Mit Ausnahme des Landes Sachsen-Anhalt und des Saarlandes sowie des rheinländischen Teils des Landes Rheinland-Pfalz gibt es für alle anderen deutschen Länder entsprechende Werke, zum Teil sogar mehrere, zum Beispiel für Bayern.

Es liegen zwar für einige hessische Landschaften Einzel-Darstellungen vor, aber für den größten Teil des Landes fehlen sie.

Die vorliegende Darstellung erhebt nicht den Anspruch, allen Bereichen der geologischen Wissenschaft gerecht zu werden. Sie stellt vielmehr das in den Vordergrund, was vor allem den Laien zunächst einmal in die Erdgeschichte oder Geologie des Landes Hessen einführen kann.

Für die im Rahmen der Heimatkunde am geologischen Geschehen der Vergangenheit, Gegenwart und Zukunft Interessierten ist deshalb dieser Leitfaden in allgemein verständlicher Form geschrieben worden.

Der Verfasser ist sich des Risikos bewußt, daß strenge Wissenschaftler einer populären Darstellung skeptisch gegenüberstehen.

In dem 1990 erschienenen Buch »Naturkundliche Wanderungen in Hessen« von Gerhard E. Schmitt schreibt dieser in der Einleitung:

»Eine einfache, verständliche und dennoch sachlich richtige Einführung in die Geologie ist heute leider eine Seltenheit. Für die meisten Wissenschaftler ist eine spannende Darstellung der geologischen Abläufe eher verpönt.«

Trotzdem hat es der Verfasser gewagt, das vorliegende Werk in der Hoffnung zu schreiben, daß es einem großen Leserkreis Freude an der geologischen Wissenschaft bringen wird, wobei insbesondere an seine Verwendung in den hessischen Schulen gedacht ist, denen darüber seither keine Unterlagen zur Verfügung gestanden haben.

Die Darstellung hält sich nicht an die politischen Grenzen des Landes Hessen, sondern greift an vielen Stellen auch darüber hinaus, zumal früher fast der ganze Westerwald und der gesamte Taunus bis zum Rhein sowie das linksrheinische Rheinhessen mit den Städten Bingen, Mainz und Worms einmal zu Hessen gehört haben.

Inhaltlich beschränkt sie sich auf das eigentlich geologische Geschehen, während Ausführungen über die Pflanzen- und Tierwelt der vergangenen

Erdzeiten und ihre Versteinerungen nur am Rande stehen. Auch die Schilderung der Gesteine und Mineralien sowie der Bodenschätze und ihrer Verwertung steht nicht im Vordergrund.

Der Stoff ist so gegliedert worden, daß er im wesentlichen die zeitliche Folge der geologischen Epochen widerspiegelt.

Einen breiten Raum nimmt die Flußgeschichte ein.

Für ihre schriftlich erteilten Auskünfte danke ich den Universitätsprofessoren Dr. H. Berckheimer, Dr. D. Henningsen, Dr. H. Liedtke, Dr. H. J.Lippolt, Dr. R. Maas und Dr. C. D. Schönwiese.

Auch den gegenwärtigen und früheren Geologen des Hessischen Landesamtes für Bodenforschung in Wiesbaden schulde ich für ihre Mitteilungen Dank, es sind die Herren H. J. Anderle, Dr. H. Hickethier, Dr. B. Hölting, Dr. F. Nöring, Dr. K. Reul und Dr. W. Stengel-Rutkowski sowie Dr. H. Murawski. Der Dank gilt auch dem Mitarbeiter des Landesamtes Dr. G. Seidenschwann. Auch dem Staatsarchiv Marburg danke ich für seine Auskunft, ferner dem Diplom-Geologen Dr. G. E. Schmitt für seine Ratschläge.

Besonderen Dank schulde ich dem Ende 1985 verstorbenen Tübinger Universitätsprofessor Dr. K. Beurlen für seine schriftliche und mündliche Mitarbeit.

Das gilt auch für den Ende 1991 verstorbenen Diplom-Geologen Dr. H. Steinert, der lange Jahre hindurch als geologischer Fachmann das wissenschaftliche Beiblatt der Frankfurter Allgemeinen Zeitung betreut hat. Er hat mein gesamtes Werk durchgearbeitet und mit zahlreichen Beiträgen versehen.

Der Leitfaden soll das Verstehen des geologischen Geschehens ermöglichen und damit die Freude an der schönen Natur unseres Hessenlandes steigern.

Schlüchtern, im Jahre 1995

Kurt Lotz

Hilfsmittel

Das Hessische Landesamt für Bodenforschung, Leberberg 9, 65193 Wiesbaden, stellt zwei geologische Übersichtskarten von Hessen zur Verfügung, die für den Leser dieses Buches als Ergänzung dienen können: erhältlich ist eine Karte im Maßstab 1 : 1.000.000, die etwa 40 x 40 cm groß ist und für eine Übersicht ausreicht. Eine vereinfachte Skizze davon befindet sich am Schluß dieses Buches. Weiterhin ist eine Karte im Maßstab 1 : 300.000 erhältlich, die etwa 75 x 100 cm groß ist und schon für ein detaillierteres Studium bestimmt ist.

Daneben decken den hessischen Raum 173 geologische Blätter im Maßstab 1 : 25.000 ab, von denen 1995 elf noch nicht bearbeitet waren. 105 Blätter sind älteren Datums, sie stammen aus der Zeit von 1876 bis 1939 und sind nur noch bedingt brauchbar. 32 davon sind zudem vergriffen und können nur noch in einigen Bibliotheken eingesehen werden. Dagegen sind 64 als Nachdruck (Faksimile) wieder lieferbar. In den letzten drei Jahrzehnten sind 57 neuere Blätter mit sehr ausführlichen Erläuterungen in Buchform erschienen. Diese geologischen Blätter sind etwa 75 x 70 cm groß und sind in erster Linie für den Fachgeologen bestimmt.

Wer sich zunächst über die wichtigsten Begriffe der Gesteinskunde oder Petrographie unterrichten möchte, sollte zuerst das entsprechende im Anhang stehende Kapitel lesen.

Einleitung

> ... die Geologie hat es uns gelehrt, die Ordnung der Natur mit den nüchternen Mitteln der Beobachtung und der logischen Folgerung aufzuspüren und die gefundene schildernd nachzubilden, damit sie jeder auffassen könne...
>
> (Hans Cloos)

Der Altmeister der Geologie Hans Cloos (1885–1951) hat in dem nebenstehenden Blockbild das Hessenland so dargestellt, daß sein geologischer Aufbau ins Auge fällt.

Das Blockbild zeigt eindrucksvoll die geologischen Groß-Strukturen, die Hessen aufbauen:

Im Zentrum steht der Großvulkan des Vogelsbergs, ostwärts flankiert vom Rhöngebirge, von dem nordwärts einige geologische Gräben ausgehen, die sich in das Leinetal fortsetzen. Westlich taucht dunkelgrau das Rheinische Schiefergebirge auf aus dem Untergrund, in dem sonst die Urgebirge der

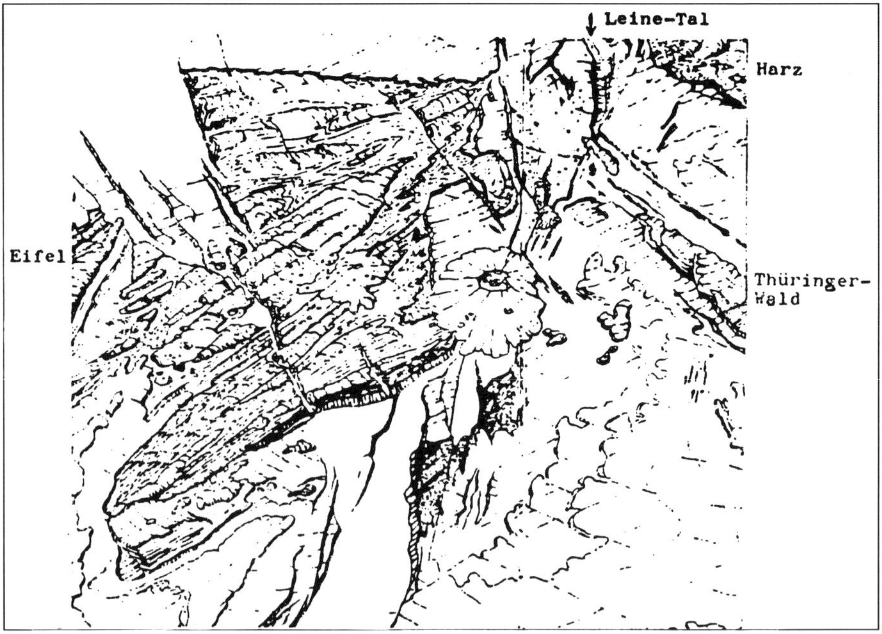

Abb. 1: Blockbild von Hessen.

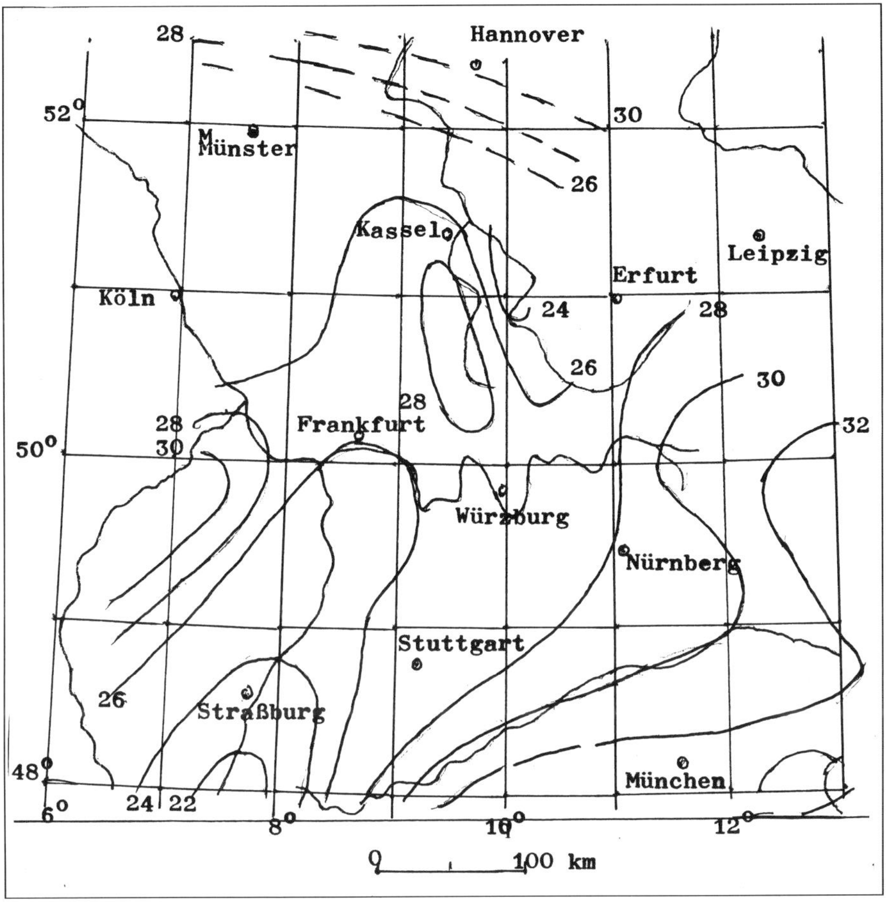

Abb. 2: Krustenmächtigkeit in Kilometer nach seismischen Messungen.

geologischen Vorzeit verborgen liegen. Nach Südwesten beherrscht hell, geologisch jung, die Groß-Struktur des Oberrheintal-Grabens mit dem Westausläufer des Mainzer Beckens das Bild, ostwärts flankiert vom Odenwald – uraltem Grundgebirge, daher dunkel – und vom Taunus.

Wie die hessischen Landschaften entstanden sind, soll im Folgenden dargestellt werden.

Das geologische Geschehen beschränkt sich auf die äußerste Zone unseres irdischen Planeten, auf die feste Erdkruste. Sie nimmt einen nur sehr geringen Teil der Erde ein. Während der mittlere Halbmesser der Erde 6371 Kilometer groß ist, nimmt die feste Kruste noch nicht einmal ein halbes Prozent davon ein. Durch künstliche Sprengungen und Messungen der Zeitdauer des Empfangs der reflektiert werdenden Erdbebenwellen hat man die

Dicke oder Mächtigkeit der Erdkruste in Hessen gemessen. Die Abbildung 2 zeigt die Ergebnisse.

Die Erdkruste unter dem Hessenland ist 24 bis 28 Kilometer dick.

Die Mächtigkeit der Erdkruste beträgt unter den Kontinenten im Mittel etwa 30 Kilometer, schwankend zwischen 24 und 35 Kilometer. Unter den Ozeanen jedoch beträgt sie nur 10 Kilometer und weniger, unter Hochgebirgen dagegen bis zu 60 Kilometer. Doch auch diese dünne Haut über dem umhüllenden Erdmantel ist nur oberflächlich durch Bohrungen erschlossen: Die tiefste Bohrung in Hessen ist die Bohrung »Hofheim 3« im Oberrhein-Tal, sie erreichte 2796,5 Meter und wurde zur Erdöl- und Erdgas-Exploration niedergebracht. Die derzeit tiefste Bohrung der Welt erreichte auf der Kola-Halbinsel rund 12 Kilometer. Eine in der Oberpfalz durchgeführte Forschungs-Bohrung ist 9,1 Kilometer tief vorgetrieben worden.

Die Geologen haben die geologische Geschichte der Erde in die Urzeit, Frühzeit, das Altertum, Mittelalter und die Neuzeit gegliedert.

Auf Seite 240 ist die geologische Zeittafel zu finden.

Messel 45 Mio Jahre

Von der geologischen Urzeit bis zur Gegenwart

Über das geologische Geschehen im Hessenland kann nur für den Zeitraum der letzten 500 Millionen Jahre etwas ausgesagt werden, weil hier keine älteren Gesteine vorhanden sind. Dieser Zeitraum umfaßt jedoch nur etwa ein Neuntel der Zeit des Bestehens der Erde. Was sich vor den letzten 500 Millionen Jahren ereignet hat, das liegt zu einem großen Teil im Dunkel des noch Unerforschten.

Die Erde ist gleichzeitig mit den anderen Planeten und der Sonne vor rund 4,6 Milliarden Jahren entstanden. Wahrscheinlich ist sie aus einem Schwarm von Kleinstplaneten gebildet worden, die auf ihren Bahnen um die Sonne zusammenstießen. Die bei der Zusammenballung erzeugte Wärme führte zum teilweisen Schmelzen der Materie, so daß sich die Erde im Urzustand schließlich in einem Aggregatzustand befand, der ein Übergang zwischen dem festen und flüssigen Zustand war und ein Fließen der plastischen zähflüssigen Materie ermöglichte. Der Gehalt der Materie an radioaktiven Elementen trug und trägt zur Aufrechterhaltung der Wärme im Erdinneren bei.

Die auf den Planeten wirkende Abkühlung ließ dann große Teile der Oberfläche fest werden. Es entstand schließlich eine die gesamte Erdoberfläche umschließende feste Kruste.

Die ältesten Teile der Erdkruste haben ein Alter von 4,2 Milliarden Jahren.

Über der Erdkruste entstanden die Lufthülle und der Wassermantel, in dem vor 4 bis 3 Milliarden Jahren die ersten Lebewesen erzeugt worden sind.

Unter der festen Erdkruste entstanden und entstehen auch heute noch Wärmeströmungen der zähflüssigen Materie, d. h. die wärmere Materie steigt auf und die kältere Materie sinkt ab, so daß die großen Strömungszellen ungefähr kreisförmig aufgebaut sind.

In diese zähflüssige Materie tauchen die Wurzeln der festen Erdkruste ein, so daß sich ihre Teile, wenn auch in abgeschwächtem Maße, mitbewegen!

Die Platten der Erdkruste konnten und können ihren Standort also allmählich verlagern.

Man nimmt an, daß die in den Gesteinen der Erdkruste vorhandenen magnetischen Mineralien über diese Bewegungen der Platten Aufschluß geben können, weil sich die nadelförmigen Kristalle der magnetischen Mineralien während des Festwerdens der Gesteine noch in dem damals bestehenden Magnetfeld der Erde ausrichten konnten, so daß ihre gegenwärtige

Lage eine Rekonstruktion des früheren erdmagnetischen Feldes ermöglicht. Das Magnetfeld der Erde existiert wahrscheinlich schon seit etwa 4 Milliarden Jahren, mindestens aber seit 2,7 Milliarden Jahren. Seine Entstehung hängt mit den Strömungen der Materie im Erdinnern zusammen. Erst vor rund 30 Jahren ist die Magneto-Hydrodynamische Dynamo-Theorie für die Entstehung des Magnetfeldes der Erde als seither einzige Erklärungsmöglichkeit aufgestellt worden. Eine wesentliche Voraussetzung der Theorie ist die Annahme, daß die Lage der hypothetischen Magnet-Achse der Erde immer nahezu mit der Lage der Rotations-Achse der Erde übereingestimmt hat. 1980 lag der nördliche Magnetpol bei 79° nördlicher Breite und war damit rund 1220 Kilometer vom Nordpol mit 90° geographischer Breite entfernt. Der südliche Magnetpol lag 1980 bei nur 66° südlicher Breite und war somit sogar rund 2670 km vom Südpol entfernt.

Diese verhältnismäßig großen Differenzen zwischen der Lage der Pole haben zwar manche Zweifel an der Berechtigung der Annahme aufkommen lassen, ob aus der gegenwärtigen Ausrichtung der magnetischen Kristalle in der Erdkruste auf die frühere Lage der Teile der festen Erdkruste geschlossen werden darf, doch steht der geologischen Wissenschaft zur Zeit keine andere Möglichkeit zur Verfügung, die ohne Zweifel vorhanden gewesenen Plattenbewegungen für die Vergangenheit zu rekonstruieren. Die amerikanischen Geologen Ziegler und Scotese haben 1983 für die letzten 540 Millionen Jahre Erdkarten gezeichnet, aus denen auch die ungefähre Lage des Hessenlandes entnommen werden kann. Die Abbildung 3 zeigt diese Karten.

Vor 540 Millionen Jahren lag danach Hessen auf der südlichen Erdhalbkugel, dort, wo sich heute Kap Horn als südliche Spitze des südamerikanischen Kontinentes befindet. Es gehörte zusammen mit den baltischen Ländern zu einer als Baltica bezeichneten Platte der Erdkruste. Sie wanderte nordostwärts und näherte sich der sich nördlich davon bewegenden sibirischen Platte. Vor 420 Millionen Jahren hatten sich beide Platten zusammengeschlossen. In der Folgezeit kamen von Osten und Süden, später auch von Norden her weitere Platten dazu, so daß vor rund 200 Millionen Jahren ein Riesenkontinent entstand, der den Namen Pangäa erhalten hat. Er teilte sich in der folgenden Zeit wieder auf.

In Abbildung 4 sind die ungefähren Lagen des Hessenlandes noch einmal in eine gegenwärtige Erdkarte eingetragen worden.

Die geographischen Koordinaten sind auf Seite 239 verzeichnet, ebenso die Entfernungen der 16 Punkte voneinander sowie die Wanderungsgeschwindigkeiten. Insgesamt hat die Platte mit dem Hessenland in den letzten 540 Millionen Jahren eine Strecke von fast 23 000 Kilometern zurückgelegt und dabei eine durchschnittliche Geschwindigkeit von 4,26 Zentimeter je Jahr gehabt.

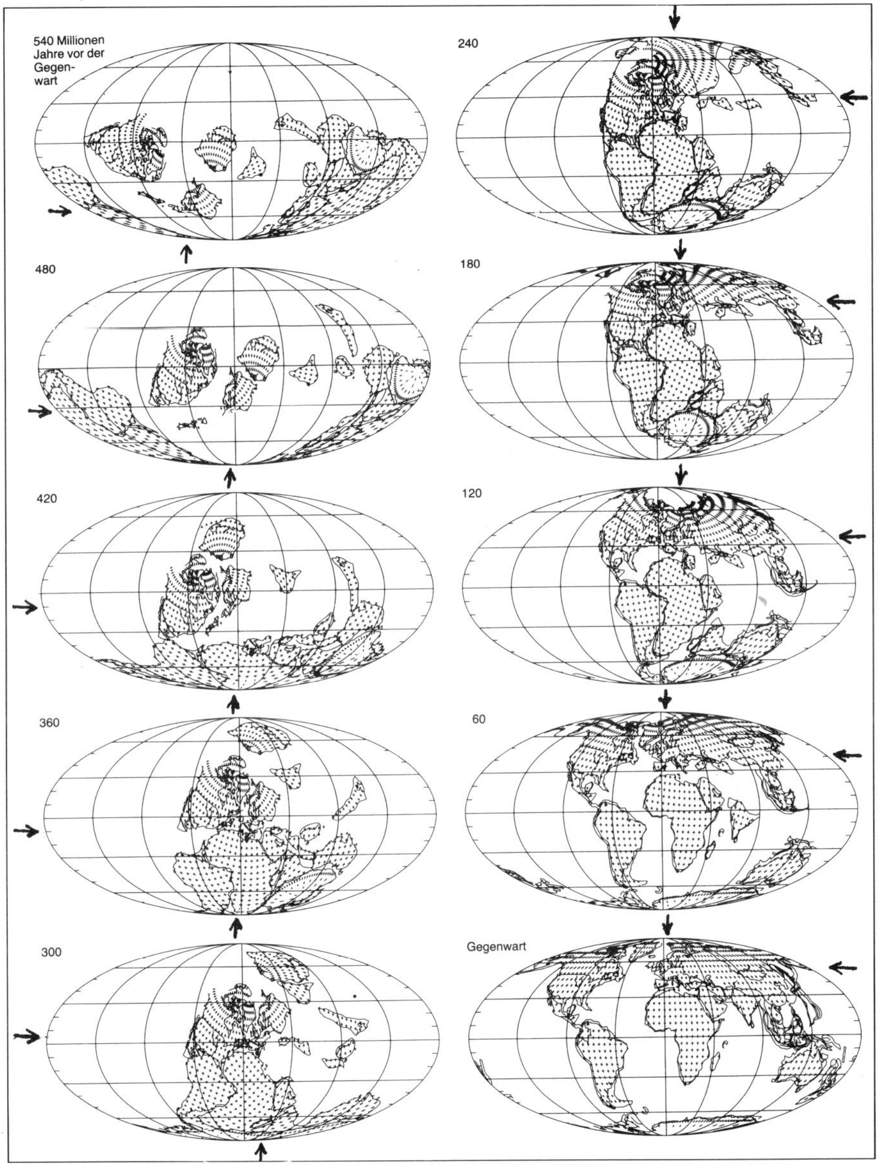

Abb. 3: Kontinentverteilung während der vergangenen 500 Millionen Jahre aufgrund paläomagnetischer Daten (nach Ziegler und Scotese 1983).

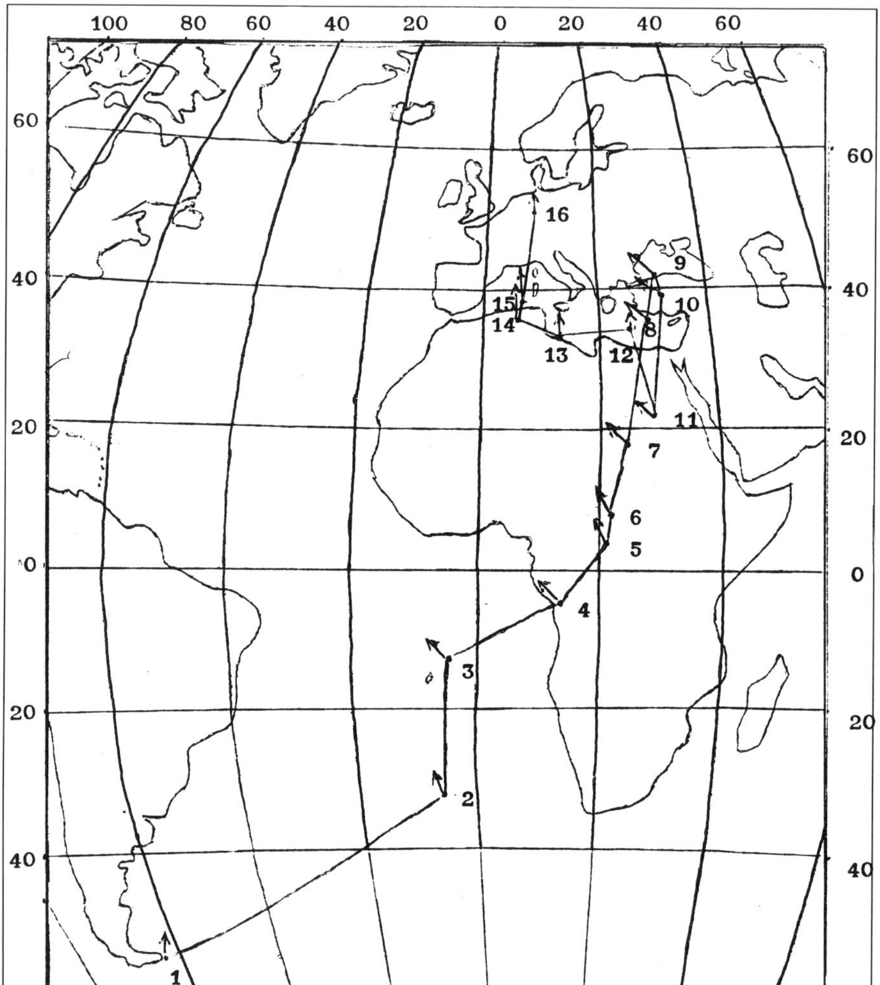

Abb. 4: Die Wanderung der mitteleuropäischen Platte.

Bei der Beschreibung der geologischen Geschichte wird darauf im Einzelnen noch eingegangen.

Daß sich im Laufe der Wanderung das Klima geändert hat, versteht sich von selbst.

Daß sich aber auch die Orientierung der geographischen Lage des Hessenlandes geändert hat, versteht sich nicht von selbst. Die Abbildung 4 zeigt für jeden der 16 Punkte die geographische Orientierung mit einem Pfeil. Der gegenwärtigen Nord-Süd-Orientierung entsprachen in der Vergangenheit meist andere Orientierungen, vorwiegend von Nordwesten nach Südosten. Die Platte hat sich also auch gedreht. Auch darauf wird unten noch eingegangen.

Die Tektonik ist die Lehre vom Aufbau der Erdkruste. Die oben skizzierte Aufteilung der Erdkruste in einzelne Platten hat der modernen geologischen Theorie der Platten-Tektonik den Namen gegeben.

Die Anfänge dieser Theorie gehen, wenn auch in veränderter Form, auf den Deutschen Wegener (1880–1930) zurück.

Das Erdaltertum oder Paläozoikum

Kambrium

Vor 590 Mio. J. begann das Erdaltertum oder Paläozoikum mit dem Kambrium. Europa lag damals vermutlich unter einer Bedeckung durch Inlandeis, weil eine Kälteperiode zu diesem Zeitpunkt ihren Höhepunkt erreichte. Nach dem Abschmelzen der Eisdecke kam es zu einer Überflutung durch das Meer, die vor 530 Mio. J. ihren höchsten Stand erreichte. Es herrschte ein gemäßigtes Klima mit reichen Niederschlägen. In der ausschließlich im Meer lebenden Tierwelt bildeten urtümliche Krebse, die Trilobiten (Dreilappkrebse) den Hauptanteil. Das Kambrium ging vor 505 Mio. J. zu Ende. Kambrische Gesteine sind in Hessen nicht gefunden worden.

Ordovizium

In der Zeit des Ordoviziums, die vor 505 Mio. J. begann und vor 438 Mio. J. endete, war Hessen wahrscheinlich dauernd von einem Meer mittlerer Tiefe bedeckt. Aus dieser Zeit stammen die ältesten Gesteine des Hessenlandes. Es sind die am früher vorhanden gewesenen Andreasteich bei Gießen lagernden Quarzite. Quarzite sind durch Kieselsäure verfestigter Sand. Er kann sich im Wattenmeer abgesetzt haben. Die Quarzite sind der letzte Überrest zerstörter älterer Gesteine. Das Klima entsprach zu Beginn der Zeit des Ordoviziums schon dem der subtropischen Zone (Punkt 2 in Abbildung 4 Seite 18).

Das Meer bewohnten im Ordovizium zahlreiche wirbellose Tiere, u. a. Korallen, Schnecken, Muscheln, Seeigel und Kieselschwämme. Die Pflanzenwelt umfaßte im Ordovizium nur niedere Arten, z. B. Algen und Tange.

Silur

Die Zeit des Silurs dauerte von vor 438 Mio. J. bis vor 408 Mio. J. Das Klima nahm allmählich einen tropischen Charakter an. Am Ende der Silur-Zeit lag das Hessenland zwischen dem 12. und 11. südlichen Breitengrad, war also nur noch rund 1300 km vom Äquator entfernt. Bewegungen in der Erdkruste führten dazu, daß sich im äußersten Nordwesten eine Festlandschwelle

Abb. 5: Die Festlandschwelle im mittleren Silur. K = Korbach, W = Warburg.

heraushob, die das Gebiet nördlich von Korbach umfaßte, wie das die Abbildung 5 zeigt.

Aber auch in den vom Meer bedeckten Teilen bildeten sich Schwellen, welche die Wasserzirkulation behinderten, so daß es in den Trögen u. a. zur

Ablagerung von schwarzem Graptolithenschiefer kam. Im Kellerwald südlich von Bad Wildungen tritt er heute zutage. Die Graptolithen waren den Quallenpolypen ähnelnde Meeresbewohner. Ihre versteinerten Reste – Fossilien – ermöglichen als Leitfossilien eine genaue zeitliche Einordnung der Fundschichten.

Die Schiefer waren zuerst im Meer abgelagerte lockere, Sand und Ton enthaltende Gesteine. Bei einer späteren Gebirgsbildung sind sie im Erdinnern durch großen Druck bei hoher Temperatur zusammengepreßt worden.

Durch das Ablagern der Gehäuse abgestorbener Meeresbewohner, z. B. der Muscheln, entstand der Kalkstein. In der Lindener Mark südlich am Stadtrand von Gießen lagern bis zu 70 m mächtige Kalkgesteine, die aus dieser Zeit stammen.

Es erschienen im Meer schon die ersten Wirbeltiere, z. B. die Panzerfische. Im Silur eroberten nacktsamige Pflanzen erstmals das Festland.

Devon

Die Zeit des Devons begann vor 408 Mio. J. und hat 48 Mio. J. gedauert.

Das Klima hatte immer einen tropischen Charakter, weil sich die mitteleuropäische Plattform in der Nähe des Äquators befand.

Im Devon traten bei der Landpflanzenwelt u. a. Bärlappe, Schachtelhalme und Farne auf. Die Tierwelt wurde durch flügellose Insekten und durch Amphibien bereichert.

In der Zeit des Devons ereigneten sich auf der nördlichen Halbkugel der Erde einschneidende geographische Veränderungen. Nordamerika und Europa wurden zu einer großen Festlandsmasse vereinigt, die man als Laurasia bezeichnet. Zunächst stieß dabei die nordamerikanisch-grönländische Plattform mit der osteuropäischen Plattform zusammen, womit das zusammenhängende Festland des sich nördlich von Hessen erstreckenden Old-Red-Kontinents entstand, der in Abbildung 6 auf Seite 23 schraffiert zu sehen ist.

Gegen Ende des Devons hin stiegen dann die Inselketten der mitteldeutschen Kristallinschwelle über den Meeresspiegel empor, deren großräumiger Verlauf in Abbildung 6 dargestellt ist. Während die weißgebliebenen Flächen Meere darstellen, sind die schraffierten Flächen Festländer.

Die mitteldeutsche Kristallinschwelle ist eine schmale Aufwölbung des tiefen Untergrundes zwischen der skandinavischen Schwelle des Old-Red-Kontinents im Norden und der europäischen Zentralschwelle im Süden, die gleichzeitig entstand.

Sie erstreckte sich mit 50 bis 100 km Breite von der Normandie über das Saarland und Hessen sowie Thüringen bis nach Sachsen und ist ein Produkt von gebirgsbildenden Prozessen.

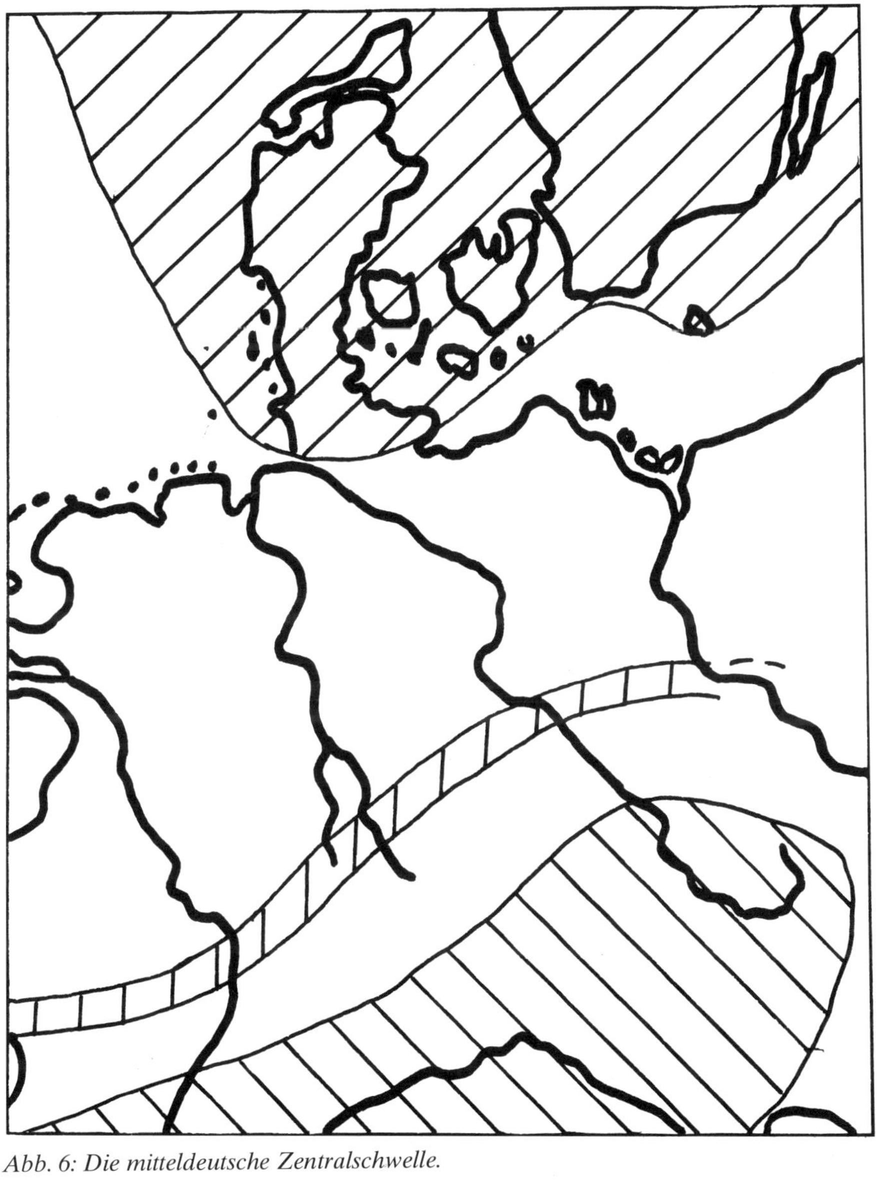

Abb. 6: Die mitteldeutsche Zentralschwelle.

Sie ist vielleicht durch ein randliches Übereinandergleiten von zwei Schollen der Erdkruste entstanden, die sich dabei an den Rändern leicht zu der Schwelle aufwölbten. Zu der Aufwölbung können auch Wärme-Transporte aus dem Erdinnern beigetragen haben: An der Nahtstelle der Schollen stieg plastisches hocherwärmtes Material aus dem Erdinnern höher hinauf und wölbte die darüber liegenden Teile der Erdkruste empor. Das emporgestiegene Magma-Material erstarrte als Tiefengestein-Magmatit – oder wurde durch Umwandlung zu Metamorphit: Gabbro, Granit, Diorit und Gneis sind der »kristalline« Unterbau dieser mitteldeutschen Schwelle, die man auch als »Kristallin-Zone« bezeichnet.

Ihre ungefähren Grenzen sind in Abbildung 7 dargestellt.

Die nördliche Grenze verlief etwa von Wiesbaden über Eppstein, Bad Nauheim, Grünberg, Alsfeld und Rotenburg an der Fulda nach Treffurt. Die südliche Grenze ging aus dem Raum Heidelberg über Klingenberg und Gemünden am Main nach Bad Kissingen an der fränkischen Saale.

Die mitteldeutsche Schwelle ist kein hohes Gebirge gewesen, sondern eine nur flache Erhebung, die ein nördliches und ein südliches Meer voneinander getrennt hat.

Wärmedome haben wahrscheinlich vor allem im Bereich des westlichen Odenwaldes und des Vorspessarts sowie des Thüringer Waldes mitgewirkt, weil die kristallinen Gesteine hier später am höchsten aufgestiegen sind.

Unter einem Wärmedom verstehen die Geologen eine Aufwölbung der Erdkruste, die durch ein besonders hohes Aufsteigen des plastischen Untergrundes verursacht worden ist.

Karbon

In der Zeit des Karbons (360–286 Mio. J.) rückten mehrere Festlandsmassen so nahe aneinander, daß der Großkontinent Pangäa entstand. Dabei stieß ein sich etwa von Südosten nach Nordwesten bewegender Teil des von Süden herannahenden Gondwanalandes gegen den mitteleuropäischen Teil des im Norden befindlichen Kontinents Laurasia. Dieser Zusammenstoß führte im Kollisionsbereich zur Entstehung eines großen Faltengebirges. Es hat nach dem Namen des germanischen Volksstamms der Varisker den Namen Variskisches Gebirge erhalten. Die Varisker waren in der Gegend um Hof in Bayern beheimatet.

Die Abbildung 8 zeigt die hauptsächlichen Strukturen dieses Faltengebirges.

Der schraffierte Teil im Bereich von Skandinavien stellt Festland dar. Dänemark und Norddeutschland waren von einem Meer bedeckt. Der schraffierte Teil stellt das Variskische Gebirge dar.

Der Druck ist in Süddeutschland am stärksten gewesen, weil die bis zu 15 km mächtigen Krustenschollen bis zu 40 km von ihrem ursprünglichen Ort verschoben worden sind. Hier wölbten sich empor die Vogesen, der Schwarzwald, Bayerische Wald, Böhmerwald sowie der Oberpfälzer Wald.

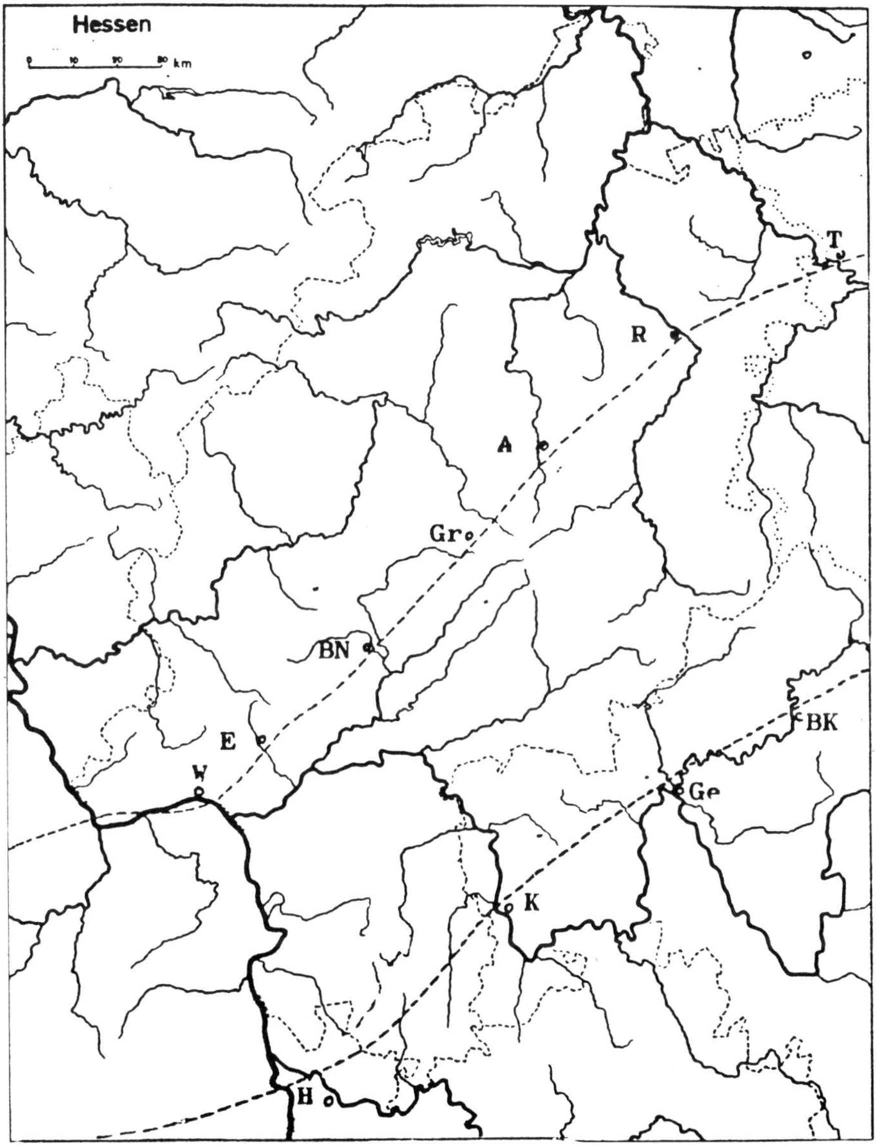

Abb. 7: Die mitteldeutsche Kristallin-Zone.
A= Alsfeld, BK= Bad Kissingen, BN= Bad Nauheim, E= Eppstein, Ge= Gemünden, Gr= Grünberg, H= Heidelberg, K= Klingenberg, R= Rotenburg/Fulda, T= Treffurt, W= Wiesbaden.

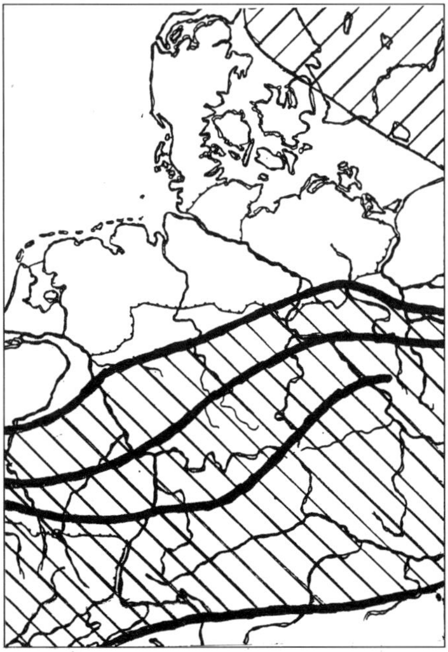

Abb. 8: Das Variskische Gebirge

In dem parallel dazu liegenden mitteldeutschen Gebiet, zu dem Südhessen gehört, wirkte sich der Druck etwas schwächer aus, so daß die Gesteine nur noch bis zu 30 km geschoben worden sind. Hier wölbten sich vor allem der Odenwald, Vorspessart und Thüringerwald auf. Dabei wurde die ganze Mitteldeutsche Schwelle in die Gebirgsbildung einbezogen. Ihre nördliche Grenze fiel etwa mit dem heutigen Taunuskamm zusammen.

In dem noch weiter nördlich liegenden Gebiet, das auch Mittel- und Nordhessen umfaßt, faltete sich das Rheinische Schiefergebirge auf. Seine ganz oder teilweise zu Hessen gehörenden Teile sind der Taunus, der Westerwald und das Rothaargebirge. Es entstanden weiter das Waldecker Bergland, der Kellerwald und Teile des Werragebirges westlich von Bad Sooden-Allendorf.

Die hier lagernden Gesteine, die einmal den Boden eines Meeres gebildet hatten, sind zum Teil durch die sich von Südosten heranschiebenden Krustenschollen abgeschürft und dann aufgefaltet worden. Dabei wurden die Falten meist nach Nordwesten hin abgekippt. Südlich des Taunuskamms sind die Gebirgsfalten dagegen meist nach Südosten gekippt worden.

Die Kämme der Falten stellten sich quer zur Richtung des sie erzeugenden Druckes, so daß sie ungefähr von Südwesten nach Nordosten streichen. Diese Richtung nennt man die variskische oder die erzgebirgische. In diesen Ausführungen wird sie stets als die variskische bezeichnet.

Das Variskische Gebirge war etwa doppelt so breit wie die sehr viel später entstandenen Alpen und hat aber wohl nur die Hälfte ihrer Höhe erreicht. Jedenfalls schließt man aus der geringen Größe der Gerölle, die sich bei der späteren Verwitterung gebildet haben, daß das Variskische Gebirge kein Hochgebirge gewesen ist.

Während dieser Gebirgsbildungs-Vorgänge wurden die Gesteine im Erdinnern, wie schon bei der Bildung der mitteldeutschen Schwelle, hohen Temperaturen und Drücken ausgesetzt, die sie veränderten (Metamorphose). Gleichzeitig stiegen aus der Tiefe heiße Magmen auf, die entweder als Plutonite erstarrten oder als Vulkanite bei Eruptionen auf der Erdoberfläche erkalteten. So bildeten sich Kristallingesteine aller Art.

Auf das vulkanische Geschehen wird auf den Seiten 115ff. näher eingegangen. Altersbestimmungen an Gesteinen des variskischen Odenwaldes haben für den dunklen Glimmer (Biotit) ein Alter von 413 bis 325 Mio. J. ergeben, d. h. der Glimmer ist in einer Tiefe von 10 bis 15 km bei der Abkühlung auf 400 bis 500° Celsius kristallisiert, und von diesem Zeitpunkt an zählt das obige Alter.

Für ein anderes Mineral, die schwarze Hornblende, ergab sich ein Alter von 329 bis 336 Mio. J., sie dürfte bei 200° bis 300° in 10 bis 15 km Tiefe erstarrt sein.

Das Alter beider Gesteine fällt in die Zeit des Höhepunktes der Gebirgsbildung, er lag zeitlich an der Wende vom unteren zum oberen Karbon vor 333 Mio. J.

Im tropischen Klima des Karbons entwickelte sich auf dem Festland ein üppiger Pflanzenwuchs, aus dem in nichthessischen Teilen des Variskischen Gebirges die reichsten Kohlenlager der Erdgeschichte hervorgegangen sind. Das Karbon wird deshalb auch als die Steinkohlenzeit bezeichnet. In der Tierwelt erschienen die ersten Reptilien. Die Reste des Variskischen Gebirges in Mitteleuropa bilden heute ein kompliziertes Schollenmosaik.

Einen Überblick über die gegenwärtig noch sichtbaren Rümpfe des ehemaligen Variskischen Gebirges gibt Abbildung 9.

Man erkennt dort das große Rheinische Schiefergebirge, den westlichen Odenwald, den Vorspessart und Teile des Werra-Gebirges.

Der Vogelsberg und die Rhön gehören nicht dazu.

Sie sind erst in sehr viel späterer Zeit vulkanisch entstanden. Allerdings besteht der Untergrund des Vogelsberges aus Schollen, deren Ränder z. T. von SW nach NO streichen, also die variskische Richtung besitzen, was auf die Beanspruchung auch dieses Gebietes während der Entstehung des Variskischen Gebirges hinweist.

Die bei der Auffaltung des Variskischen Gebirges beteiligten Gesteine der früheren Kristallin-Zone sind später zum Teil nach der durch die Verwitterung erfolgten Abtragung der früher noch darüber lagernden Gesteine freigelegt worden. Sie treten in Hessen nur im westlichen Odenwald

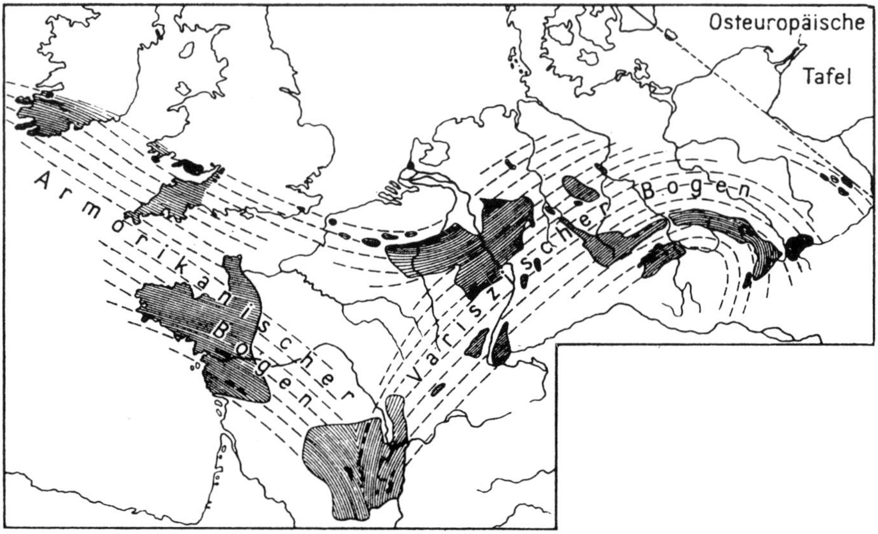

Abb. 9: Die noch vorhandenen Rümpfe (schraffiert) des ehemaligen mitteleuropäischen Variskischen Gebirges (gestrichelt) mit ihren Steinkohlenvorkommen (schwarz).

und im Vorspessart zutage und außerhalb Hessens noch im Thüringer Wald.

In anderen Teilen Hessens lagern sie im tieferen Untergrund, wo sie nur durch Bohrungen festgestellt werden können.

Für die südliche Rhön liegen darüber Daten vor:

	Höhenlage des Ortes	Höhenlage des kristallinen Grundgebirges
Hettenhausen	373 mNN	- 94,5 mNN
Dalherda	668 mNN	245,5 mNN
Brückenau	332 mNN	83,0 mNN
Kissingen	200 mNN	-715,0 mNN

Die Abbildung 10 läßt erkennen, daß die heutige Erdoberfläche – von einigen Taleinschnitten abgesehen – der Wölbung des Grundgebirges in großen Zügen folgt.

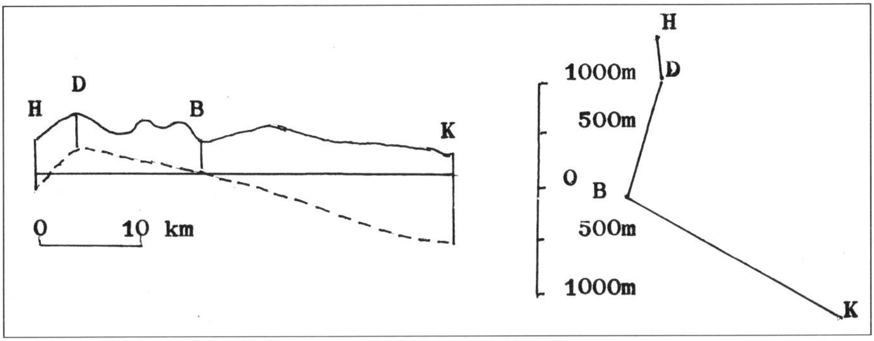

Abb. 10: Die Höhenlage des Grundgebirges unter der Erdoberfläche in der südlichen Rhön.
H= Hettenhausen, D= Dalherda, B= Brückenau, K= Kissingen (10fache Überhöhung).

Der westliche Odenwald

Den flächenmäßig größten Aufschluß der kristallinen Gesteine bildet der westliche Odenwald. Die Abbildung 11 zeigt ihn.

Er ist ein 10 bis 15 km breiter und rund 60 km langer Gebirgszug.

Die westliche Grenze ist der Bruchrand der Oberrheinischen Tiefebene an der Bergstraße von Heidelberg nach Darmstadt. Im Norden endet er am Sprendlinger Horst nördlich von Darmstadt und südlich von Dieburg an der Rheinheimer Bucht. Im Osten und Süden grenzen die kristallinen Gesteine an den in einem späteren Erdzeitalter vom Buntsandstein bedeckten größeren Teil des östlichen Odenwaldes.

Die Grenze im Osten entspricht ungefähr der als Otzberg-Störung bezeichneten »Verwerfung«. Bei einer Verwerfung sind die Gesteinsschichten in senkrechter Richtung gegeneinander verschoben worden. Bei der Otzbergstörung liegen die kristallinen Gesteine gegenwärtig im Westen höher, während sie im Osten tiefer liegen und meist vom Buntsandstein bedeckt sind.

Der Gebirgszug des westlichen Odenwaldes ist ein von Kuppen und Rücken bedecktes Rumpfgebirge. Die auf den Hochflächen entspringenden Bäche der Modau und der Weschnitz fließen dort in weiten Talmulden, während sie am Bergstraßen-Rand in auffallend eng eingeschnittenen Tälern zur Oberrheinischen Tiefebene gelangen.

In der Nähe von Zwingenberg an der Bergstraße erhebt sich als markanter Berg der Malchen (Melibocus) mit 517 m. Er ist aber nicht die höchste Erhebung des westlichen Odenwaldes. Das ist die etwa 10 km weiter östlich gelegene, 605 m hohe Neunkircher Höhe. Sie überragt die Rhein-Ebene um etwa 500 m.

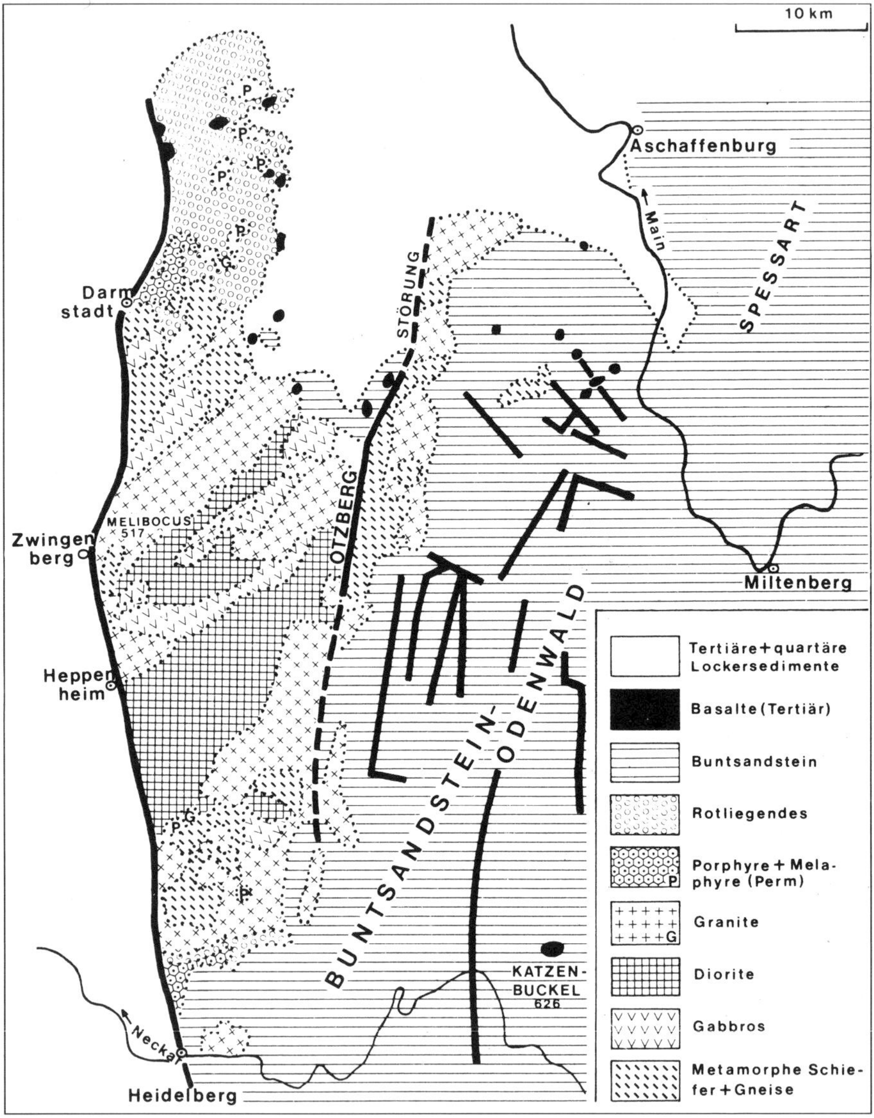

Abb. 11: Geologische Übersichtskarte des Odenwaldes.

Den größten Teil des westlichen Odenwaldes bedeckt der Granit. Als weitere Tiefengesteine treten auch Diorit und Gabbro zutage. Metamorphe Schiefer und Gneise sind auch vorhanden.

Die Schichten der kristallinen Gesteine streichen meist von SW nach NO, was sich an der Oberfläche auch in der Anlage von gleichgerichteten Käm-

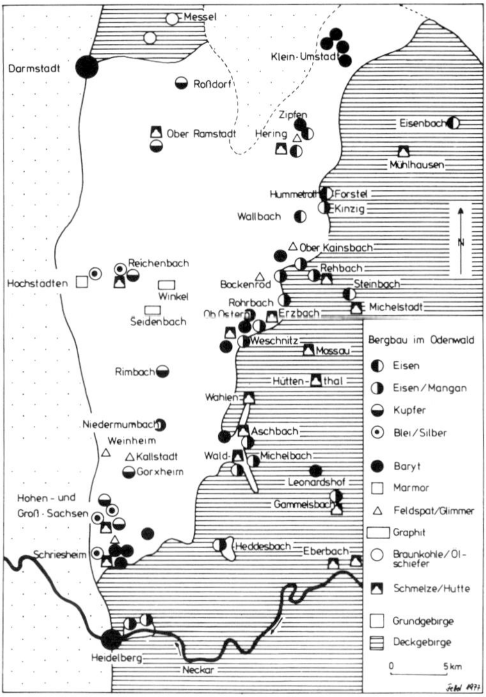

Abb. 12: Bergbau im Odenwald.

men und Mulden ausprägt. Sie bezeugen ihre Formung bei der Auffaltung des Variskischen Gebirges.

Bei der Gebirgsbildung sind ursprünglich an der Erdoberfläche lagernde alte Kalkgesteine in das Erdinnere versenkt worden. Im Innern der Gebirgsfalten sind sie bei hohem Druck und hoher Temperatur in Marmor umgewandelt worden. Er trat bei Hochstädten östlich von Auerbach und Bensheim zutage und ist von 1845 bis 1974 über und unter Tage in einer Tiefe bis zu 130 m abgebaut worden. Wegen seiner schönen Bänderung war er berühmt.

Bei der Gebirgsbildung sind in der Erdkruste zahlreiche Spalten und Klüfte entstanden. In diese Hohlräume konnten die aus dem zähflüssigen Untergrund der Erdkruste stammenden heißen Wässer eindringen. Diese Wässer hatten in der Tiefe bei der dort herrschenden hohen Temperatur die dort befindlichen Metalle gelöst. Es handelt sich hauptsächlich um Eisen, Mangan, Kupfer, Blei und Silber. Wenn diese Lösungen bei der Aufwärtswanderung abkühlten, kristallisierten die gelösten Metalle und Mineralstoffe aus und füllten die Klüfte und Spalten. Man bezeichnet sie dann als Gänge. An vielen Stellen des Odenwaldes sind die Erze abgebaut worden. Die Abbildung 12 gibt einen Überblick über den Bergbau im Odenwald.

Eisenerze sind seit dem Mittelalter am Otzberg bei Hering bis 1857 abgebaut worden. Der Otzberg – ein junger Basaltschlot – liegt etwa 20 km ost-süd-östlich von Darmstadt.

Der Abbau von Eisen- und Manganerzen hat aber zeitweise auch noch in 18 weiteren Gemarkungen stattgefunden.

Im nördlichen Odenwald hat man bei Nieder-Beerfelden am Glasberg, bei Waschenbach am Emmertsberg und bei Nieder-Ramstadt am Wingertsberg Silbererze abgebaut. Seit 1923 wurden auch Kobalt-, Kupfer- und Nickelerze gefördert.

Bergbau auf Kupfererze ist auch noch bei Reichenbach, Rimbach, Hohen- und Groß-Sachsen betrieben worden, auf Blei- und Silbererze bei Hochstädten und Reichenbach sowie bei Hohen- und Groß-Sachsen und Schriesheim. 1944 war der Abbau überall beendet.

Ein weiterer Bodenschatz ist der Baryt oder Schwerspat, das Bariumsalz der Schwefelsäure. Er wurde auch aus hydrothermalen Lösungen abgesetzt. Er ist u. a. am Otzberg und auch noch in 19 weiteren Gemarkungen abgebaut worden. Schwerspat wurde in der Farben- und Papierindustrie verwendet. Seit 1939 ruht der Abbau.

1,3 km östlich von Reichenbach befindet sich der eindrucksvolle 12 Meter hohe und aus verkieseltem Schwerspat bestehende Hohenstein.

Gefördert wurde im Odenwald auch Graphit. Er ist nicht aus Wässern abgesetzt worden, sondern aus organischen Substanzen hervorgegangen. Er bildete das Endglied von folgender natürlicher Entwicklungsreihe: Torf, Braunkohle, Steinkohle, Anthrazit, Graphit.

Zwischen 1855 und 1863 sind 10 Gruben zwischen Kirschhausen und Gadernheim/Kolmbach für den Abbau von Graphit in Betrieb gewesen, aus denen man 10 000 Zentner reinen Graphit gewonnen hat. Man verwendet Graphit u. a. bei der Herstellung von Bleistiften, Elektroden und Schmelztiegeln.

Der Granit kann bei der Verwitterung an den Hängen der Berge Blockmeere bilden. Die unter Naturschutz gestellten 18 Blockmeere des 515 m hohen Felsbergs befinden sich östlich und südlich von seinem Gipfel. Der Felsberg liegt 2 km nördlich von Reichenbach, und Reichenbach liegt rund 4 km ost-süd-östlich vom Malchen. Die Römer hatten den Felsberg-Granit für ihre Bauwerke verarbeitet. Die Säulen des Trierer Domes bestehen aus ihm. Eine über 9 m lange und am Fuß 1,29 m dicke Säule ist nicht mehr abtransportiert worden und befindet sich heute noch an ihrem Ursprungsort.

Abb. 13: Die Gesteine des Vorspessarts. Al= Alzenau, As= Aschaffenburg, B= Bieber, Ge= Gelnhausen, Gei= Geislitz, H= Hörstein, S= Somborn.

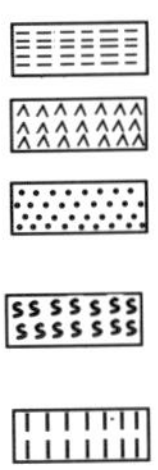

Gneis

Glimmerschiefer

Para- und Biotit-Gneis

Glimmerschiefer und Biotit-Gneis

Diorit

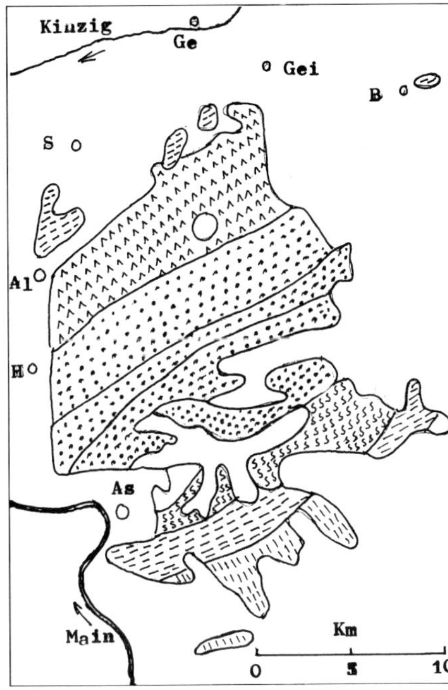

Der Vorspessart

Die kristallinen Gesteine des Odenwaldes setzen sich nach Nordosten in den Vorspessart fort. Gegenwärtig besteht zwischen ihnen aber eine Lücke, die sich an der Erdoberfläche über eine Entfernung von etwa 10 bis 15 km erstreckt. Den Vorspessart zeigt Abbildung 13.

Der Vorspessart ist etwa 12 km breit und 20 km lang und hat somit nur etwa ein Drittel der Größe des westlichen Odenwaldes.

Seine westliche Grenze verläuft in ungefähr nord-südlicher Richtung von Alzenau nach Süden und stellt den Stufenrand zum Hanauer Becken dar. Im Norden verläuft sie in variskischer Richtung von Alzenau nach Geislitz, wo der Spessart in die Niederung des Kinzigtales übergeht. Im Osten und Süden grenzt er zerlappt an die mit einer Landstufe beginnende Tafel der weiten Flächen des Buntsandstein-Spessarts.

Die steilstehenden Schichten des Vorspessarts haben eine kuppige und vielfach gegliederte Landschaft erzeugt.

Der 436 m hohe Quarzit-Rücken des Hahnenkamms östlich von Alzenau ist der höchste Berg. Er überragt die Main-Ebene um etwa 300 m.

Im südlichen Teil des Vorspessarts tritt das Tiefengestein Diorit zutage. Ihm schließen sich nach Norden hin mehrere Zonen von anderen Gesteinen

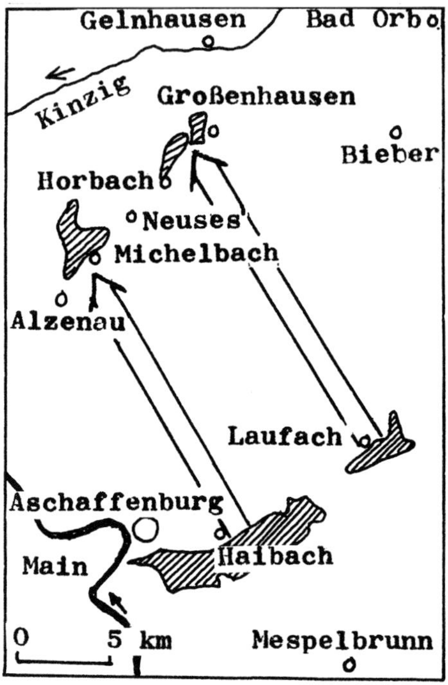

Abb. 14: Die Überschiebung im Vorspessart.

mit variskischem Streichen an, wobei auf einen Streifen von Glimmerschiefer und Biotit-Gneis mehrere Streifen von Biotit-Gneis folgen. Biotit ist dunkler Glimmer. Durch die Ausrichtung der Glimmerlättchen entstand dabei die schiefrige Struktur.

Noch weiter nördlich folgt eine Zone mit Glimmerschiefer. Am Nordrand des Vorspessarts befindet sich wieder eine Zone mit Gneis.

Die Ähnlichkeit des Gneises östlich von Aschaffenburg mit dem Gneis am Nordrand läßt vermuten, daß sich bei der Gebirgsbildung die von Südosten nach Nordwesten vorschiebenden Schichten des Gneises über andere Gesteinsschichten hinweg bewegt haben. Sie lagern gegenwärtig am Nordrand unter einem 40 bis 60 Grad gegen die Waagerechte nach Nordwesten geneigten Winkel. Abbildung 14 zeigt die Lage all dieser Gesteine.

Die einander ähnlichen Gesteine sind mindestens 17 km voneinander entfernt. Es kann auch die Möglichkeit nicht ausgeschlossen werden, daß eine hochaufgerichtete Gesteinsfalte nach Nordwesten hin abgekippt war. Die in dem 17 km breiten Zwischenraum früher lagernden Gesteinsschichten hätte dann die Verwitterung später abgetragen. Das gilt sowohl für eine Überschiebung wie auch für das Überkippen einer Falte.

7 km vom östlichen Rand der Gesteine des Vorspessarts entfernt und nordöstlich von ihm tritt bei der Ortschaft Bieber an einigen Stellen ein sogenannter Staurolith-Gneis zutage. Er ist ein Gneis, der mit hellem und dunklem Glimmer durchsetzt ist und das Silikat-Mineral Staurolith enthält. Zweifellos steht dieses Vorkommen unterirdisch mit dem gleichen Gneis des Vorspessarts in Verbindung, zumal es genau in dessen Streichrichtung liegt. Es ist in Abbildung 13 Seite 33 oben rechts zu sehen. Auf die geologischen Verhältnisse bei Bieber wird später noch einmal eingegangen.

Das Rheinische Schiefergebirge

Während im Odenwald und Spessart die ältesten Gesteine der mitteldeutschen Kristallin-Zone zutagetreten, sind es im Rheinischen Schiefergebirge vorwiegend die in der Zeit des Devons entstandenen Gesteine. Es sind hauptsächlich Sedimentgesteine, wie z. B. Sandsteine, die bei der Verwitterung anderer Gesteine entstanden sind und aus Sandkörnern bestehen, die mit tonigen oder kalkigen Bindemitteln verfestigt wurden. Die Grauwacken sind ein im Meer abgesetztes, meist graugefärbtes sandsteinhaltiges Sediment. Auch die Tonschiefer bestehen vorwiegend aus feinen Sandkörnern, die aber bei der Gebirgsbildung im Erdinnern durch großen Druck verfestigt worden sind. Große Verbreitung haben die Quarzite. Sie bestehen ebenfalls aus Sand, sind aber durch Kieselsäure verfestigt worden, wodurch sie eine sehr große Härte besitzen. Die Kieselsäure ist im Erdinnern entstanden, und zwar beim Schmelzen von Sand. Die Kieselsäure hat sich dann teilweise in den Wässern des Erdinnern aufgelöst und ist mit ihnen aufgestiegen. Bei der Abkühlung in der Nähe der Erdoberfläche ist die Kieselsäure dann ausgefällt worden, so daß sie die sie umgebenden Gesteine durchdringen und verfestigen konnte. Man kann die Quarzite sowohl zu den Sedimentgesteinen als auch zu den metamorphen Gesteinen zählen.

An Ergußgesteinen sind hauptsächlich Keratophyr und Diabas aufgedrungen.

Einen Überblick über das Rheinische Schiefergebirge gibt Abbildung 15.

Es bedeckt etwa ein Viertel des hessischen Bodens und ist damit nach dem Buntsandstein die zweitgrößte Fläche des Landes Hessen.

Es umfaßt linksrheinisch das Hohe Venn, die Eifel und den Hunsrück und rechtsrheinisch den Taunus, Westerwald, das Siegerland und Sauerland sowie den Kellerwald.

Zu Hessen gehören der Taunus sowie Teile des Westerwaldes und der Kellerwald.

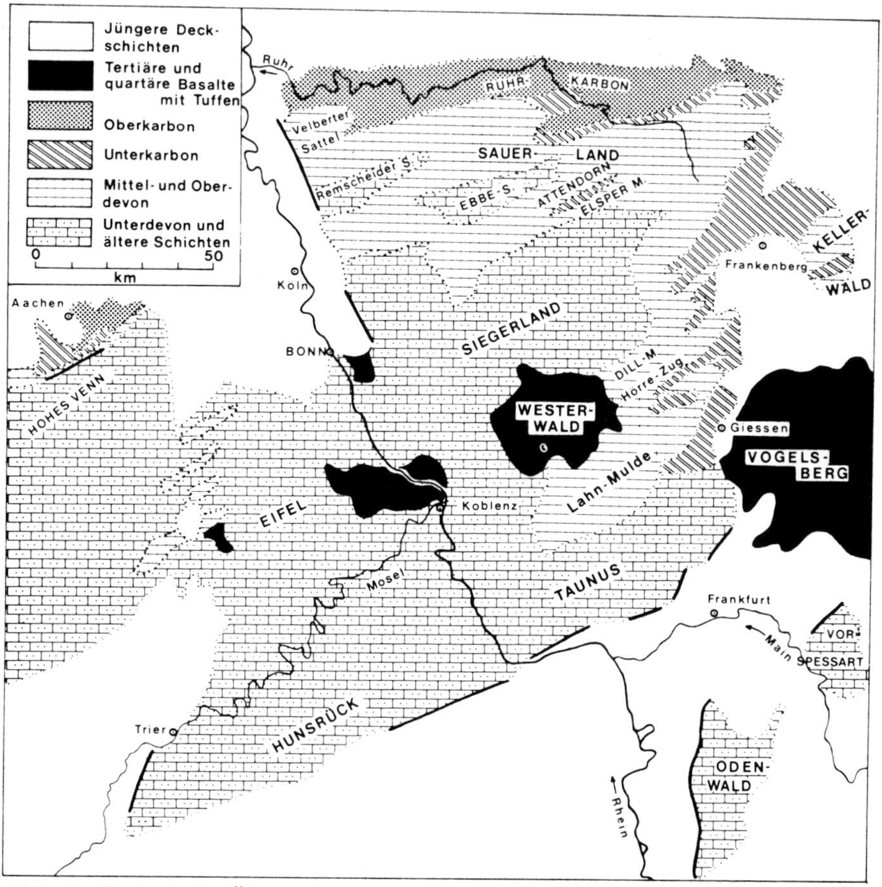

Abb. 15: Geologische Übersichtskarte des Rheinischen Schiefergebirges.

Der Taunus

Der Taunus wird im Westen vom Rhein begrenzt und im Norden von der Lahn. Im Osten endet er an der Ebene der Wetterau und im Süden an der Rhein-Main-Ebene. Damit ist er eine der größten Landschaften von Hessen.

Er ist eine Hochfläche von 400 mNN, die im Süden von dem als »Höhe« bezeichneten 75 km langen Kamm überragt wird, der als höchste Erhebung den 879 m hohen Großen Feldberg hat.

Der Kamm beginnt im Westen eigentlich schon im Rhein, machte er sich dort doch durch die aus sehr hartem Taunusquarzit bestehenden Klippen des Binger Lochs bemerkbar. Um die Rheinschiffahrt zu ermöglichen, mußten die Klippen fortgesprengt werden.

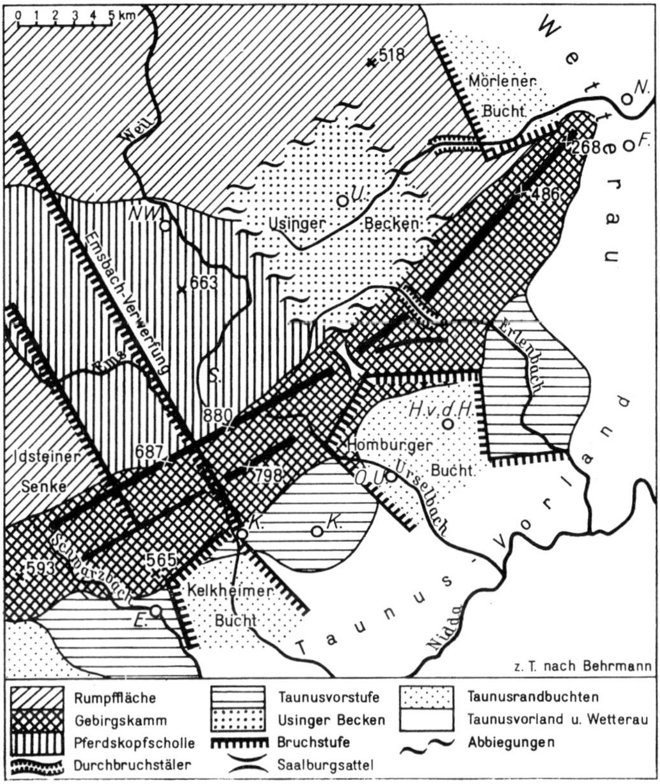

Abb. 16 Der östliche Taunus.

Der Taunuskamm, die Höhe, verläuft in variskischer Richtung (etwa von WSW nach ONO) bis zum Johannisberg bei Bad Nauheim.

Nach Norden flacht er allmählich zur Lahn ab, während er im Süden steil zur Rhein-Main-Ebene abfällt, deren tiefe Lage – hier um 100 mNN – durch den sehr viel später erfolgten Einbruch des Oberrheingrabens verursacht worden ist.

Die Taunus-Gesteine sind bei der Entstehung des Variskischen Gebirges, das durch den Druck einer etwa von SO nach NW driftenden Platte aufgefaltet worden ist, in zahlreiche Schollen zerstückelt worden, die dabei staffelartig senkrecht gegeneinander gehoben oder gesenkt worden sind. Die als Verwerfungen bezeichneten Grenzlinien zwischen den Schollen sind im Taunus sehr zahlreich. Sie haben zum größten Teil entweder die Richtung von SW nach NO oder die dazu senkrechte von SO nach NW.

Die Abbildung 16 gibt einen schematischen – d. h. sehr stark vereinfachten – Überblick über die im östlichen Taunus hauptsächlich dort vorhandenen Strukturen. Die Verwerfungen prägen das Bild am stärksten.

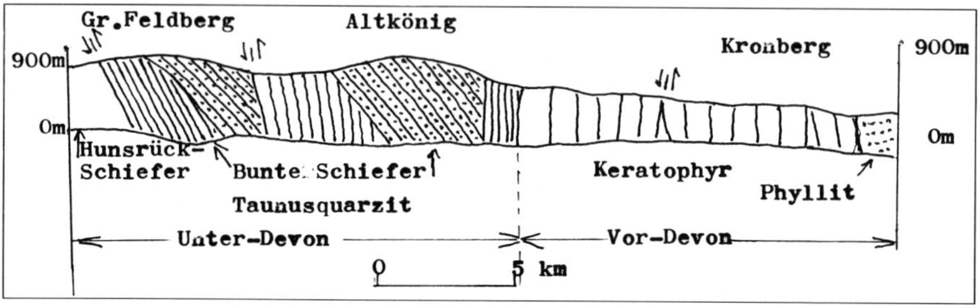

Abb. 17: Nordwest-Südost-Querschnitt durch den Taunus mit 3facher Uberhöhung.

Die Abbildung 17 zeigt einen von NW nach SO geführten Querschnitt über den Großen Feldberg und den Altkönig. Er ist mit dreifacher Überhöhung gezeichnet worden.

Der Querschnitt läßt die am Aufbau des Taunus-Kamms beteiligten Gesteine sowie deren steile Lagerung erkennen. Sie stehen z. T. senkrecht, und zum anderen Teil sind sie sogar nach NW gekippt.

Von den hier verzeichneten Gesteinen sind die ältesten, schon vor dem Zeitalter des Devons entstandenen Gesteine, der Phyllit und der Keratophyr. Der Phyllit ist ein dem Glimmerschiefer ähnliches Gestein und der Keratophyr ist dem Ergußgestein Porphyr verwandt. Über diesen Gesteinen lagerten sich dann im Unter-Devon ab der Taunusquarzit und die Schiefergesteine.

Auf dem Gipfel des Großen Feldbergs befindet sich die aus bunten Schiefern bestehende Felsklippe des Brunhildensteins, der unter Naturschutz gestellt worden ist.

Am Südosthang der Höhe knapp 2 km südwestlich der Saalburg bei Bad Homburg ist der Marmorstein unter Naturschutz gestellt worden. Dort tritt der Quarzit in mächtigen Blöcken und malerischen Felsklippen zutage. Die Bezeichnung »Marmor« ist irreführend, da es sich nicht um Kalk, sondern um Quarz handelt.

Auch auf dem Altkönig sind mächtige Felsbänke und Blockhalden von Taunusquarzit unter Naturschutz gestellt worden.

Das gilt auch für die Rentmauer bei Königstein, die einen klippenreichen Höhenzug bildet, der am 446 m hohen Dallenberg an drei Seiten Steilhänge aufweist.

An der Straße von Eppstein nach Lorsbach erhebt sich die senkrechte Wand des Waltersteins. Das Bergmassiv ist im Umkreis von 25 m als flächenhaftes Naturdenkmal geschützt. Der Berg besteht aus grünlich-grauem Schiefer, der als Phyllit bezeichnet wird und einen silbrigen Schimmer aufweist. Die Steilwand dient den Bergsteigern als Übungsgebiet. Sie ist etwa 50 m breit und 35 m hoch.

In der Nähe von Usingen bildet der Quarz eine 60 m lange und 17 m hohe Klippe, die als Füllung eines Gangs, also einer früheren Kluft, entstanden ist.

Die Eschenbacher Klippe wird auch von Bergsteigern durchklettert und ist als Naturdenkmal geschützt.

Im Unter-Devon wurden bis zu 3000 m mächtige Gesteinsschichten abgesetzt. Der Serizitgneis von Ehlhalten bei Königstein hat z. B. das unter-devonische Alter von 394 Mio. J. Der Serizitgneis ist aus ursprünglichen Tiefengesteinen hervorgegangen. Serizit ist ein hellgrüner Glimmer. Die grüne Farbe dieses Gesteins und auch der Grünschiefer ist durch den Gehalt an Eisenverbindungen verursacht worden. Falls das Eisen am Grunde eines tieferen Meeres vom Sauerstoff fast ganz abgeschlossen ist, bildet es keine gelb-braunen oder gar roten, sondern nur grünlich gefärbte Verbindungen.

Aus dem Mittel-Devon stammen neben den Tonschiefern, Sandsteinen, Quarziten und Grauwacken auch Kalksteine, die sich aus Korallenriffen gebildet hatten.

Korallen konnten nur in mindestens 21 Grad Celsius warmem Wasser leben. Die mitteleuropäische Scholle befand sich im Devon in der Nähe des Äquators.

Solche Kalkgesteine sind auch noch im Ober-Devon entstanden.

Die den Taunus aufbauenden Gesteine des Devons erreichen insgesamt Mächtigkeiten bis zu 8000 Meter!

All diese Gesteinsschichten sind meist schief gestellt, gefaltet, überschoben und zerstückelt worden.

Sie bedecken etwa die Hälfte der Taunusfläche. Sie reichen im westlichen Taunus nach Norden hin an vielen Stellen bis an die Lahn und z. T. noch darüber hinaus. Im östlichen Taunus endet ihre Verbreitung nach Norden hin etwa 15 km vor der Lahn. Dort sind aus dem Karbon stammende Tonschiefer, Kieselschiefer, Grauwacken und Kalkgesteine aufgeschlossen sowie das Eruptivgestein Diabas. Seine Entstehung ist ursächlich verknüpft mit dem Einsinken der Lahn- und Dillmulde. Das Einsinken begann im Unter-Devon, erreichte im Mittel-Devon seine größte Stärke und klang im Ober-Devon aus.

Der Diabas ist zum Teil in untermeerischen Ergüssen ausgeflossen.

Falls er die Erdoberfläche erreichte, wurden die Laven oft zu Asche zerstäubt, die sich dann als Tuff absetzte. Diese Tuffschichten sind bis zu 100 m mächtig. Wo die Diabassteine schichtig auftreten, werden sie auch als Schalstein bezeichnet.

Die Schiefergesteine des Taunus sind in zahlreichen Steinbrüchen abgebaut und u. a. zum Dachdecken verwendet worden.

Der Taunusquarzit ist an einigen Stellen auch abgebaut worden und in der chemischen Industrie u. a. zur Herstellung von feuerfesten Geräten verwendet worden. Z. B. wurde im Unterstrütchen bei Usingen der fast reine Quarz abgebaut und zur Herstellung von schwer schmelzbarem Glas verwendet.

In der Nähe von Limburg sind bis zum Ende des Zweiten Weltkrieges auch Phosphorite abgebaut worden. Der Phosphorit ist ein dem Mineral Apatit verwandtes Sedimentgestein und diente zur Herstellung von Düngemitteln.

Eine sehr viel größere Bedeutung hat früher der Abbau von Erzen im Taunus gehabt.

Die Abbildung 18 gibt einen Überblick über die Orte des früheren Abbaus von Eisenerzen in der Lahnmulde.

Die Lahnmulde umfaßt im Taunus den Raum südöstlich von Limburg, Weilburg und Wetzlar. Es sind hier allein über 50 frühere Gruben vorhanden. Vor allem die Eisenerze Rot- und Brauneisenstein wurden abgebaut, aber auch Erze, die Silber, Blei und Kupfer enthielten.

Aber auch außerhalb dieses Raumes der Lahnmulde ist im Taunus reger Bergbau betrieben worden.

So sind in der Lindener Mark bei Gießen, die bereits oben als Fundstätte der ältesten Gesteine des Hessenlandes (aus dem Ordovizium) genannt worden ist, in den »Taschen« der devonischen Kalksteine Erzlager vorhanden, die besonders Mangan enthielten. Die Lindener Mark war eines der bedeutendsten Mangan-Erz-Vorkommen in Deutschland. Es wurde 1841 entdeckt und bis 1967 abgebaut. Der Bergwerkswald steht jetzt unter Naturschutz.

Am 474 m hohen Glaskopf, etwa 6 km westlich von Butzbach, gab es seit der Mitte des 15. Jahrhunderts 18 Bergwerksfelder. In den meisten wurden Mangan- und Eisenerze gefördert, bei mehreren anderen auch Blei-, Silber- und Kupfer-Erze, und in einem Feld wurde Schwefelkies gewonnen. Um 1920 ging hier der Bergbau zu Ende.

Am östlichen Taunusrand befanden sich auch zahlreiche Erzgruben, in denen seit dem 15. Jahrhundert Erze abgebaut worden sind. Sie liegen in einem etwa 3 km breiten Streifen, der von Norden nach Süden verläuft und östlich von Wernborn bei Usingen liegt. Die Erze enthielten vor allem Blei, aber auch Silber, Kupfer, Eisen und Mangan.

Im hessischen Taunus ist der Bergbau überall eingestellt worden. Zum Teil waren die Vorkommen erschöpft, und zu einem anderen Teil war die Wirtschaftlichkeit wegen der billigeren ausländischen Konkurrenz nicht mehr gegeben.

Die ergiebigste Grube für den Eisenerz-Abbau ist die Grube Fortuna in der Lahnmulde gewesen. Sie liegt etwa 7 km west-nord-westlich von Wetzlar. Hier sind rund 100 Millionen Tonnen gefördert worden! Sie ist auch die Grube, in der die letzte Förderschicht in der Jahrtausende alten Geschichte des hessischen Eisenerzabbaus gefahren worden ist. Das geschah am 4.3.1983. Die Grube Fortuna wurde danach zu einem Besucherbergwerk ausgebaut.

Abb. 18: Der Bergbau auf Eisenerz in der Lahnmulde.

Die reichsten Erzgruben im Taunus befinden sich aber in seinem – nichthessischen – Westteil bis zum Rhein hin. Einer der hier zahlreichen Erzgänge zieht sich in variskischer Richtung 26 km lang hin. Er beginnt in Braubach am Rhein und endet in Dernbach nördlich der Lahn im Westerwald.

Er läuft über Bad Ems und heißt deshalb auch der Emser Gang. In 34 Stollen und 21 Schächten wurden die zumeist in Grauwacke eingebetteten bis zu 20 m mächtigen Erzgänge abgebaut. Bei Bad Ems geht der tiefste Schacht 782 m in die Erde.

Die Haupterze sind silberhaltiger Bleiglanz und Zinkblende. An einzelnen Stellen fand man auch gediegenes Silber und Kupfer.

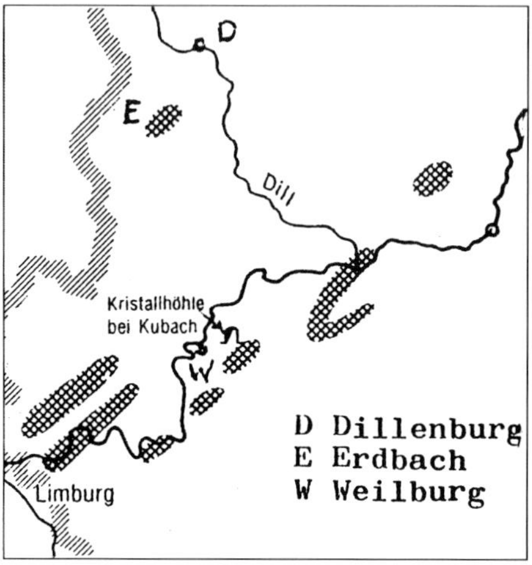

Abb. 19: Die devonischen Kalkgesteine im Taunus und Westerwald.

Wahrscheinlich haben schon die Römer hier die Erze abgebaut. Die erste urkundliche Erwähnung stammt aus dem Jahre 1158. 1963 wurde der Bergbau bei Ems aufgegeben.

Um Braubach am Rhein ist der Silberbergbau seit 1301 im Gang gewesen, später wurden hier vor allem Bleierze abgebaut. Die Schornsteine der das Bleierz verarbeitenden Hütte stehen auf den Höhen bei Braubach und bilden einen eigenartigen Kontrast zu der sich über Braubach erhebenden schönen Marksburg.

Die Abbildung 19 zeigt die Verbreitung der devonischen Kalksteine im Taunus und Westerwald.

In der Nähe von Weilburg befindet sich in den aus Korallenriffen entstandenen Kalkgesteinen die Kubacher Kristallhöhle. Sie ist erst 1981 für Besucher zugänglich gemacht worden.

Die Abbildung 20 zeigt einen Längsschnitt, der ihre großen Ausmaße erkennen läßt.

Sie hat eine Länge von rund 200 m, ist bis zu 26 m breit und bis zu 30 m hoch. 1976 hat man sie durch einen 130 m langen Stollen zugänglich gemacht.

Der älteste Teil ist die am höchsten gelegene Kapelle. Die z. T. unter dem Grundwasserspiegel liegenden unteren Teile, darunter der Dom, sind später entstanden.

Eine unterirdische Quelle speist einen kleinen See. Die tiefste Höhlensohle liegt rund 60 m unter der Erdoberfläche. Das die Höhle verlassende Wasser fließt zu der noch 15,70 m tiefer fließenden Weil.

Die Höhle ist in einer von Norden nach Süden streichenden senkrechten Kluft durch das Auflösen des Kalks in durchfließendem Wasser

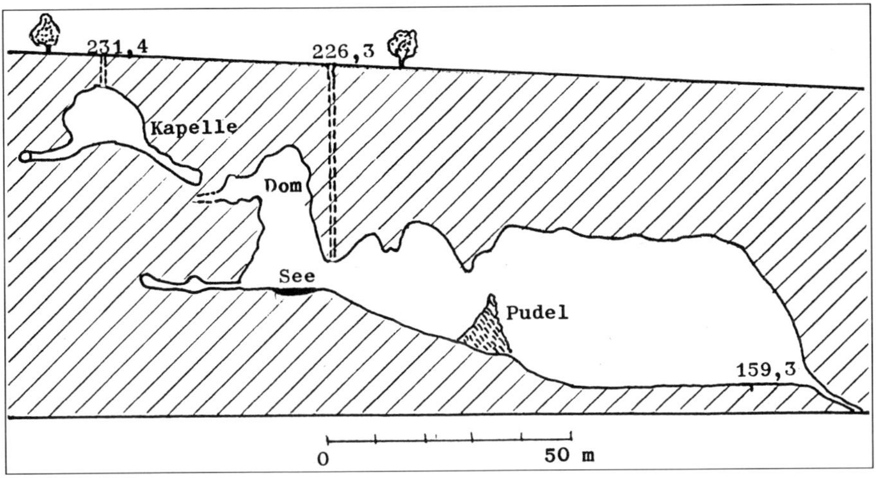

Abb. 20: Längsschnitt durch die Kubacher Kristallhöhle.

entstanden. Sie ist z. T. mit Kalkschutt und hineingespültem Lehm gefüllt.

Das Einzigartige an dieser größten deutschen Schauhöhle sind nicht die einzelnen Tropfsteine, sondern die Millionen von Kristallen aus Kalkspat, mit denen große Teile der Wände überzogen sind und sinterartige Krusten bilden.

Sie haben sich wahrscheinlich aus dem mit Kalk übersättigten Wasser niedergeschlagen, und zwar unter dem Spiegel des die Höhle teilweise füllenden Wassers. Als Zeit der Entstehung der Höhle gilt das Eiszeitalter.

Professor Rietschel hat sie als in der Größe und Ausdehnung einmalig und wegen ihres Kristall-Reichtums als Sensation bezeichnet.

Die Kubacher Kristallhöhle und die – sehr viel kleinere – Teufelshöhle bei Steinau im Kinzigtal, die unten beschrieben wird, sind die beiden einzigen Schauhöhlen des Hessenlandes.

Der Westerwald

Nördlich vom Taunus liegt der Westerwald. Er wird im Süden begrenzt von der Lahn, im Westen vom Rhein, im Norden von der Sieg und im Osten entweder schon von der Dill, oder, wenn man das Gladenbacher Bergland noch dazurechnet, erst von der Lahn.

Die Abbildung 21 gibt einen Überblick, der den hessischen Teil umfaßt.

Der Westerwald hat seine höchste Erhebung in der 657 m hohen Fuchskaute, die etwa 30 km nördlich von Limburg liegt.

Der Westerwald wird im hessischen Teil von den gleichen Gesteinen wie der Taunus aufgebaut. Es sind Sandsteine und Quarzite, Tonschiefer und Schiefer-

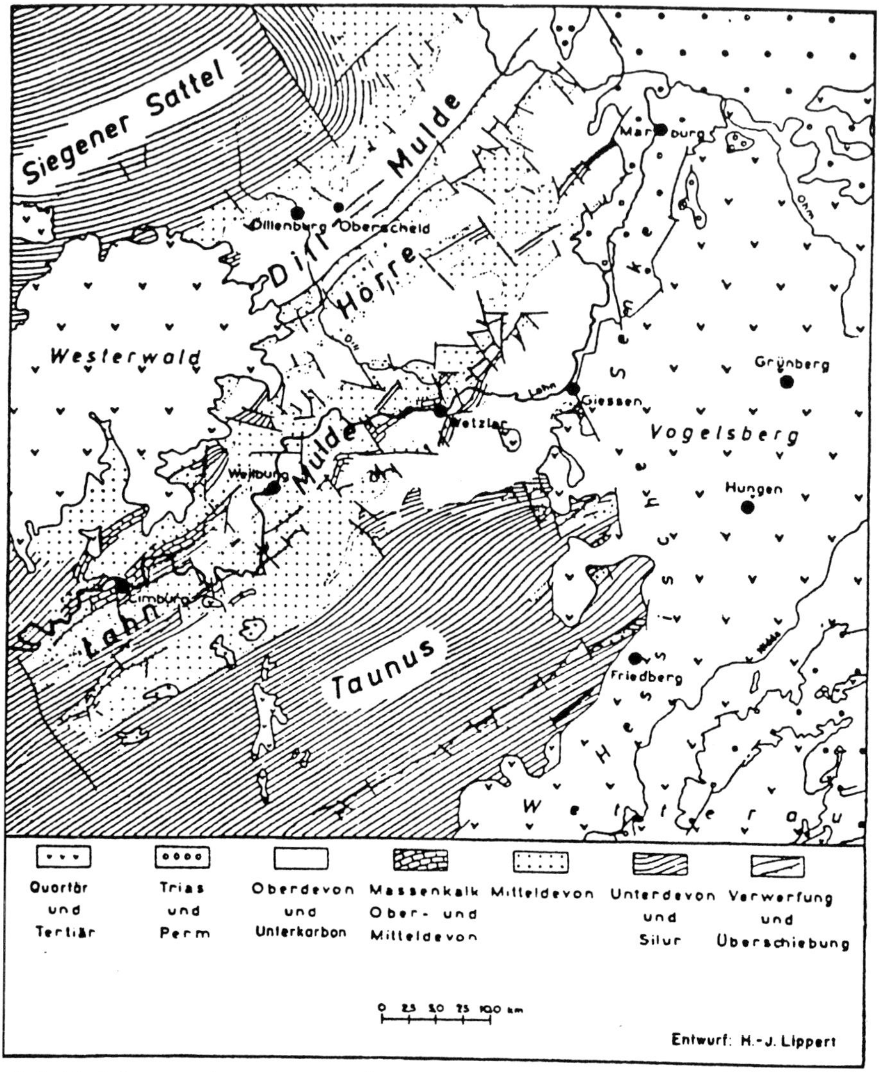

Abb. 21: Schematische geologische Übersichtskarte des östlichen Rheinischen Schiefergebirges mit Lahn- und Dillmulde.

tone sowie Grauwacken und Kalksteine. Weiter treten auch die Eruptivgesteine Keratophyr und Diabas sowie der Schalstein als dessen Tuff zutage.

15 km nordwestlich von Wetzlar zieht sich mit variskischem Streichen der bis zu 445 m aufsteigende Höhenzug der Hörre hin, der aus quarzitischen Grauwacken aufgebaut ist.

Abb. 22: Der Bergbau auf Eisenerze in der Dillmulde.

Im Zusammenhang mit den, vor allem an der Grenze vom Mittel- zum Ober-Devon, aufgequollenen Eruptivgesteinen sind aus den gleichen Spalten auch in heißen Wassern gelöste Eisenverbindungen emporgedrungen und mit der Abkühlung als feste Eisenerze abgelagert worden, vor allem als Roteisenstein mit einem Eisengehalt bis zu 40 Prozent. Die Ausscheidung dieser Erze erfolgte meist über Zerrspalten auf dem Meeresgrund in schlammartigen Ablagerungen.

Die Erze lagern in der Dillmulde und der sich südlich anschließenden Lahnmulde um Wetzlar. Beide Mulden sind variskisch angelegt worden, ihre Schichten streichen alle von SW nach NO.

Die Abbildung 22 gibt einen Überblick über die Orte des früheren Abbaus von Eisenerzen in der Dillmulde. Er umfaßte über 50 Gruben.

Die Eisenerze sind hier schon seit der Zeit der Kelten abgebaut worden. Die ersten urkundlichen Erwähnungen stammen aus dem Jahr 1420. In einem langen und breiten unterirdischen Lagerzug befand sich hier Roteisenstein, es sind aber auch Kupfer-, Nickel- und Manganerze abgebaut worden, ferner der Schwerspat.

Die letzten Gruben lagen bei Eibach, Beilstein und Oberscheld. Zwischen Oberscheld und Hirzenhain sind auf beiden Seiten des Schelderwaldes in den Tälern noch die Abraumhalden zahlreicher stillgelegter Gruben zu sehen.

1973 endete der Eisenerzabbau im Dill-Gebiet mit der Schließung der Grube Falkenstein.

In der Nähe von Gießen sind am aus Kieselschiefer aufgebauten Dünsberg auch jahrhundertelang Eisenerze gefördert worden. Der Bergbau kam hier 1963 zum Erliegen.

Nordöstlich von Wetzlar liegt 5 km entfernt Waldgirmes. Dort wurde am »Rotläufchen« bis 1892 Brauneisenstein gewonnen, dazu fand man dort auch Phosphate. Dieses Vorkommen war wegen seiner Seltenheit einmal weltberühmt. Die Phosphate werden als Düngemittel verwendet.

Bei Hirschhausen zwischen Wetzlar und Weilburg sind ebenfalls die Eisenerze Rot- und Brauneisenstein gefördert worden.

Der einst blühende Eisenerzabbau ist aber auch im Westerwald schon lange zum Erliegen gekommen. Er liegt seit 1973 still.

Nordöstlich von Dillenburg findet man in den Eisenerzlagern des Schelderwaldes auch Klippen aus Eisenkieseln. Die bekanntesten sind die Wilhelmsteine zwischen Wallenfels und Hirzenhain. Diese Eisenkiesel sind als ein Gemenge von Roteisenstein und Kieselsäure ein sehr hartes Gestein, das der Verwitterung lange widersteht. Die Klippen ragen hier bis zu 30 m Höhe auf.

Etwa 8 km südwestlich von Dillenburg liegt zwischen den Ortschaften Breitscheid und Erdbach das Naturschutzgebiet der Erdbacher Höhlen. Sie liegen im devonischen Kalk, der aus früheren Korallenriffen entstanden ist.

Die Abbildung 23 gibt einen Überblick.

Der bei Breitscheid entspringende Erdbach versinkt am östlichen Rand der Ortschaft in einer Schwinde, und seine Wasser treten nach 14 Stunden 1200 m weiter östlich und 108,5 m tiefer als Erdbachquelle wieder zutage. Diese Quelle wird auch noch von anderen Zuflüssen gespeist, die in kleinen Einsturztrichtern oder Dolinen neben der Straße Breitscheid-Medenbach liegen und deren Wasser 22 bis 80 Stunden zum Durchfluß brauchen, wie man mit Färb-Versuchen festgestellt hat.

Um 1965 ist eine Forschergruppe von den Schwinden ausgehend 391 m weit und 93 m tief in die Höhle eingedrungen. Sie weist Tropfsteine und Sinterbecken auf. Für die Öffentlichkeit ist sie noch nicht zugänglich.

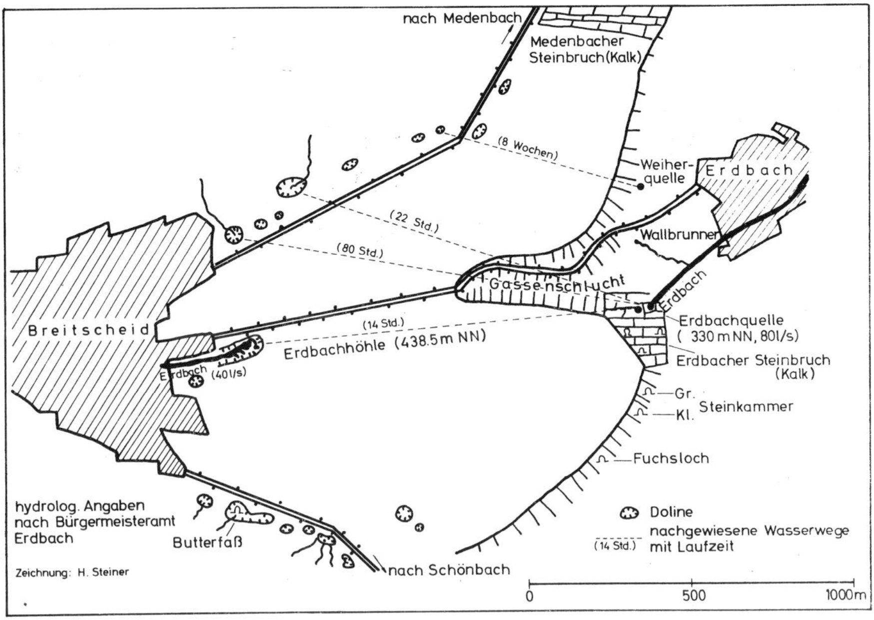

Abb. 23: Das Erdbach-Breitscheider Karstgebiet.

Die Erdbacher Höhle ist die größte Höhle Deutschlands im devonischen Kalkgestein.

Südlich von ihr sind bei der Steinkammer noch weitere Hohlräume von kleinerem Umfang vorhanden.

Das Gladenbacher Bergland oder Marburger Hinterland, wie es auch genannt wird, ist der östliche Ausläufer des Westerwaldes zwischen Dill und Lahn. Es wird hauptsächlich auch von Gesteinen des Devons aufgebaut, weist aber zusätzlich noch die nach dem Devon im Unter-Karbon entstandenen Schiefertone und Grauwacken auf, die man als Kulmgrauwacken und Kulmschiefertone bezeichnet, wobei die Vorsilbe Kulm die Zugehörigkeit zum Unter-Karbon bezeichnet.

Sandsteine und Kalke sind auch vertreten, der Kalk ist oft den anderen Gesteinen beigemischt. Auch Kieselschiefer kommt vor. Der Kieselschiefer – durch Kieselsäure verfestigt – ist durch kohlige Substanzen schwarzgefärbt. Schwarz ist eine geologische Charakterfarbe der Karbonformation, in der sich überall in Mitteleuropa Steinkohle bildete (in Hessen kennt man keine abbauwürdigen Steinkohlelager) und organische Substanz in den Gesteinen weit verbreitet war.

Im Gladenbacher Bergland befanden sich über 500 Erzgruben, die meist nur geringe Vorkommen enthielten. 1885 wurde hier der Nickelerz-Bergbau eingestellt. 1949 schloß die letzte Eisenerzgrube bei Dexbach und 1962 die letzte Kupfererzgrube bei Hartenrod.

Abschließend sei zum Westerwald noch festgestellt, daß er nicht so stark von Verwerfungen durchsetzt ist wie der Taunus. Das hängt u. a. damit zusammen, daß er in einer späteren Erdzeit weniger als der Taunus gehoben worden ist. Auf die ebenfalls in einer späteren Erdzeit westlich der Dill im Westerwald erfolgten basaltischen Vulkanausbrüche wird später eingegangen.

Die Ausläufer des Rheinischen Schiefergebirges im Nordwesten von Hessen

An den Westerwald schließt sich nach Norden der Höhenzug des Rothaargebirges an. Er gehört politisch zum Land Nordrhein-Westfalen, und nur seine Ausläufer erstrecken sich in das Hessenland. Das Rothaargebirge erstreckt sich in variskischer Richtung von SW nach NO.

Als sein südöstlicher Ausläufer kann das um die 674 m hohe Sackpfeife nördlich von Biedenkopf sowie das beim 698 m hohen Gebrochenen Rücken westlich von Bromskirchen liegende Gebiet angesehen werden.

Im nichthessischen Teil des Rothaargebirges lagern im SW z. T. die Tonschiefer, Quarzite, Grauwacken und Sandsteine des Unter-Devons und im NO die Kalksteine und Tonschiefer des Mittel-Devons, während in den zu Hessen gehörenden Ausläufern fast nur die Sandsteine, Schiefertone, Grauwacken und Kalksteine aus der Zeit des dem Devon folgenden Zeitalters, des Karbons, zutagetreten. Sie stammen aus dem unteren Karbon, das auch als Kulm bezeichnet wird. Sie reichen nach Norden hin auch noch in die westliche Hälfte des Waldecker Berglandes hinein, dessen Gebiet um Willingen westlich von Korbach als das nördliche Ende des Rothaargebirges angesehen werden kann. Es wird auch als Waldecker Upland bezeichnet.

Die Schiefergesteine zeigen fast überall eine starke Faltung. Die Eder-Talsperre ist eingebettet in Kulmgrauwacke und Kulmtonschiefer.

13 km nordwestlich von Korbach sind unweit von Adorf auch zahlreiche Vorkommen von Schalstein vorhanden.

Bei Adorf ist Eisenerz abgebaut worden, und zwar bis 1963 noch auf dem Martenberg. Die monatliche Förderung betrug 10 000 Tonnen Erz mit einem durchschnittlichen Eisengehalt von 32 Prozent. In der dort im Schalstein liegenden Grube war schon seit 1272 Bergbau betrieben worden.

Doch ist der hier und auch in anderen Gruben im Nordwesten von Hessen betriebene Bergbau längst zum Erliegen gekommen, er endete 1963.

Bei Adorf erhebt sich auf dem Martenberg das Felsgebirge der Adorfer Klippe. Sie besteht aus dickbankigem Kalkstein mit zahlreichen Versteinerungen.

4 km südwestlich von Korbach, im Waldecker Upland, befindet sich der 562 m hohe Eisenberg. Seit 1250 ist hier Bergbau betrieben worden, und zwar hauptsächlich auf Gold. Das Gold saß in feinster Form in engen Klüften und konnte nur schwierig und kostspielig gewonnen werden. In einem Kubikmeter Gestein fand man durchschnittlich 0,5 Gramm Gold.

Auf die frühere Goldgewinnung deutet der Name der am Eisenberg liegenden Ortschaft Goldhausen hin.

Der Eisenberg besteht aus karbonischem Kieselkalk. Aus ihm sind auch Eisen- und Blei-Erze gefördert worden. Heute ruht der Bergbau.

Den Gipfel des Eisenberges umrundet ein geologischer Lehrpfad.

Die in der Nähe des Eisenberges entspringenden Bäche haben früher Goldseifen geführt, so daß diese auch in die Eder gelangten. Immerhin hat man früher aus dem Edergold Dukaten geschlagen.

Neuere Untersuchungen der Gesteine des Eisenberges haben ergeben, daß nur noch mit einem durchschnittlichen Goldgehalt von 0,06 g je Tonne Gestein gerechnet werden kann. Es müßten demgemäß 6 bis 7 Kubikmeter Gestein aufbereitet werden, um 1 Gramm Gold zu gewinnen! Anfang 1990 kostete 1 g Gold im Handel etwa 22 bis 26 Deutsche Mark. Der Gold-Abbau im Eisenberg würde sich also nicht rentieren.

7 km nördlich von Korbach bestand früher das Kupferbergwerk Thalitter.

Südlich des Diemeltales gab es auch noch Manganerz-Gruben, aber all diese Gruben liegen heute still.

Der Kellerwald

Der verhältnismäßig kleine Kellerwald liegt südlich von Bad Wildungen und ist ein nach Osten vorgeschobener Eckpfeiler des Rheinischen Schiefergebirges. Seine höchste Erhebung ist der 675 m hohe Wüstegarten.

Die im Kellerwald zutagetretenden Gesteine stammen aus den Erdzeiten des Devons und Karbons, es sind vorwiegend Tonschiefer, Grauwackensandsteine und der harte Kellerwald-Quarzit. Zahlreiche Verwerfungen sind vorhanden.

Der als Schiefergebirgshorst anzusehende Kellerwald ist bis in die jüngste Zeit ein Hebungsgebiet gewesen.

8 km von Bad Wildungen entfernt und etwas südlich davon befindet sich die Ortschaft Bergfreiheit. Hier sind am Osthang der Kleinen Leuchte in einer dem Diabas aufliegenden Gesteinsschicht Kupferschiefer und Eisenkiesel gefördert worden. Der Bergbau auf Kupfer ist von 1552 bis etwa 1740 im Gang gewesen. Man fand auf den Flächen der Kalkplatten auch die durch Verdunsten von Lösungen der Mangansalze entstandenen schönen pflanzenähnlichen »Bäumchen« oder Dendriten.

Spuren des Variskischen Gebirges zwischen dem Rheinischen Schiefergebirge und dem Thüringer Wald bzw. Harz

Südlich und östlich des Kellerwaldes gibt es noch drei sehr kleine und ganz isoliert liegende Vorkommen devonischer Gesteine.

Das eine befindet sich 8 km nordwestlich von Alsfeld bei Ruhlkirchen, das zweite 13 km nordwestlich von Bad Hersfeld bei Mühlbach, wo Riffkalksteine zutagetreten, und das dritte etwa 6 km nordwestlich von Rotenburg an der Fulda bei Baumbach, wo Grauwacke zutagetritt.

Diese drei Vorkommen stellen gleichsam Brückenpfeiler dar, deren Bogen vom Rheinischen Schiefergebirge zum Thüringer Wald und zum Harz hinführen.

Man muß sich freilich die Brücke auf den Kopf gestellt vorstellen, so daß die Bogen der Brücke, die zu diesem Pfeiler hinführen, umgekehrt unter der Erde liegen.

Es gibt jedoch noch einen vierten, aber sehr massiven »Brückenpfeiler« zwischen dem Rheinischen Schiefergebirge und dem Harz, nämlich das Werragebiet.

Südlich von Witzenhausen beginnt ein etwa 14 km langer und bis zu 3 km breiter Streifen karbonischer Gesteine, der sich mit Unterbrechungen von NW nach SO bis an das Ufer der Werra bei Albungen erstreckt. In ihm treten Ton- und Kieselschiefer sowie Grauwacken und Kalksteine zutage. Es sind die Reste einer früher höher liegenden Rumpffläche des Variskischen Gebirges. Sie liegen gegenwärtig verhältnismäßig tief.

Im Höllental sind die devonischen Schiefer früher abgebaut und als Dachschiefer verwendet worden.

Im Höllental westlich von Albungen ragen die unter Naturschutz stehenden Klippen des Bilsteins etwa 100 m über dem Talboden auf. Der Bilstein besteht aus Diabas und ist 284 m hoch.

Das Perm

Das Erdzeitalter des Perms dauerte von 286 bis 248 Mio. J. vor der Gegenwart. Es wird unterteilt in die Zeit des Rotliegenden und die des Zechsteins. Diese Namen sind alte Bergmannsbezeichnungen.

Das Rotliegende

Das Rotliegende begann vor 286 Mio. J. und hat 28 Mio. J. gedauert.

In dieser Zeit ist die Auffaltung des Variskischen Gebirges zu Ende gegangen. Die Bewegungen in der Erdkruste ebbten schließlich ab. Große

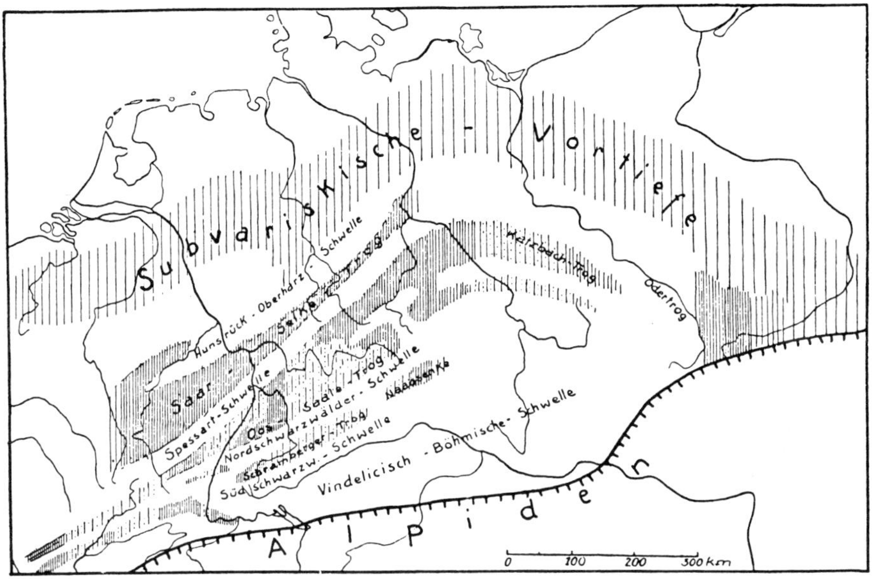

Abb. 24: Abtragungsgebiet (weiß) und Sammelmulden (schraffiert) des Rotliegenden.

Teile des Variskischen Gebirges wurden schon während der Gebirgsbildung durch die Kräfte der Verwitterung allmählich abgetragen. Dieser Prozeß setzte sich nach dem Ende der Gebirgsbildung in verstärktem Maße fort.

Bei der Entstehung des Variskischen Gebirges hatten sich neben den Gebirgskämmen auch Senken gebildet, die das Faltengebirge als Längstäler durchzogen. In ihnen sammelte sich der Verwitterungsschutt der Gebirgszüge.

Die Abbildungen 24 und 25 zeigen die Verhältnisse in Deutschland und Hessen.

In beiden Abbildungen befindet sich im Nordwesten die Hunsrück-Oberharz-Schwelle. In ihr liegt die Korbacher Bucht.

Es folgt nach Südosten hin der Saar-Selke-Trog. (Die Selke ist ein Fluß im östlichen Harz.)

Dieser Trog führt in Hessen auch die Bezeichnung Hessischer Trog und schließt die Wetterau-Senke und das Fulda-Becken ein.

Auf den Hessischen Trog folgen die Odenwald-Spessart-Rhön-Schwelle sowie der Oos-Saale-Trog bzw. das Fränkische Becken. (Die Oos ist ein Fluß im Schwarzwald, und die Saale fließt in Thüringen.) Das Fränkische Becken wird im Südosten von der Steigerwald-Schwelle begrenzt.

Während und nach der Auffaltung des Variskischen Gebirges begannen die Kräfte des Windes und des Wassers ihr Zerstörungswerk. Da das Klima jener Zeit trocken war, spielte gerade der Wind eine große Rolle. Der Verwitterungsschutt wurde in den Senken abgelagert. Die Flüsse und Bäche

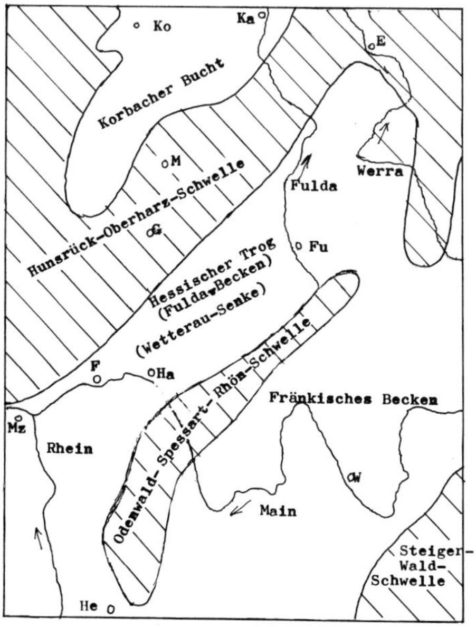

Abb. 25: Hessen in der Perm-Zeit.
E= Eschwege, F= Frankfurt, Fu= Fulda, G= Gießen, Ha= Hanau, He= Heidelberg, M= Marburg, Mz= Mainz, Ka= Kassel, Ko= Korbach, W= Würzburg.

der damaligen Zeit schwemmten ihn hinein, und die Winde trugen ihn ebenfalls dorthin.

In der Zeit des Rotliegenden herrschte ein tropisches Klima, und die Landschaft war nahezu eine Wüste, in der nur hier und da kleinere Flachwasserbereiche bestanden haben.

Die Verwitterung führte im Verlauf der 28 Millionen Jahre dazu, daß das Variskische Gebirge bis auf geringe Reste abgetragen und die Tröge mit den Verwitterungsprodukten fast ganz aufgefüllt wurden.

Hessen verwandelte sich schließlich in eine einzige große Ebene mit nur noch geringen Höhenunterschieden. Die Berge »ertranken« im eigenen Schutt, wie ein Geologe das ausgedrückt hat.

Der Verwitterungsschutt setzt sich heute vorwiegend aus Sandsteinen und Schieferton zusammen, hier und da auch aus Kalksteinen. Er ist zum großen Teil durch Eisenverbindungen rötlich gefärbt, was dieser geologischen Zeit den Namen »Das Rotliegende« gegeben hat. Die rötliche Färbung ist dadurch zustandegekommen, daß das in dem Verwitterungsmaterial enthaltene Eisen durch Verbindung mit dem Sauerstoff der Luft in rotbraune Eisenoxide umgewandelt worden ist. Es gibt in geringem Umfang auch gelblich-grau gefärbte Sandsteine.

Große Teile der mit Ton durchsetzten Sandsteine sind wasserundurchlässig, so daß sie den Flüssen späterer Erdzeiten großen Widerstand leisten konnten.

Die ursprüngliche Mächtigkeit des Rotliegenden betrug im Saar-Nahe-Gebiet bis zu 5000 m, im Mainzer Becken noch 2000 m, im Hessischen Trog bis zu 800 m und im Fränkischen Becken östlich von Hessen nur noch 500 m.

Im Hanauer Becken liegt die Basis des Rotliegenden in einer Tiefe bis zu 500 m unter Normal Null.

In der Zeit des Rotliegenden vergrößerte sich der ursprünglich auf die Senken beschränkte hessische Ablagerungsraum, weil sich die Odenwald-Spessart-Rhön-Schwelle so sehr erniedrigte, daß sie zum Teil noch vom Verwitterungsschutt der höheren Hunsrück-Oberharz-Schwelle bedeckt werden konnte. Die Ursache für die Erniedrigung der Odenwald-Spessart-Rhön-Schwelle ist wahrscheinlich ein durch Strömungen im Erdmantel bewirktes Absinken der Erdkruste.

Die Gesteine des Rotliegenden, die einstmals ganz Hessen bedeckten, wurden zum großen Teil später von anderen Gesteinen überlagert, so daß sie meist nur noch unter der heutigen Erdoberfläche in tieferen Schichten lagern, aber an einigen Stellen treten sie in Hessen gegenwärtig auch noch zutage.

In der näheren Umgebung von Hessen befindet sich das größte Vorkommen des Rotliegenden in Deutschland im Pfälzer Bergland.

Das größte Vorkommen in Hessen trägt der Sprendlinger Horst oder die Dreieichenhainer Scholle nördlich von Darmstadt, die sich als Ausläufer des Odenwaldes in einer Breite von rund 7 km etwa 20 km von Süden nach Norden erstreckt. Die höchste Erhebung ist der 227 m hohe Mainzer Berg, 8 km onö von Darmstadt.

In der Mitte der Rotliegend-Zeit hatten Bewegungen in der Erdkruste an einigen Stellen Spalten aufgerissen, die basaltähnlichen Gesteinen den Weg an die Erdoberfläche bahnten. Das früher als Melaphyr, heute als Metabasalt bezeichnete Eruptivgestein bedeckt sö von Darmstadt eine bis zur Modau reichende Fläche. Auch das Ergußgestein Quarzporphyr kommt an mehreren Stellen im Odenwald vor, z. B. bei Weinheim, Trösel und Groß-Umstadt.

Ein anderes Vorkommen in der Nähe des hessischen Raumes sind die Quarzporphyre des südlichen Odenwaldes, die sich südlich von Schriesheim und Dossenheim bis nach Heidelberg erstrecken und eine Mächtigkeit bis zu 100 m haben.

Weitere Vorkommen des Rotliegenden befinden sich am Südrand des Taunus.

Am Frankfurter Osthafen und 6 km östlich davon quert das Rotliegende den Main, wodurch dieser zu einem nur schmal eingesägten Flußbett gezwungen wurde, in dem sich Stromschnellen bildeten.

Südlich des Vogelsberges treten auch größere Vorkommen der Gesteine des Rotliegenden zutage. Sie lagern in dem Raum zwischen der Nidder im Nordwesten und dem Vorspessart im Südosten. Bei Büdesheim ist auch etwas Basalt aufgedrungen.

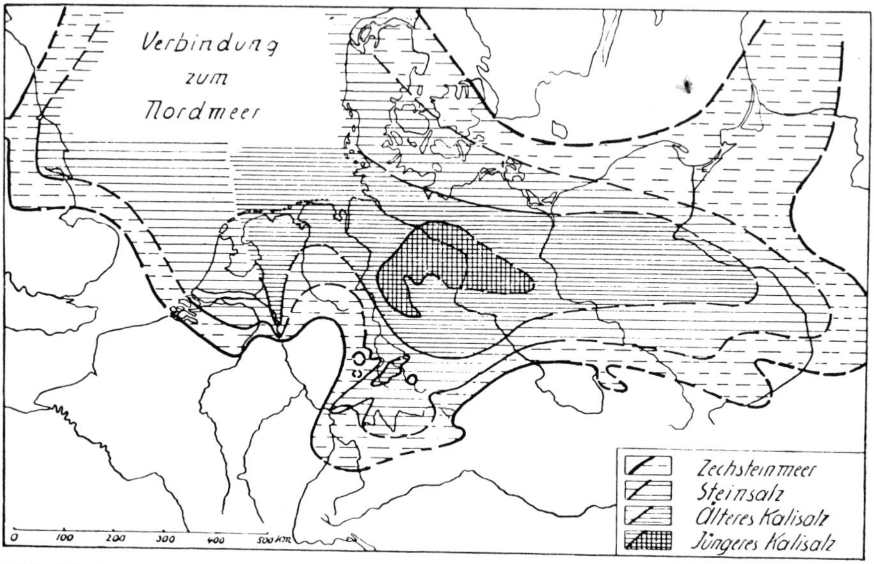

Abb. 26: Das deutsche Zechstein-Meer.

Geringe Vorkommen gibt es auch im Richelsdorfer Gebirge.

Größere Vorkommen gibt es erst wieder außerhalb von Hessen. Die Sandsteine bedecken in der Gegend von Eisenach eine große Fläche und sind z. B. in der Drachenschlucht bei der Wartburg aufgeschlossen.

Der Zechstein

Unter dem Begriff Zechstein versteht man weder ein Mineral oder Gestein, sondern einen Zeitabschnitt der Erdgeschichte. Er begann als zweiter Abschnitt des Perms von 258 Mio. J. und hat 10 Mio. J. gedauert.

Im Zeitalter des Zechsteins verursachten Bewegungen im Erdmantel ein allmähliches Absinken des deutschen Raumes. Die reliefarme und schon verhältnismäßig tief liegende Wüste des Rotliegenden wurde nach ihrem Absinken vom Meer bedeckt. Es drang von Nordwesten her in den deutschen Raum vor. Die größte Ausdehnung des germanischen Meeres zeigt Abbildung 26.

Im Süden reichte es etwa bis Karlsruhe und Stuttgart, und der Odenwald war eine Insel.

Die Bedeckung des hessischen Raumes ging in 4 Rhythmen vor sich, d. h. den Vorstößen des Meeres folgten jeweils auch Rückzüge, nach denen das Gebiet trocken lag.

Das Zechsteinmeer war durch flache Schwellen in viele Becken aufgeteilt.

Bei Ebbe ragten die Schwellen aus dem Wasser, bei Flut strömte das Wasser wieder darüber hin.

Da das Überwinden vieler Schwellen nur bei Flut stattfinden konnte, ist hier die Frage angebracht, ob in der geologischen Vergangenheit die Höhen der Fluten größer gewesen sind. Das ist der Fall. In der Zechsteinzeit, für die diese Größen eine besondere Bedeutung haben, war die Flut 3,3 Prozent höher als in der Gegenwart. Die Anzahl der Fluten im Jahr blieb dagegen praktisch gleichgroß.

Der höhere Flutwert scheint gegenüber der Gegenwart unbedeutend zu sein. Dabei ist zu berücksichtigen, daß er immerhin 10 Millionen Jahre lang bestanden hat und die Wirkung deshalb doch bedeutend gewesen sein kann.

Auf Seite 243 sind über die Gezeiten in der geologischen Vergangenheit nähere Ausführungen gemacht worden.

Das tropische Klima jener Zeit bewirkte eine sehr starke Verdunstung des Meerwassers. Dabei wurden die im Meerwasser gelösten Bestandteile allmählich ausgefällt.

Zuerst fielen die am schwersten löslichen Stoffe aus, nämlich der Kalk und der Dolomit. Der Kalk ist das Kalziumsalz der Kohlensäure, im Dolomit ist neben diesem auch noch Magnesium-Karbonat vorhanden. Während die Entstehung des Kalks aus den Gehäusen abgestorbener Meeresbewohner geklärt ist, ist die Entstehung von Dolomit noch nicht restlos geklärt. Seinen Ursprung hat er wahrscheinlich im Kalk, der aber durch die aus den Knochen der Meerestiere herausgelösten Magnesiumverbindungen chemisch verändert worden ist.

Beim weiteren Verdunsten des Meerwassers wurden dann Gips und Steinsalz ausgefällt, schließlich auch Kalium- und Magnesium-Salze. Die letzteren konnten nur bei einem nahezu vollständigen Eindampfen ausgeschieden und abgelagert werden.

Außer den bis jetzt genannten Gesteinen bzw. Mineralien sind in der Zechsteinzeit aber auch noch andere entstanden, nämlich der Kupferschiefer und Kupferletten, der Schwerspat und zahlreiche Erze.

Der Kupferschiefer und viele Erze entstanden aus in flachen Meeresbecken liegendem Faulschlamm, in dem sich die zunächst gelösten Metallsalze angereichert hatten. Sie wurden durch Fäulnisbakterien zersetzt und reagierten dann mit dem Schwefelwasserstoff, der sich bei der Verwesung der abgestorbenen Organismen gebildet hatte. So entstanden z. B. der Kupferglanz (Cu_2S) und der Bleiglanz (PbS).

Die Geologen haben ermittelt, daß zur Entstehung einer 5 mm dicken Schicht des Kupferschiefers 1000 Jahre erforderlich sind. Da der Kupferschiefer in Osthessen höchstens 90 cm mächtig ist, kann seine Entstehung dort 180 000 Jahre gedauert haben.

Der Schwerspat ist in heißen Wässern gelöst aus dem Erdinnern emporgedrungen und hat nach deren Verdunsten viele Erdspalten ausgefüllt.

Von den Gesteinen der Zechsteinzeit wurden in Hessen vor allem Dolomit und Kalk abgelagert.

Im Odenwald gibt es eine Stelle, wo Dolomit zutagetritt, der ein etwa 1,5 m mächtiges Manganerzlager enthält. Sie liegt bei Wald-Michelbach, das 13 km östlich von Weinheim liegt, und zwar bei dem Ortsteil Strassburg. Beiderseits des Ulfenbachtales streicht hier der Zechstein aus. Die bis zu 300 m langen Manganerzlager sind abgebaut worden.

Im Vorspessart wurde 10 km nö von Aschaffenburg bei Rottenberg auch der Dolomit abgebaut und im Schachtofen des Werks zu Kalk gebrannt. Auch Schwerspat wurde hier gefunden.

13 km nö von Aschaffenburg lagen bei Sommerkahl mehrere Gruben. Seit 1542 bis in das 20. Jahrhundert hinein wurden hier hauptsächlich Kupfererze, aber auch Eisenerze aus dem Dolomit geschürft, dazu wurde auch Schwerspat gewonnen. Die Erzgänge streichen alle in variskischer Richtung von SW nach NO. Seit 1922 ruht hier der Bergbau.

Am östlichen Rand der Gesteine des Vorspessarts tritt vor allem der 20 bis 30 m mächtige Dolomit in einem bis zu 7 km breiten Band zutage. Er lagert auch in der Ebene des Kinzigtales südlich von Gelnhausen. Der Dolomit wird heute noch in einem großen Steinbruch bei Altenmittlau abgebaut. Dieser Steinbruch war einmal berühmt als Fundort für ein schönes blaues Kupfermineral, Kupferlasur oder Azurit. Aus Dolomit ist z. B. die Kirche von Niederrodenbach erbaut worden.

Bei Hailer, Altenhaßlau und Haingründau ist früher Kupferletten abgebaut worden. Auch silberhaltige Erze wurden hier verhüttet. Weiter sind Bleiglanz sowie Mangan- und Eisenerze gefördert worden. Der Bergbau ist aber schon lange zum Erliegen gekommen.

Am Südwestrand des Vogelsberges befinden sich weitere Vorkommen von Zechstein. Es sind hier vor allem Konglomerate, das sind Gesteinsbruchstücke, die durch kieselige, tonige oder kalkige Bindemittel miteinander verkittet worden sind. Den Bruch führt man auf die Wirkung der Meeresbrandung zurück! Das Rotliegende, auf dem die Konglomerate lagern, tritt neben ihnen auch noch zutage.

Am Rande des Gladenbacher Berglandes lagern auch Gesteine des Zechsteins, und zwar im Tal der Lahn bei Marburg. Sie umsäumen hier die Karbon-Gesteine.

Der Zechstein-Saum der alten Karbon-Sandsteine und Grauwacken setzt sich nach Norden hin bis in die Gegend von Frankenberg fort. Auch der Kellerwald wird im Süden, Osten und Norden von Gesteinen des Zechsteins umsäumt. Der Saum setzt sich im Raum von Korbach nach Norden hin bis an die Diemel fort.

10 km nördlich von Korbach befindet sich bei Gembeck ein bekanntes Vorkommen von Strontium, das Mineral Coelestin, ein Strontium-Salz der Schwefelsäure. Es war im Meeresschlamm abgesetzt worden und befindet sich in einer bis zu 2,5 m mächtigen Schicht im Dolomit. Coelestin wird u. a. bei der Herstellung von Feuerwerkskörpern verwendet.

1991 entdeckte man im Steinbruch Fisseler bei Korbach mindestens 250 Mio. J. alte Fossilien aus der Zeit der Saurier und der Urahnen der Säugetiere. Im Dolomitgestein fand man u. a. Knochen des zur Gruppe der »Hundezähner« (Cynodonten) gerechneten Reptils Procynosuchus, das krokodilähnlich und etwa 60 cm lang gewesen ist. Man kannte dieses Fossil seither nur aus dem südlichen Afrika, so daß die Korbacher Entdeckung Aufsehen in der wissenschaftlichen Welt erregte.

In den Zechsteinschichten östlich von Adorf wird Gips abgebaut.

Größere Zechstein-Vorkommen gibt es auch im Werragebirge. Sie bilden hier ein im wesentlichen aus Kalk und Dolomit bestehendes Band.

In der Nähe von Witzenhausen ist im Letten des oberen Zechsteins Gips aufgeschlossen, und zwar in ganz feiner weißer Form. Man bezeichnet ihn als Alabaster. Er kann zu Schmuckgegenständen und Statuen verarbeitet werden.

Der größte Steinbruch hierfür befindet sich unweit des Meißners bei Hundelshausen, der das mächtigste Vorkommen in Deutschland besitzt.

Bei Abterode und Wellingerrode ist früher Kupferschiefer abgebaut worden. In der Nähe des Bilsteins wurden im Höllental auch Gips und Schwerspat verarbeitet.

Etwa 5 km westlich von Bad Sooden-Allendorf befindet sich bei Kammerbach die nach diesem Ort benannte Höhle. Sie entstand durch das Auflösen von Kalk im durchfließenden Wasser. Eine sehr breite Öffnung gestattet den Zugang zur Höhle. Sie ist 50 m tief, 28 m breit und 12 m hoch und kann nur mit starken Taschenlampen betreten werden. Sie ist die größte Höhle zwischen dem Sauerland und Harz.

Da das Wasser unterirdisch auch an anderen Stellen den Kalk und Gips aufgelöst hat, sind an zahlreichen Orten des Werra-Hügellands Hohlräume entstanden, deren Decken z. T. eingebrochen sind, so daß Erdfälle entstanden. Sie formen das typische Bild einer Karst-Landschaft.

3 km sö der Kammerbacher Höhle befindet sich das Naturschutzgebiet der Kripp- und Hie-Löcher. Sie liegen etwa 300 m hoch. Neben den Dolomit- und Gips-Klippen sieht man hier mehrere sehr tiefe Erdfälle, die im wesentlichen durch das Auflösen von Gips verursacht worden sind. Die Bezeichnung Kripp hängt mit Krippe im Sinne von Vertiefung zusammen und Hie oder Hü mit Höhle.

Etwa 30 km südlich des Werraberglandes befindet sich das Richelsdorfer Gebirge. Es ist durch eine Aufwölbung inmitten des später abgelagerten

Buntsandsteins entstanden, welche die Gesteine des Zechsteins als »geologisches Fenster« hat zutagetreten lassen.

Die höchste Erhebung des Richelsdorfer Gebirges ist der 478 m hohe Herzberg sö von Nentershausen. Obwohl der Zechstein zeitlich dem Rotliegenden gefolgt ist, lagert das Rotliegende auf dem Herzberg höher als der Zechstein. Beim Aufwölben des Gebirges entstandene Verwerfungen haben das bewirkt.

Im Richelsdorfer Gebirge ist jahrhundertelang Bergbau betrieben worden. Die Anfänge reichen bis in das Mittelalter zurück. Im Gebirge befindet sich ein 37 km^2 großes Vorkommen von Kupferschiefer, dessen Flöze in variskischer Richtung liegen und bis zu 1 m mächtig sind. Der Kupferschiefer wurde zunächst im Tagebau gewonnen, später auch im Tiefbau. Die Schächte waren 400 m tief.

Nach dem 30jährigen Krieg hatte Landgraf Carl den Bergbau sehr gefördert, so daß er aufblühte und 1763/64 z. B. 250 Zentner Kupfer gewonnen wurden, dazu noch Nickel, Kobalt und Zinkblende (Galmei). Schon im Altertum hatte man Kupfer mit Galmei zu Messing verschmelzen können. Später hatte man diese Technik verlernt, aber seit dem 15. Jahrhundert wieder aufgenommen. Die Richelsdorfer Produktion von Galmei-Kupfer wurde weltberühmt. Diese Erze lagen in von NW nach SO streichenden Schwerspat-Gängen.

Erst um 1850 bewirkte die billigere ausländische Konkurrenz einen Rückgang. 1866 stellte Preußen den Erz-Bergbau ein.

1860 hatte man mit der Förderung von Schwerspat begonnen, der unter anderem zur Herstellung von weißen Farben verwendet wird. Das Richelsdorfer Gebirge war das bedeutendste Abbaugebiet für den Schwerspat. Vor dem Ersten Weltkrieg waren fast 100 Arbeiter dabei tätig. Die Bergwerke hatten bis zu 18 Stollen, um den bis zu 18 m mächtigen Schwerspat abzubauen.

Im Zweiten Weltkrieg wurde der Bergbau auf Kupfer wieder aufgenommen. 1952 förderte man noch 5562 Tonnen Kupfererz. Die billigere ausländische Konkurrenz führte 1954 abermals zum Erliegen des Bergbaus. 1967 wurde auch der Abbau von Schwerspat eingestellt.

Alle Stollen und Schächte wurden verschlossen. Das Museum auf Burg Tannenberg bei Nentershausen ist dem früheren Bergbau gewidmet.

Offen ist die Frage, ob der Bergbau einmal wieder aufgenommen wird. Jedenfalls sind die Vorräte noch nicht erschöpft. Wenn es sich wirtschaftlich lohnen würde, könnte man hier folgende Metalle gewinnen:

Kupfer, Blei, Gold, Molybdän, Nickel, Silber, Rhenium, Vanadium, Zink und Zinn!

Im Richelsdorfer Gebirge sind durch Auslaugen von unterirdisch lagerndem Gips auch Erdfälle entstanden. Die größte Doline liegt bei Cornberg-Rockensüß. Sie ist etwa 300 m lang und 100 m breit.

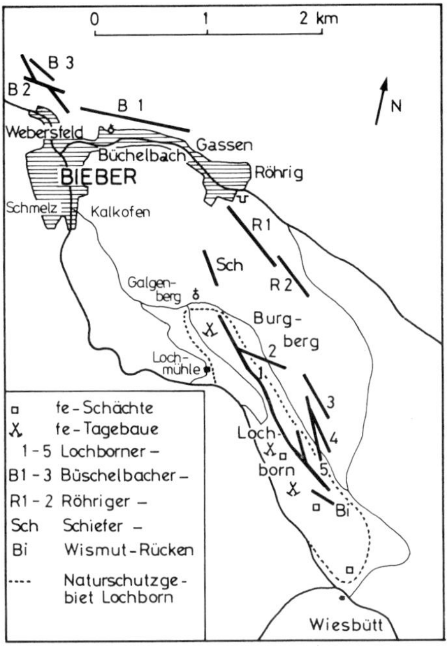

Abb. 27: Das Bergbau-Gebiet von Bieber.

Die Zechstein-Aufwölbung des Richelsdorfer Gebirges setzt sich nach Westen fort und quert zwischen Heinebach und Rotenburg an der Fulda deren Tal. Hier treten Kalke und Gipse zutage, und in Steinbrüchen werden sie abgebaut, der Gips z. B. 8 km nnw von Rotenburg bei Oberellenbach.

Bei der benachbarten Ortschaft Kornfeld hat man auch Alabastergips abgebaut. Er wurde u. a. für das Grabmal des 1509 verstorbenen Landgrafen Wilhelm II. in der Marburger Elisabeth-Kirche verwendet, in der die anderen Grabmale aus Sandstein bestehen.

Auch im Spessart befindet sich inmitten der Buntsandsteintafel ein geologisches Fenster, das die älteren, z. T. erzführenden Gesteine aus der Zeit der Entstehung des Variskischen Gebirges sowie die Gesteine des Zechsteins an der Erdoberfläche erscheinen läßt. Dieses geologische Fenster ist bei der Ortschaft Bieber 11 km osö von Gelnhausen geöffnet worden. Die Abbildung 27 gibt einen Überblick.

Die Erze enthalten Mangan, Eisen, Kobalt, Nickel, Kupfer, Silber, Blei und Wismut.

Eines der Metallsalze, Kupfervitriol, hat nach dem Ort Bieber den Namen Bieberit erhalten. Es befand sich in geringen Mengen als rosa Anflug auf den Kobalterzen.

Neben diesen Erzen fand man auch Schwerspat.

Die Mächtigkeit der Gänge schwankt. Der Kobaltrücken war bis zu 6 m mächtig, hatte aber meist nur 15 bis 150 cm Mächtigkeit.

Wahrscheinlich hatte schon die Urbevölkerung der Kelten das Eisen hier gewonnen. 1494 wird von Schürfversuchen der Gewerkschaften berichtet. Während des 30jährigen Krieges ruhte der Bergbau, er wurde aber 1675 wieder aufgenommen. Im 18. Jahrhundert waren hier 400 bis 500 Bergleute beschäftigt.

Im 19. Jahrhundert stieg die Jahreserzeugung kräftig an. Während die Mächtigkeit der seither abgebauten Bänke von Rot- und Brauneisenstein bei 2,25 m gelegen hatte, fand man 1806 eine 20 bis 25 m mächtige Bank des manganhaltigen Brauneisensteins. Die Erzeugung stieg auf 100–150 Tonnen Eisen und 20–25 Tonnen Kupfer, 10–15 Tonnen Blei und 7–11,5 Tonnen Silber je Jahr an.

Die Kobalterze wurden zu den Blaufarbenwerken in Karlshafen an der Weser und in Mottgers 10 km osö von Schlüchtern transportiert, wo sie zu Kobaltoxid (Smalte) verarbeitet wurden. Das in der Natur olivgrüne Kobaltoxid ergibt durch Auflösung in Säuren bzw. in geschmolzenen Silikaten u. a. die beliebte tiefblaue Porzellan- und Steingut-Farbe.

1867 stellte Preußen den Bergbau ein.

1882 wurde er von privater Seite wieder aufgenommen. Es wurden wieder große Mengen von Brauneisenstein gefördert. 1888 wurde mit 64 000 Tonnen der Höchststand erreicht.

Von 1907 bis 1925 hatte die Firma Krupp aus Essen den Abbau übernommen, ihn jedoch wegen des hohen Arsengehaltes der Eisenerze schließlich aufgegeben.

Es gibt gegenwärtig aber noch Bergbau im Gebiet des Zechsteins, und zwar den auf Kalisalze. Diese werden als Düngemittel verwendet.

Die Kalisalze lagern in einem großen Becken, das in Osthessen liegt und sich bis nach Thüringen hinein fortsetzt. Die Abbildung 28 zeigt seine Lage.

Es ist etwa 100 km lang und 40 km breit. Es enthält bis zu 400 m mächtige Ablagerungen von Salzen der Zechsteinzeit.

Die Grenzen des über 400 m mächtigen Salzbereichs im Werra-Becken sind aber nicht überall ermittelt worden, deshalb fehlt in der Abbildung dort eine kreuzförmig schraffierte Fläche.

Wie konnten so mächtige Ablagerungen zustandekommen?

Es gibt eine Theorie, welche das zu erklären versucht, sie führt den Namen Barren-Theorie und ist 1877 von Ochsenius aufgestellt worden.

Nach der Barren-Theorie bilden sich Steinsalz und die anderen Salze durch Eindunstung von Meerwasser in einem Randbecken des Ozeans, dessen Zugang verengt ist – unter anderem durch eine untermeerische Schwelle, eine »Barre«.

In Abbildung 29 ist das skizziert dargestellt.

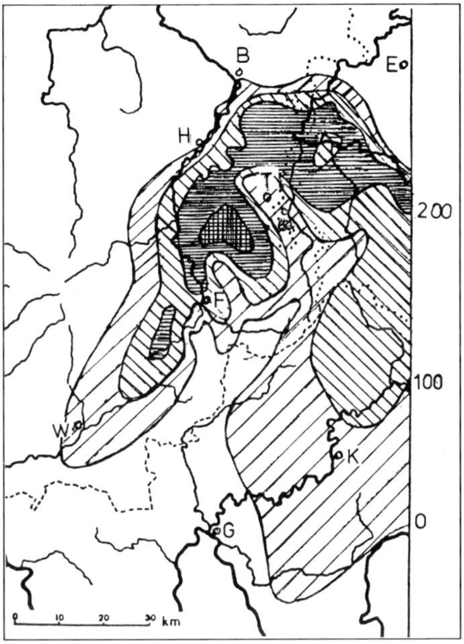

Abb. 28: Die Salzablagerungen. B= Bebra, E= Eisenach, F=Fulda, Ge=Gemünden, H= Hersfeld, K= Kissingen, W= Wächtersbach.

Die ursprüngliche Salz-Mächtigkeit:

0 –100

100–200

200–300

300–400

Wenn über diesem Becken die Verdunstung hoch ist, etwa in warmem oder tropischem Klima, steigt der Salzgehalt des Wassers immer mehr an, während vom Meer her ständig neues salzhaltiges Wasser nachströmt.

In einem solchen eindunstenden Becken hinter einer Barre steigt der Salzgehalt des Wassers so stark an, daß es zur Sole wird und schließlich die in ihm gelösten Mineralsubstanzen auskristallisieren und als chemisches Sediment den Boden bedecken.

Zuerst lagert sich das am schwersten lösliche Salz ab, der Gips, dann folgt das »typische« Meersalz, das Steinsalz (Natriumchlorid). Zum Schluß kristallisieren auch die am leichtesten löslichen Kalium- und Magnesium-Salze aus. Mit deren Ablagerung schließt der Zyklus der »Salzfolge«. Die Kali-

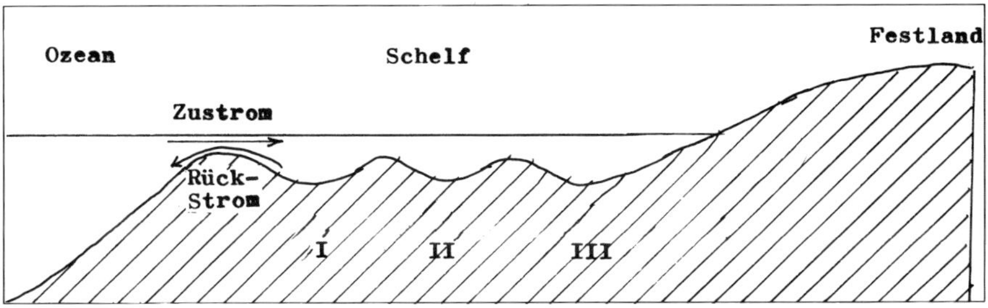

Abb. 29: Ein Meeresschelf mit drei Barren.

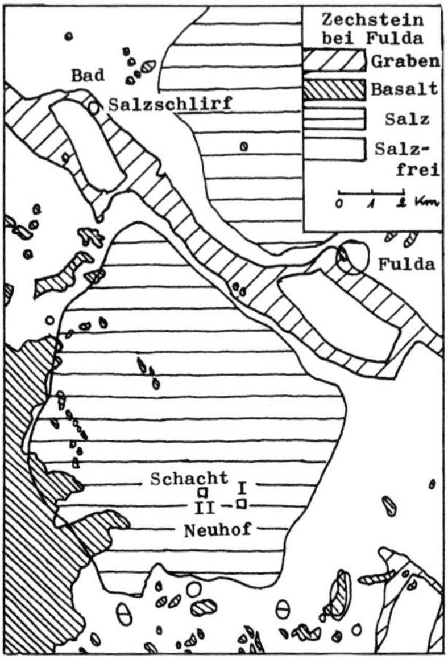

Abb. 30: Zechstein bei Fulda.

salze schließen stets den Eindunstungsprozeß des Beckens ab. Sie enthalten auch Bromsalze, deren Konzentration von der Höhe der über der Salzschicht stehenden Sole abhängt. Aus dem Bromgehalt in dem Salz des Werra-Beckens kann man schließen, daß es rund 330 Meter tief gewesen ist.

Die hier dargestellte Barren-Theorie mußte später jedoch modifiziert werden, und zwar aus folgendem Grunde: Nach der Barren-Theorie müßten die abgelagerten Salzschichten überall gleichartig aufgebaut sein. Es bestehen jedoch in nicht weit voneinander gelegenen Teilen des früheren Meeresbodens zum Teil erhebliche Unterschiede in der Zusammensetzung und der Mächtigkeit der Salzschichten. Das kann nach der 1955 von Richter-Bernburg modifizierten Barren-Theorie folgendermaßen erklärt werden:

In der Mulde I wird ein Teil des am schwersten löslichen Gipses abgelagert. Die Konzentration des noch weiterströmenden Wassers steigt damit an. In der Mulde II wird ein weiterer Teil von Gips abgelagert und darüber auch noch ein Teil des mit einem mittleren Grad löslichen Steinsalzes. Schließlich gelangt das noch konzentrierter gewordene Meerwasser zur Mulde III, wo es bei der weiteren Verdunstung außer dem Gips und Steinsalz auch noch die am leichtesten löslichen Magnesium- und Kali-Salze ablagert.

Die Abbildung 28 zeigt die ursprüngliche Verbreitung der Salzablagerungen mit den verschiedenen Mächtigkeiten. Das Zechsteinmeer hatte zwar ganz Hessen überflutet, aber die Salze sind nur in seinen tieferen Bereichen abgelagert worden.

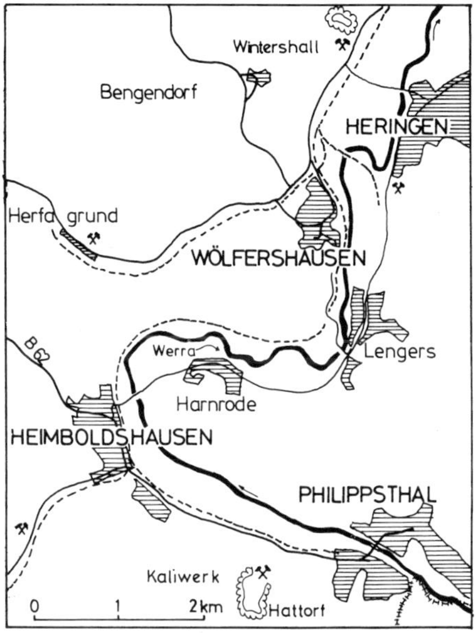

Abb. 31: Die Kali-Bergwerke an der Werra.

Sie haben gegenwärtig nicht mehr den ursprünglichen Umfang, weil das Grundwasser die Salzschichten zum Teil aufgelöst und dadurch den Umfang des Salzgebietes verkleinert hat. Unter dem Schlüchterner Becken ist z. B. eine 100 m mächtige Salzschicht längst abgeräumt worden.

Man unterscheidet heute das kleinere Becken sw von Fulda mit etwa 100 km^2 Salzfläche und das größere Becken nö von Fulda mit etwa 1000 km^2 Salzfläche, das sich bis nach Thüringen hinein erstreckt.

Ein später entstandener Graben-Einbruch hat die beiden Beckenteile getrennt, d. h. von oben hinabgesunkene Gesteine haben sich zwischen die Salzgesteine gedrängt. Dieser Graben zieht sich von NW über Bad Salzschlirf nach SO über Fulda hin. Die Abbildung 30 zeigt die dortigen Verhältnisse.

Bei dem Werra-Becken ist auch eine auffällige Einschnürung vorhanden. Hier ist sie jedoch nicht durch den Einbruch eines Grabens, sondern durch eine Schwelle des Untergrundes verursacht worden. Es ist die Treischfeld-Schwelle, die schon in der Zeit des Rotliegenden entstanden war. Sie verläuft von Hersfeld im NW über Treischfeld und Geisa in den Südosten.

Die Bergwerksschächte im kleineren Becken befinden sich bei Neuhof und die des großen Beckens bei Heringen und Philippsthal. Die Abbildungen 30 und 31 zeigen deren Lage.

Die um 1900 niedergebrachten Bohrungen haben genauen Aufschluß über den gesamten Aufbau des Zechsteins in Hessen gegeben.

Abbildung 32 zeigt die durchschnittlichen Verhältnisse bei Neuhof und bei Heringen und Philippsthal.

Im I. Rhythmus wurde die Werra-Salz-Serie abgelagert, sie ist bei Neuhof rund 220 m und bei Heringen 300 m mächtig. Die Werra-Serie besteht unten aus weißen Sandsteinen. Nach oben folgen Kupferschiefer, Kalk, Gips, Steinsalz und das etwa 3 m mächtige Kali-Salz-Flöz Thüringen. Bei Neuhof liegt es 600 m unter der Erdoberfläche und bei Heringen 490 m. Es wird in Neuhof wegen seiner dort ungleichmäßigen Zusammensetzung nicht abgebaut.

Auf diesem Flöz lagert Steinsalz und darauf das auch 3 m mächtige Kalisalz-Flöz Hessen, welches abgebaut wird. Es liegt bei Neuhof 540 m unter der Erdoberfläche und bei Heringen 420 m.

Darauf liegt wieder Steinsalz.

Der II. Rhythmus heißt Staßfurt-Serie. Zur Zeit ihrer Entstehung hatte sich der Schwerpunkt der Salzablagerung in den norddeutschen Bereich am Harz und in Niedersachsen verlagert. Das in Norddeutschland vorhandene Kalisalz-Lager umfaßt 20 000 km^2 Fläche mit einem rund 10 m mächtigen abbauwürdigen Flöz. In Hessen ist diese Serie nur 20 bis 25 m mächtig, sie besteht aus Salzton und Steinsalz.

Auch der III. Rhythmus ist in Hessen nur geringmächtig. Seine Schichten umfassen rund 45 bis 60 m. Sie bestehen aus Letten und Dolomit und heißen Leine-Serie.

Der IV. Rhythmus, die Aller-Serie, ist nur 10 bis 20 m mächtig und besteht aus Tongesteinen.

Die Zechstein-Schichten wurden vom Buntsandstein der folgenden Erdzeit überlagert, er ist in Neuhof ungefähr 400 m mächtig und in Heringen 210 m.

Der Abbau der Salze wurde am Anfang dieses Jahrhunderts begonnen und ist nach einigen Unterbrechungen heute noch im Gange.

Das zum Abbau gelangende Flöz Hessen besteht fast vollständig aus rotem Hartsalz. Es enthält 50 % Steinsalz (NaCl), 30 % Kieserit ($MgSO_4$) und 20 % Sylvinit, das ist mit Steinsalz verunreinigtes Sylvin (KC1).

Nur das Sylvin wird zur Herstellung der Düngemittel gebraucht.

Der Abbau erfolgt vollmechanisiert, die Aufbereitung in Fabriken.

Die Fabrikationsrückstände werden als Halde aufgeschüttet, sie bestehen aus Steinsalz und Kieserit. In der DDR wurde der Rückstand leider in die Werra geschüttet.

Während Deutschland früher einmal das Monopol in der Gewinnung und im Absatz von Kalisalz-Düngemitteln hatte, ist sein Anteil am Welthandel heute auf ein bescheidenes Maß zurückgegangen.

Von den Salzvorkommen der Bundesrepublik Deutschland besitzt Hessen die Hälfte. An der Produktion sind die drei hessischen Bergwerke Philippsthal, Heringen und Neuhof auch mit etwa der Hälfte beteiligt.

1985 wurden in Hessen von rund 4700 Beschäftigten 19,6 Millionen Tonnen Kali-Rohsalze gefördert. Da davon nach der Aufbereitung nur noch

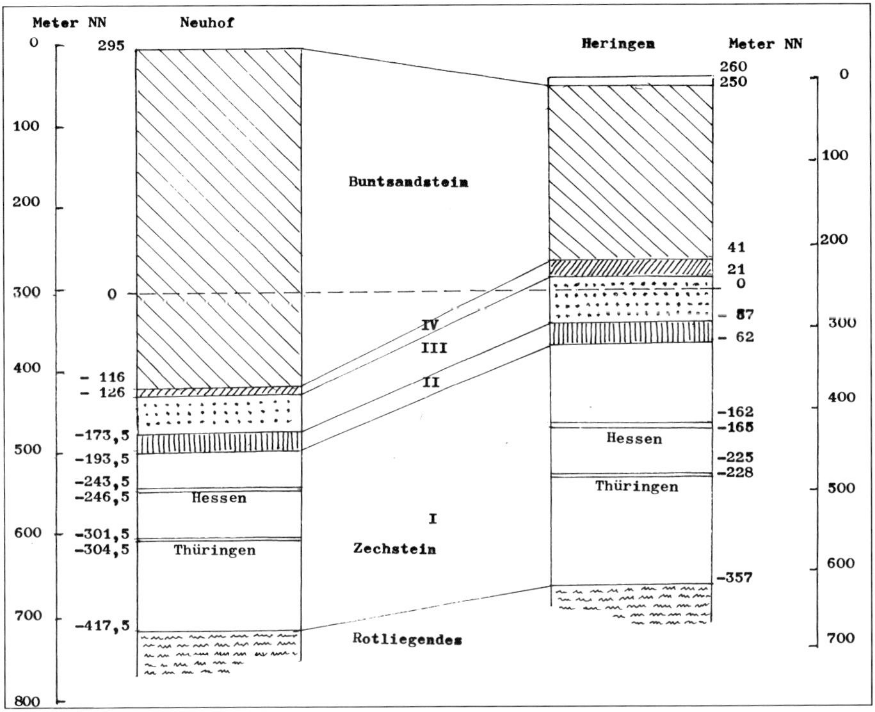

Abb. 32: Der Aufbau des Zechsteins.

rund 10 Prozent verwertbar sind, konnten etwa 2 Millionen Tonnen Kalisalze gewonnen werden. Diese Jahresproduktion ist auch in den folgenden Jahren bis 1994 erreicht worden.

In der Epoche des Perms, die das Rotliegende und den Zechstein umfaßt, starben einige Tierarten aus, z. B. die Trilobiten. Die Reptilien entwickelten sich jedoch stark weiter.

Bei den Pflanzen traten die Bärlappe, Schachtelhalme und Farne zurück, während sich die nacktsamigen Pflanzen gut weiterentwickelten, u. a. die Gingkogewächse und die Nadelbäume.

Mit dem Ablauf der Zechsteinzeit vor 248 Mio. J. endete der Zeitraum, den die Geologen als das Erdaltertum bezeichnen.

Das Erdmittelalter

Es begann nun das geologische Erdmittelalter. Man teilt es in drei Epochen ein: die Trias, den Jura und die Kreide.

Die Trias

Die Trias gliedert sich in den Buntsandstein, den Muschelkalk und den Keuper. Trias heißt Dreiheit.

Der Buntsandstein

Die Buntsandsteinzeit begann vor 248 Mio. J. und hat 15 Mio. J. gedauert.

Während Hessen in der Zechsteinzeit Anschluß an ein nördliches Meer gehabt hatte, änderte sich das nun. Aus dem Nordmeer hoben sich weite Gebiete heraus, die Festland wurden. Das Gebiet Deutschlands blieb zwar zunächst meeresbedeckt, gehörte aber als flaches Randbecken nunmehr zu einem großen Mittelmeer, das fast die ganze Erde umspannte und durchschnittlich 1500 km breit war. Das gegenwärtige Mittelmeer ist nur ein geringer Rest davon.

Die Abbildung 33 zeigt einen Teil des Buntsandstein-Ablagerungsgebietes.

Es wurde im Westen durch die Ardennen und die gallische Schwelle begrenzt, im Norden durch ein Festland, das große Teile der Nordsee sowie Skandinavien umfaßte, und im Osten durch das polnisch-russische Festland, zu dem auch die Böhmische Masse gehörte. Im Südosten ragte die vindelizische Schwelle des heutigen Bayern empor. (Die Vindelizier waren ein keltischer Volksstamm.) Im Südwesten erstreckte sich ein etwa 150 km breiter Meeresarm durch das südöstliche Frankreich und das östliche Spanien zum Mittelmeer.

Das in Abbildung 33 eingezeichnete Flußnetz ist das gegenwärtige und dient daher nur der Orientierung.

Ein heute nicht mehr bestehendes und auch nicht mehr rekonstruierbares Flußnetz brachte den Verwitterungsschutt in das Becken. Da die Zufuhr für das hessische Gebiet vorwiegend aus Südwesten erfolgte, stammte es hauptsächlich von der gallischen Schwelle.

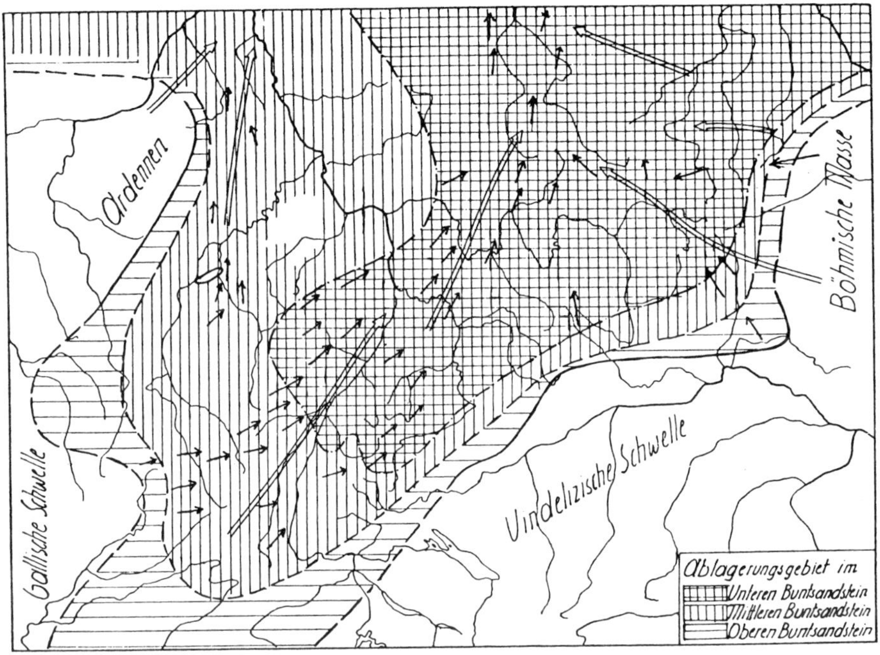

Abb. 33: Ablagerungsgebiet des Buntsandsteins.

Man kann das aus der Größe der Gerölle schließen. In der Nähe des der Verwitterung preisgegebenen Gebietes sind die Gerölle noch groß, während sie mit zunehmender Entfernung immer feinkörniger werden.

Die allgemeine Situation ähnelt durchaus der Situation im Rotliegenden.

Der Verwitterungsschutt bestand vorwiegend aus widerstandsfähigen Sandkörnern und Feldspat. Beide wurden in Hessen in einer Mächtigkeit bis zu 1200 m als durch Verkittung mehr oder weniger verfestigter Buntsandstein abgelagert.

Die Abbildung 34 zeigt die Mächtigkeiten. Im südlichen Hessen liegen sie bei 500 m und steigen im nördlichen Hessen auf 1200 m an.

Da das Meeresbecken verhältnismäßig flach war, führten schon geringe Bewegungen in der Erdkruste dazu, daß das ganze Gebiet zeitweise auch trocken fiel. Bei dem immer noch warmen Klima dieser Zeit nahm das Gebiet dann den Charakter einer Wüste an. Das Gestein kam mit der Luft in Berührung, was dazu führte, daß sich das im Gestein enthaltene Eisen mit dem Luftsauerstoff zu rotbraunem Eisenoxid verbinden konnte. Diese Eisenoxide haben dem Gestein den Namen Buntsandstein gegeben.

Man gliedert den Buntsandstein in den unteren, mittleren und oberen Buntsandstein, den Röt.

Der untere Buntsandstein besteht zum Teil aus dem weichen Bröckelschiefer, der im flachen Meeresbecken als Übergangsgestein vom Zechstein zum Buntsandstein abgelagert worden ist. Dazu hat er auch mehrere Schichten aus Sandsteinen und Tonsteinen. Dolomit, Kalk und Gips sind als kleine Anteile auch vorhanden.

Die Gesteinfolgen lehren, daß es in der Zeit des unteren Buntsandsteins drei Hebungen und Senkungen gegeben hat. Die Senkungen führten jedesmal zu neuen Überflutungen durch das Meer.

Während der Festlandszeiten blieben in den Senken hier und da Seen und Tümpel zurück, die bei dem heißen Klima allmählich verdunsteten, womit die geringen Vorkommen von Kalk, Dolomit und Gips ihre Erklärung finden.

Mit dem Beginn der Zeit des mittleren Buntsandsteins dehnte sich der Ablagerungsraum erheblich aus, was die Abbildung 33 zeigt. Der vom unteren Buntsandstein noch freigelassene Teil Hessens im Westen wurde nunmehr vollständig in den Bereich des mittleren Buntsandsteins einbezogen. Die Tiefe des Beckens nahm zu. Als Ausgleich sind wahrscheinlich die Ränder des Beckens gehoben worden, so daß deren Verwitterungsschutt nach wie vor in das Becken getragen wurde.

Soweit die Mächtigkeit des vorangegangenen unteren Buntsandsteins noch größere Unterschiede gehabt hatte, war das darauf zurückzuführen, daß er die Schwellen der Zechsteinzeit weniger bedeckte, während er deren Senken mächtiger ausfüllte.

Außergewöhnliche Mächtigkeitszunahmen können allerdings auch dadurch erklärt werden, daß die Zechsteinsalze durch im Untergrund fließendes Wasser aufgelöst und fortgeführt worden sind, so daß die darüber liegenden Erdschichten nachsackten und sich so Senken bildeten. Das kann jedoch nur für kleine Flächen zutreffen.

Jedenfalls war am Ende der Zeit des unteren Buntsandsteins die Einebnung des Ablagerungsraumes soweit fortgeschritten, daß der mittlere Buntsandstein sich auf einer fast ebenen Fläche ablagern konnte.

Es gab auch im mittleren Buntsandstein Hebungen und Senkungen, und zwar deren vier. Die meiste Zeit war der Ablagerungsraum eine Art von Halbwüste und das Klima feuchter als im unteren Buntsandstein. Die Landschaft wurde durch Dünenzüge geprägt, zwischen denen flache Ströme und Bäche flossen, die fächerartige Schwemmkegel hinterließen. Flache Seen und Tümpel enthielten meist Brackwasser. Windrippel und Kreuzschichtungen von Sandsteinen, Rippel und Strömungsmarken in den Seesedimenten, Eindrücke von Regentropfen und Trockenrisse auf trockengefallenen Seenböden und Regenwassertümpeln sind Klimazeugnisse. Von der gallischen Schwelle her wurden zunehmend grobkörnige Sandsteine und Gerölle nach Hessen eingeschüttet.

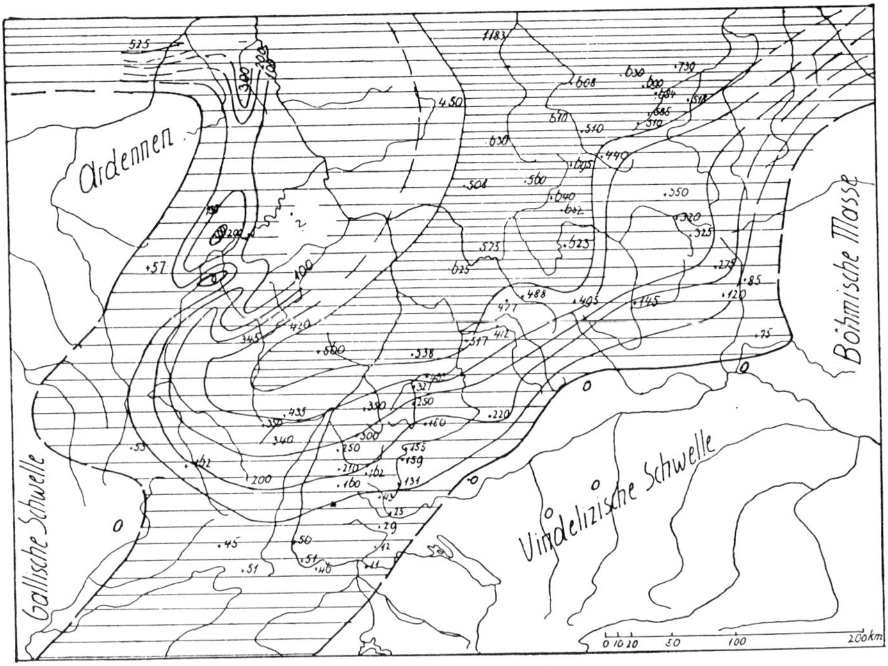

Abb. 34: Mächtigkeiten des Buntsandsteins.

Die Gesteine des mittleren Buntsandsteins sind teilweise recht fest, so daß ihre Schichten im Gelände Stufen mit steilen Hängen bilden können, ähnlich wie der untere Buntsandstein.

In diesem feuchten Halbwüstenland war das Leben nicht reichlich und hat wenig Spuren hinterlassen. Am bemerkenswertesten sind Vierfüßlerfährten, die auf trockengefallenen Gewässerböden abgedrückt sind – berühmt davon sind die Fährten des Handtiers (Chirotherium), die wie Abdrücke von Menschenhänden aussehen. Sie stammen von einem Reptil von bis zu 2 Meter Länge, das man erst vor zwei Jahrzehnten bei Fossilgrabungen in der Südschweiz »persönlich« entdeckte. Es hat bis in den oberen Buntsandstein gelebt.

Der Zeit des mittleren folgte die des oberen Buntsandsteins oder des Röts. Sie ist dadurch gekennzeichnet, daß das Land wieder meist vom Meer bedeckt wurde. Der Ablagerungsraum hatte sich abermals vergrößert, wie Abbildung 34 zeigt, aber auch soweit gesenkt, daß eine flache Meeresbucht entstehen konnte, in der sich tonreiche Feinsandsteine, Tone und Tongesteine absetzen konnten, die man als Röt bezeichnet. Es gab allerdings auch zwei Hebungen und Senkungen, so daß der Ablagerungsraum zeitweise trocken gelegen hat. Dem Röt können Salz und Gips beigemischt sein.

In den bei den Hebungen und Senkungen entstandenen Spalten des Gesteins haben sich oft schwarz-braune Krusten gebildet, die aus Eisen- und Manganverbindungen bestehen, welche mit heißen Wässern aus dem Untergrund emporgedrungen sind.

Falls die Spalten eine große Breite gehabt haben, konnte sich der Abbau der in ihnen abgesetzten Eisen- und Manganerze lohnen. Die Abbildung 12 auf Seite 31 zeigt einige Orte im Buntsandstein-Odenwald, bei denen früher diese Erze abgebaut worden sind.

Falls kieselsäurehaltige Wässer durch die Verwerfungsspalten aufstiegen, konnten sie in lockere sandige Ablagerungen eindringen. Nach der Verdunstung des Wassers wurde die Kieselsäure frei. Sie verkittete den Sand dann zu dem äußerst harten Quarzit. In der Steinzeit haben die Menschen den Quarzit zu Geräten verarbeitet.

Nach einer Dauer von 15 Mio. J. ist die Zeit des Buntsandsteins vor 233 Mio. J. zu Ende gegangen. Sie hat in Hessen umfangreiche Spuren hinterlassen, bedecken seine Gesteine doch 36 Prozent des hessischen Bodens, womit der Buntsandstein bei der Größe der Flächen die erste Stelle einnimmt.

Da der zu 90 Prozent aus Sand bestehende Buntsandstein für die Landwirtschaft keinen guten Boden abgibt, hat man ihn früher als nationales Unglück bezeichnet. Dem ist widersprochen worden mit dem Hinweis darauf, daß die ihn meist bedeckenden Wälder für den Wasserhaushalt, die Reinhaltung der Luft und die Erholung der Menschen ein Glück sind. Hessens Boden ist fast zu 40 Prozent vom Wald bedeckt.

Überall in Hessen wurde der Buntsandstein bis zum Ende des vergangenen Jahrhunderts reichlich zum Bauen verwendet. Fast jeder Ort im Buntsandsteingebiet verfügte früher einmal über einen Steinbruch. Heute liegen all diese Steinbrüche still. Der große Aufschwung der Zementbauweise hat den schönen Buntsandstein verdrängt.

Es steht fest, daß der Buntsandstein am Ende seiner Zeit ganz Hessen bedeckt hat, auch die gegenwärtig buntsandsteinfreien Gebiete, wie z. B. den kristallinen Odenwald und Spessart sowie das Rheinische Schiefergebirge. Aber große Teile davon sind später abgetragen worden.

Ein Streifzug durch die aber immer noch recht großen hessischen Buntsandsteingebiete soll den Überblick über die Buntsandsteinzeit ergänzen.

Östlich vom kristallinen Odenwald liegt der Buntsandstein-Odenwald.

Bei Heidelberg beginnt er 10 km südlich des Neckars. Im Osten wird er ungefähr von der Mudau begrenzt, die bei Miltenberg in den Main mündet, der bis Obernburg die weitere Grenze bildet. Im Norden begrenzt ihn die Main-Ebene. Der kristalline Odenwald ist seine westliche Grenze.

Gegen ihn setzt sich die Buntsandsteintafel streckenweise durch eine Landstufe ab. Die Abbildung 35 zeigt den Aufbau des östlichen Odenwaldes

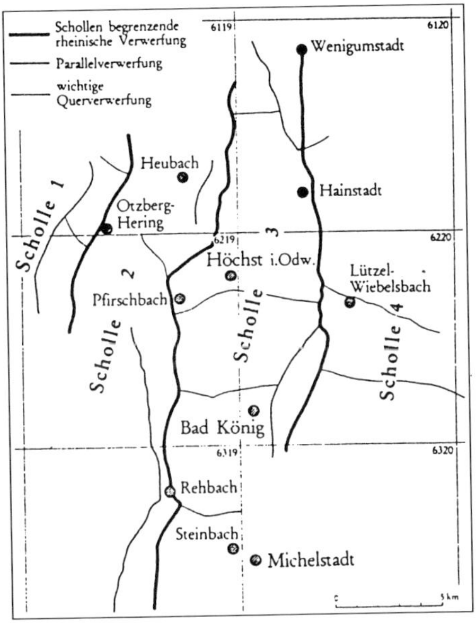

Abb. 35: Übersicht der rheinischen Hauptverwerfungen und wichtiger Querbrüche sowie des großräumigen Schollenbaus im Odenwald.

aus vier Schollen, die staffelartig von Westen nach Osten absinken. Ihre Grenzen sind von N nach S streichende Verwerfungen.

Die Gesteine gehören zum Teil dem unteren, dem mittleren und auch dem oberen Buntsandstein an.

Der untere Buntsandstein hat im Odenwald eine Mächtigkeit von 40 bis 90 m, der mittlere eine solche von 300 bis 400 m und der obere von 60 bis 130 m, so daß er insgesamt 400 bis 620 m mächtig ist.

Der untere Buntsandstein bildet im wesentlichen eine geschlossene Fläche im Nordwesten. Der bis zu 15 km breite Streifen streicht von SW nach NO.

Südöstlich davon treten auch die Schichten des mittleren Buntsandsteins auf. Das deutet darauf hin, daß die große Buntsandsteintafel eine schwache Neigung von NW nach SO hat. Diese Feststellung wird noch untermauert durch den sich noch weiter im SO anschließenden Streifen des Muschelkalks, der auf dem Buntsandstein liegt und dessen Gesteinsgrenze ebenfalls von SW nach NO läuft.

Die den größten Teil des Odenwaldes bedeckenden Schichten des unteren und mittleren Buntsandsteins erreichen am Weißen Stein 6 km nnö von Heidelberg Höhen bis zu 550 m und stehen damit den höchsten Erhebungen des kristallinen Odenwaldes kaum nach.

Der obere Buntsandstein ist dagegen zumeist abgetragen. Soweit er noch vorhanden ist, war er durch Verwerfungen in ein tieferes Niveau gelangt.

Eine durch Verwitterung des Buntsandsteins entstandene Blockhalde ist das unter Naturschutz stehende Felsenmeer südlich von Erbach. Hier liegen mächtige Gesteinsbrocken, die zum Teil verkeilt und übereinander geschoben worden sind.

Östlich von Erbach befindet sich bei Würzberg auch eine kleine Höhle im mittleren Buntsandstein, die »Schinderhannes-Höhle«.

Auch im Spessart zeigt sich also eine Neigung der Tafel des gesamten Buntsandsteins von NW nach SO. Diese wird auch durch die Fließrichtung mehrerer Gewässer des Spessarts bestätigt.

Dem vom Main-Viereck begrenzten Teil des (bayerischen) Spessarts schließt sich nach N der bis an die Kinzig reichende Nordspessart an. Im Osten begrenzt diesen die Sinn.

Der nördliche Spessart zeigt die gleichen Verhältnisse wie der südliche, all seine Bergrücken sind flach.

Den größten Teil seiner Fläche nimmt auch hier der untere Buntsandstein ein, er hat mehrere Erhebungen von über 500 mNN, von denen der 586 m hohe Geiersberg 10 km ö von Gelnhausen der höchste ist.

Der mittlere Buntsandstein tritt im NO zutage. Die Grenze zwischen ihm und dem unteren Buntsandstein verläuft etwa von dem bei Wächtersbach gelegenen Aufenau im Kinzigtal in sö Richtung nach Rieneck im Tal der Sinn, die 6 km weiter südlich bei Gemünden in den Main mündet. Seine höchste Erhebung ist der 516 m hohe Markberg 6 km ö von Bad Orb.

Der Buntsandstein-Odenwald unterscheidet sich markant vom kristallinen Odenwald. Während dieser ein wechselvolles Auf und Ab der vielen Kuppen und Küppchen zeigt, hat der Buntsandstein-Odenwald scheinbar tischebene Hochflächen. Er ist außerdem wenig zertalt und hat breite Täler. Dagegen hat der kristalline Odenwald wegen seiner wenig wasserdurchlässigen Gesteine eine große Taldichte mit z. T. engen Tälern. Es gibt keine andere hessische Landschaft, in der sich die unterschiedliche Auswirkung der geologischen Verhältnisse so deutlich zeigt.

Die wichtigsten den Odenwald durchziehenden Verwerfungen waren schon in Abbildung 11 auf Seite 30 dargestellt, allerdings in schematischer Art. Auf Abbildung 35 sind sie genauer zu sehen. Es fällt auf, daß sie fast alle von N nach S laufen.

Das trifft auch auf die Gewässer zu.

Das kann kein Zufall sein. Die Erklärung für den auffälligen Verlauf der Verwerfungen und Gewässer wird später gegeben.

Der Buntsandstein setzt sich nö vom Odenwald im Spessart mit einer Mächtigkeit von 500 bis 600 Meter fort.

Die Abbildung 36 zeigt ihn.

Er wird auf drei Seiten vom Main-Viereck begrenzt. Im Norden reicht er bis an die Kinzig und an das Schlüchterner Becken.

Der untere Buntsandstein setzt das im Odenwald gezeigte Bild fort. Eine das Main-Viereck von SW nach NO durchziehende Diagonale trennt im

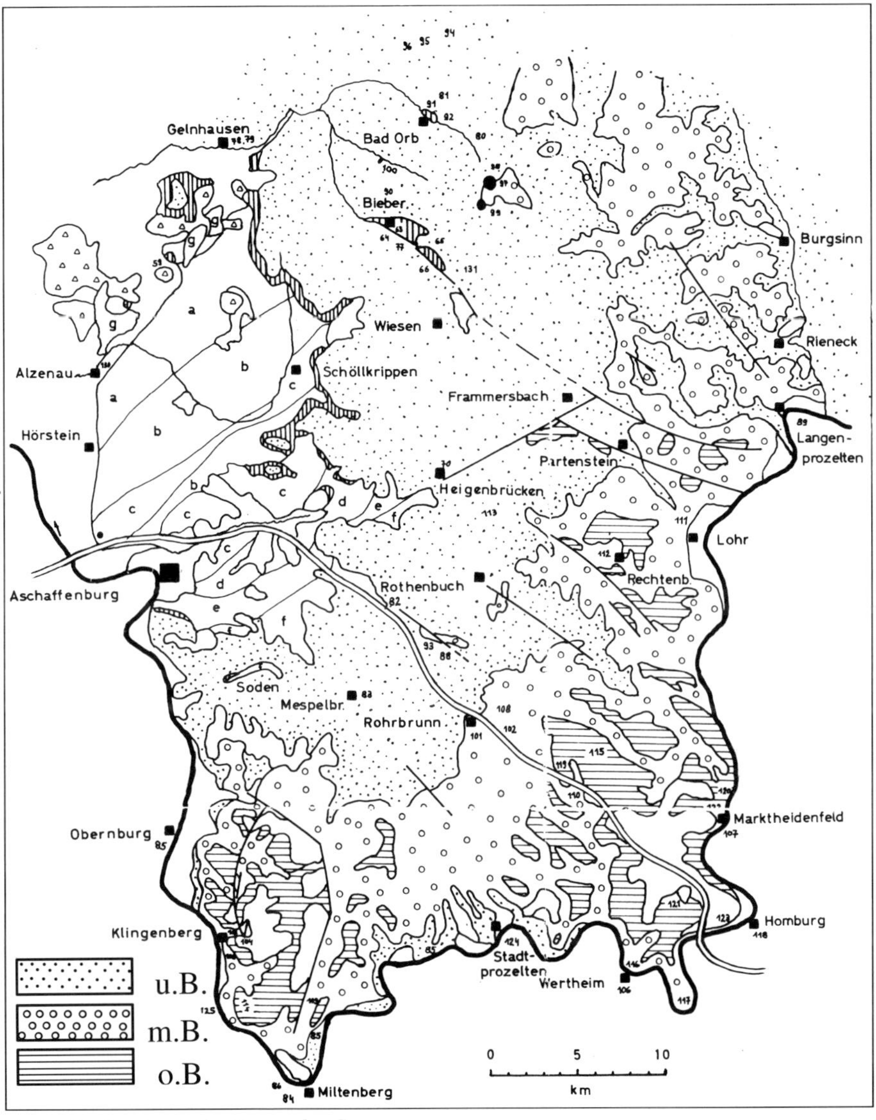

Abb. 36: Geologische Karte des Spessarts.

wesentlichen den unteren Buntsandstein des Nordwestens vom mittleren und oberen Buntsandstein des südöstlichen Main-Vierecks. Der obere Buntsandstein bildet etwa ein Drittel in der südöstlichen Ecke des Main-Vierecks.

All diese Schichten liegen annähernd horizontal. Der obere Buntsandstein zeigt dagegen keine horizontale Lage. Das ist darauf zurückzuführen, daß er

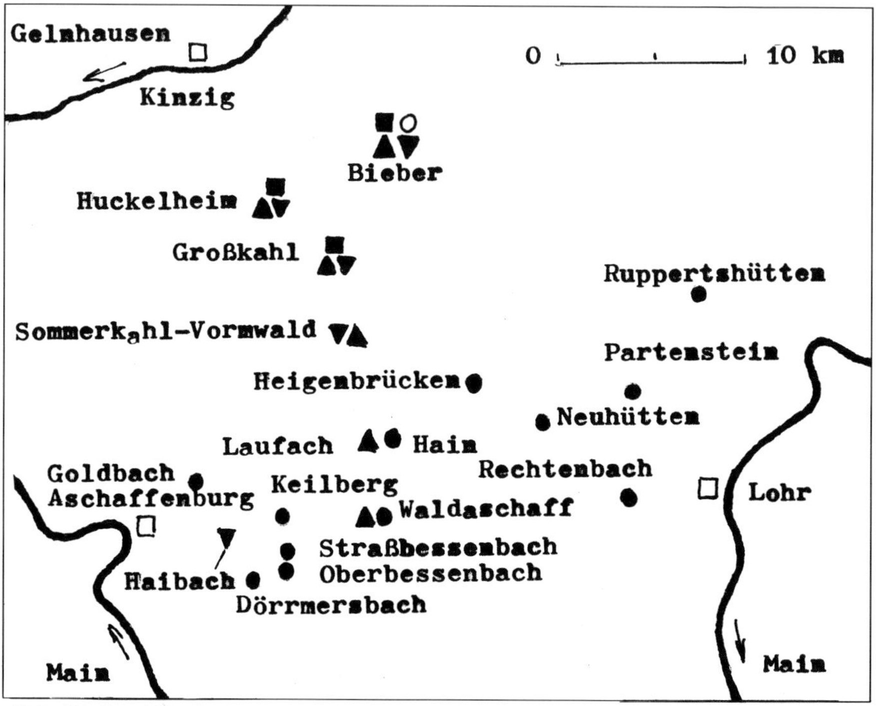

Abb. 37: Der Bergbau im Spessart:
○ Blei und Silber, ▲ Eisen, ■ Kobalt, ▼ Kupfer, ● Schwerspat.

nur im Schlüchterner Becken zutage tritt, in das er abgesunken und dadurch vor der Abtragung bewahrt worden ist, der er sonst längst zum Opfer gefallen wäre. Am östlichen Rand des Schlüchterner Beckens erreicht er noch Höhen bis zu 470 m, im Innern des Beckens ist er dagegen bis auf unter 200 m abgesunken.

Die Gesamtmächtigkeit des Buntsandsteins beträgt am Nordrand des Spessarts 600 bis 660 m.

Während im südlichen und mittleren Teil des Spessarts kein Bergbau betrieben worden ist, sind im nördlichen Spessart an mehreren Stellen Erze und Schwerspat abgebaut worden. Der Bergbau auf Erze in Bieber ist bereits auf Seite 59 beschrieben worden. Ihm stehen im Raum Bieber-Aschaffenburg noch weitere Abbauorte zur Seite. Im nördlichen Spessart wurde der Schwerspat oder Baryt am meisten abgebaut. Er hatte sich in den Spalten des Buntsandsteins aus hydrothermalen Lösungen abgesetzt. Die Abbildung 37 zeigt die Bergbauorte im nördlichen Spessart.

Der SW des Vogelsberges wird von einem bis zu 7 km breiten Band des Buntsandsteins eingerahmt, und zwar bildet eine felsige Schicht des unteren

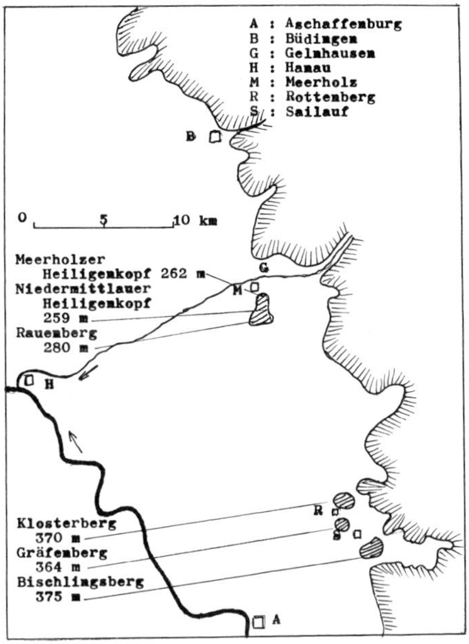

Abb. 38: Die Buntsandstein-Zeugenberge

Buntsandsteins hier eine markante Landstufe. Wenn man von Hanau kommend die Kinzig aufwärts fährt, sieht man diese Landstufe als den Anstieg des Büdinger Waldes. Sie überquert bei Wirtheim die Kinzig und verläuft von dort in südlicher Richtung am Ostrand des kristallinen Spessarts entlang.

Östlich von Aschaffenburg biegt die Landstufe nach Westen um und erreicht etwa 6 km südlich von Aschaffenburg den Main.

Früher hatte der Buntsandstein auch den Raum des ganzen gegenwärtigen Hanauer Beckens bedeckt. Das bezeugen an den Rändern des Vorspessarts einige Berge, die heute isolierte Buntsandsteinvorkommen darstellen. Abbildung 38 zeigt einige dieser »Zeugenberge«.

Der untere Buntsandstein hat am Südwestrand des Vogelsberges eine Mächtigkeit von etwa 330 m. Neben ihm lagert dort noch ein schmaler Streifen des mittleren Buntsandsteins. Von ihm streichen nur die untersten Schichten aus dem Vogelsberg heraus, dessen Basalt auf dem Buntsandstein liegt. Die Mächtigkeit des mittleren Buntsandsteins beträgt etwa 200 m. Der obere Buntsandstein fehlt hier.

Es besteht kein Zweifel, daß der ganze Vogelsberg vom Buntsandstein unterlagert ist. Zahlreiche Bohrungen haben ihn dort festgestellt.

Ein nach Norden hin immer schmaler werdendes Band des Buntsandsteins liegt auch am nördlichen Ufer der Kinzig. Bemerkenswert ist in ihm der Weiße Stein am Nordhang des Vogelskopfes bei Breitenborn, das etwa 7 km nördlich von Gelnhausen liegt. Im mittleren Buntsandstein befindet sich hier eine Felswand mit davor liegenden großen Blöcken von sehr hartem Quarzit, der hier sicher hydrothermaler Entstehung ist, weil sich mehrere Verwerfungen in der Nähe befinden.

Der Röt erreicht auf dem das Schlüchterner Becken im Norden begrenzenden Landrücken Höhen bis zu 470 m.

Nördlich des Landrückens überdeckt die Tafel des Buntsandsteins die Gesteine des Zechsteins in einer Mächtigkeit von rund 400 m. Der untere Buntsandstein ist in diesem Bereich 350 m bis 375 m mächtig und der mittlere 210 bis 220 m. Der obere lagert hier nur unvollständig, weil er zum Teil schon verwittert und abgetragen worden ist. Die Gesamtmächtigkeit des Buntsandsteins kann 650 bis 670 m betragen haben.

Der von Lauterbach über Fulda von NW nach SO streichende Graben unterbricht die Buntsandsteintafel.

Östlich der Sinn und des Fuldaer Beckens bildet der Buntsandstein den Sockel für die Rhön.

Die Rhön ist eine typische Vulkanlandschaft, deren Basaltberge die Oberfläche prägen. Sie werden später beschrieben. Der Buntsandstein ist hier lediglich die Auflagerungsebene, die z. B. am Fuß des höchsten Rhön-Berges, der 950 m hohen Wasserkuppe, Höhen bis zu 780 m erreicht, was für eine spätere Aufwölbung der Rhön spricht.

Der Nordrand des basaltischen Vogelsberges wird von großen Buntsandsteinflächen umrahmt. Durch sie haben sich nördlich der Stadt Fulda die Flüsse Fulda und Haune ihre Fließwege gebahnt.

Die Fließrichtung der Haune und der Fulda legt die Vermutung nahe, daß die große Tafel des Buntsandsteins vom Landrücken an nach Norden geneigt ist. Die Neigung kann aber nur sehr schwach sein, denn die Höhen des Buntsandsteins im Westen und Osten der Fulda liegen im gleichen Niveau wie am Landrücken, wo er bis zu 470 m hoch liegt. Die bei Rotenburg an der Fulda befindliche Erhebung des Alheimers hat sogar 549 m, was allerdings wahrscheinlich durch die Heraushebung des Richelsdorfer Gebirges bewirkt worden ist. Bei Hannoversch-Münden hat sich die Fulda in den Buntsandstein schätzungsweise um mindestens 340 m eingeschnitten.

Westlich von Bad Hersfeld erhebt sich das Knüll-Gebirge. An seinen östlichen Ausläufern ist die Buntsandsteintafel durch mehrere Bäche in schmale Rücken(Riedel) aufgelöst worden. Die Höhen betragen zwischen 450 und 525 m.

Während sich südlich von Hersfeld im wesentlichen der mittlere Buntsandstein befindet, überwiegt nördlich von Hersfeld zunächst der untere Buntsandstein, was mit der Heraushebung des Richelsdorfer Gebirges zusammenhängt, wo sogar der Zechstein zutagetritt.

In der weiteren Umgebung des Kasseler Beckens, etwa von Melsungen an, bestehen die Flächen wieder zumeist aus dem mittleren Buntsandstein. Er baut auch den Kaufunger Wald auf, der im 642 m hohen Bielstein seine höchste Erhebung hat.

Nördlich des Kasseler Beckens erstreckt sich der gleichfalls aus dem mittleren Buntsandstein bestehende Sockel des Reinhardswaldes, dem auf dem niedersächsischen Ostufer der Weser der Bramwald entspricht.

Die sich vom Kasseler Becken nach S bzw. nach SW hinziehende Hessische Senke teilt die seither betrachtete Buntsandsteintafel des östlichen Hessenlandes von der kleineren Buntsandsteintafel des Westens ab.

Am Nordrand des Vogelsberges sind die beiden Teile noch durch ein schmales, bis zu 6 km breites Band des mittleren Buntsandsteins miteinander verbunden.

Der Burgwald wird im Osten von der Wohra, im Süden von der Ohm und im Westen von der Wetschaft begrenzt. Im Norden grenzt die Buntsandstein-Tafel des Burgwaldes an den Kellerwald.

Der Burgwald ist eine Plateau-Fläche mit nur geringen Höhenunterschieden. Er weist enge Talfurchen auf. Die höchste Erhebung ist der 412 m hohe Wasserberg, der etwa 18 km nördlich von Marburg liegt. Beiderseits von Marburg werden die Berge auch vom Buntsandstein gebildet. Die Fläche des Burgwaldes besteht zu etwa gleichen Teilen aus dem unteren und mittleren Buntsandstein. Der obere fehlt.

Nördlich von Marburg ist der Buntsandstein teilweise ganz entfärbt und so aufgelockert, daß er als Bausand abgebaut werden kann. Wahrscheinlich wurde die Entfärbung durch an Verwerfungen aufgestiegene Wässer verursacht, welche die farbigen Bindemittel entfernt haben.

Den östlichen Rand des Kellerwaldes umsäumt neben dem Band des Zechsteins ein bis zu 9 km breites Buntsandsteinband, das zum Teil die Schwalm begleitet. Das Band geht im Norden über in eine große Fläche des unteren und mittleren Buntsandsteins, die den Ostteil des Waldecker Landes bildet. Es ist eine Hochfläche, die sich nach Norden zur Diemel senkt und zum Teil auch noch über diese hinausgeht.

Im Twister Hügelland treten die Schichten des unteren Buntsandsteins zutage, dessen sandig-tonige Gesteine ackerbaulich gut nutzbar sind. Die Twiste durchfließt das Gebiet in einer flachen Mulde, während sie in ihrem unteren Lauf gegen die Diemel ein fast canonförmiges Engtal in den mittleren Buntsandstein schneiden mußte.

Der mittlere Buntsandstein bildet die Arolser Platte, die kaum zerschnitten ist und ein 250–300m-Niveau hat. Ein auffälliges Kennzeichen dieser Platte ist ein etwa 70 m tief eingeschnittener und heute wasserloser Talzug, dem Straße und Bahn folgen und bei dem es sich wahrscheinlich um einen früheren Flußmündungstrichter der Twiste handelt.

Die höchste Erhebung ist der 420 m hohe Stucksförst 12 km wsw von Warburg. Die Diemel fließt 7 km nördlich davon in 190 m Höhe durch den mittleren Buntsandstein, der nördlich der Diemel noch eine dreieckige Fläche einnimmt.

Zwischen Altendorf und Helmarshausen erhebt sich etwa 90 m über dem Tal der Elbe der Mittelhorst des Heiligenberges. An seinem südlichen Ausläufer, dem Ziegenrück, sind an einer nach Westen abfallenden Felskante zahlreiche Klippen freigelegt. Die größte ist die 318 m hohe Felswand des Riesensteins. Sie ist etwa 8 m hoch, besteht aus verwittertem Buntsandstein und ist mit Moosen und Algen bewachsen. Sie ist ein markantes Naturdenkmal des Buntsandsteins.

Damit ist der lange Streifzug durch die hessischen Buntsandsteingebiete beendet.

Außerhalb von Hessen gibt es in Norddeutschland noch weitere Vorkommen am Solling und am Harz, aber das nördlichste Vorkommen ist die Insel Helgoland in der Nordsee! Die größte Mächtigkeit hat der Buntsandstein mit 1400 m in Niedersachsen.

Der Muschelkalk

Auf die Zeit des Buntsandsteins folgte die des Muschelkalks. Sie begann vor etwa 233 Mio. J. und hat 10 Mio. J. gedauert.

Die schon im Röt begonnene Absenkung der Schichten, die sich als zeitweise Meeresbedeckung auswirkte, setzte sich nun in stärkerem Maße fort, so daß ganz Hessen schließlich im Meer versank. Es hatte jedoch den Charakter eines Binnenmeeres, weil es anfangs nur über die Ost-Karpaten-Straße und etwas später auch noch über die Schlesisch-Mährische Straße im Südosten mit dem großen Welt-Mittelmeer (der Tethys) verbunden war. Später öffnete sich im SW die Burgundische Pforte, die dann gegen Ende der Muschelkalkzeit die einzige Verbindung zum Weltmeer war.

Die Abbildung 39 zeigt das Muschelkalkmeer mit geöffneten Pforten.

Das Rheinische Schiefergebirge bildete eine Insel.

Die Tierwelt des Muschelkalkmeeres beschränkte sich auf relativ wenige Arten, es waren die »Anpasser« an die häufig wechselnden Umweltbedingungen des Binnenmeeres, in dem die Wassertiefe und der Salzgehalt sich häufig änderten.

Besonders die zu den Armfüßern gehörenden Terebratuliden bevölkerten lange Zeit hindurch das Meer. Die Schalen der abgestorbenen Tiere setzten sich auf dem Meeresgrund ab. Muschelkolonien bauten große Riffe auf. Auch die Seelilien waren gesteinsbildend, und kalkbildende Algen lebten ebenfalls.

Neu auf dem hessischen Boden tauchten die ersten Ammoniten auf, es sind kalkschalige Tintenfische. Vor allem die Ceratiten haben viele Fossilien gebildet.

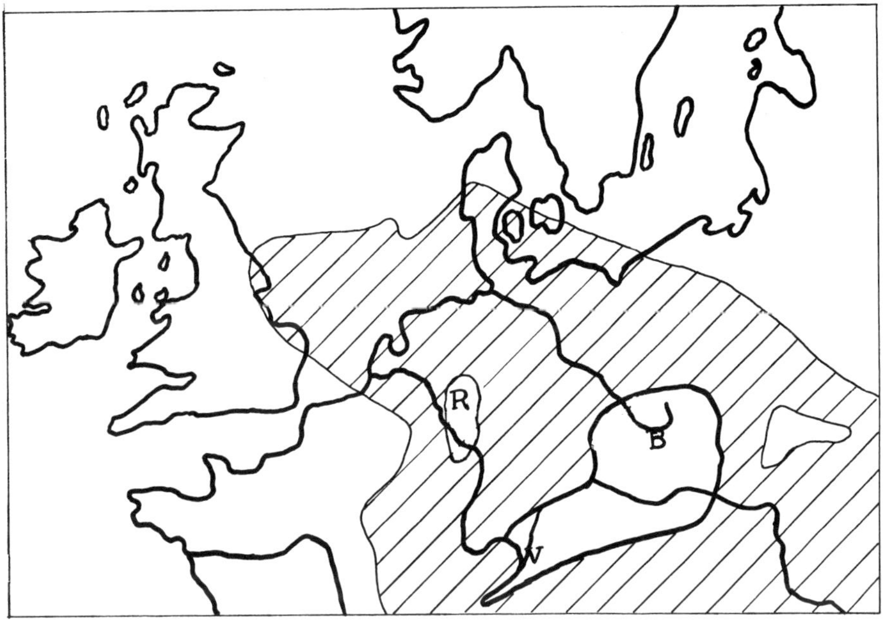

Abb. 39: Das Muschelkalkmeer. B= Böhmische Masse, R= Rheinische Masse, V= Vindelizische Schwelle.

Das Muschelkalkmeer kann mit der heutigen Ostsee verglichen werden. In ihr nimmt der Salzgehalt von W nach O immer mehr ab, weil sie nur im W eine schmale Verbindung mit der Nordsee hat. Die Durchschnittstiefe der Ostsee beträgt 50 m. Einige Teile des Muschelkalkmeeres waren mehrere hundert Meter tief, viele andere nur 10 bis 15 Meter, einige hatten den Charakter eines Wattenmeeres. Hessen gehörte zu dem Bereich, in dem das Meer seine größte Tiefe hatte.

Das Klima war so trocken wie das des jetzigen Mittelmeeres.

Das trockene Klima begünstigte eine starke Verdunstung, was sich in einem höheren Salzgehalt als im Mittelmeer auswirkte.

In das Muschelkalkmeer wurde aus den Festlandsgebieten Ton eingeschwemmt, dazu auch Kalkschlamm, der von den Kalkgesteinen des Erdaltertums stammte. Auch der im Weltmeer gelöste Kalk kam hier teilweise zur Ablagerung. Zeitweise war die Verbindung mit dem Mittelmeer unterbrochen. In dieser Zeit konnte das Muschelkalkmeer so stark verdunsten, daß neben dem Kalk und Dolomit auch Gips und Salz abgelagert wurden.

Man unterscheidet den unteren, mittleren und oberen Muschelkalk.

Im unteren war Hessen ein Flachmeer, das nur durch den südöstlichen Arm mit dem Weltmeer verbunden war. In der Zeit des mittleren Muschelkalks vertiefte sich dann das Meeresbecken, und die Verbindung zum Mittelmeer war unterbrochen.

Im oberen Muschelkalk setzte sich die Vertiefung fort, und die Verbindung mit dem Weltmeer geschah nunmehr durch den südwestlichen Meeresarm, die Burgundische Pforte.

In den Zeiten des unteren und oberen Muschelkalks sind fast nur Kalk und Dolomit abgelagert worden, während im mittleren Muschelkalk noch Ton, Gips und Salz dazukamen.

Die erste Ablagerungsschicht des unteren Muschelkalks ist der gelbe Grenzkalk.

Der Muschelkalk ist früher zum Kalkbrennen, zur Herstellung von Schotter und auch als Baustein verwendet worden.

Soweit das Quellwasser den Muschelkalk durchsetzt, hat es für den praktischen Gebrauch den Nachteil einer sehr großen Härte.

Es besteht kein Zweifel, daß das Muschelkalkmeer einmal ganz Hessen bedeckt hat. Im Westen, über dem Rheinischen Schiefergebirge, hat es allerdings nur geringe Tiefe gehabt und deshalb auch nur wenige Ablagerungen hinterlassen, die längst wieder abgetragen worden sind..

Auch über dem Odenwald und Spessart war es nicht sehr tief. Dagegen hat es im übrigen Hessen seine größte Tiefe gehabt, die einige hundert Meter betragen haben kann, doch ist der Muschelkalk auch hier zu einem großen Teil schon abgetragen worden.

Unterirdisch ist er dagegen noch an vielen Stellen vorhanden, wo er später von jüngeren Gesteinen überdeckt worden ist. Aber auch oberirdisch ist der Muschelkalk in einigen Gebieten erhalten geblieben. Im Schlüchterner Becken ist der untere Muschelkalk durch dessen Absenkung in ein tieferes Niveau gelangt und dadurch vor der Abtragung bewahrt worden. 1,5 km nordwestlich von Steinau sind kleine Muschelkalkhänge unter Naturschutz gestellt worden.

In der südlichen Rhön umrahmen seine Flächen mehrere Basaltberge, z. B. den Kreuzberg. Am Fuße der Wasserkuppe, des höchsten Rhönbergs, lagert der Muschelkalk an mehreren Stellen. Am Ostrand des Basaltmassivs mit dem Heidelstein zieht sich ein Muschelkalkband von S nach N hin. In einen Teil davon hat sich die Felda eingegraben, die von S nach N in die Werra fließt. Die ihr parallel und weiter westlich fließende Ulster hat sich auch durch den Muschelkalk ihren Weg bahnen müssen. Die Fläche des Muschelkalks erstreckt sich hier von der Ulster nach Westen bis an das Tal der auch nach Norden fließenden Haune. Daß der Muschelkalk hier erhalten worden ist, ist vor allem auf die Basaltberge zurückzuführen, die ihn überlagern. Der Kalk tritt dann an den Hängen der Berge zutage.

In der Rhön gibt es alle drei Arten des Muschelkalks, es überwiegt aber bei weitem der untere mit einer Mächtigkeit von rund 100 m.

Im Ringgau, der nordöstlich des Richelsdorfer Gebirges liegt, befinden sich auch große Muschelkalkflächen. Der Ringgau ist geologisch eine weit nach Westen ausliegende Zunge des Thüringer Beckens. Die Muschelkalkplatte überragt den Buntsandstein bis zu 100 m. Die Schichten fallen leicht nach Osten ein.

Den nordwestlichen Pfeiler des Ringgaus bildet die 513 m hohe Boyneburg etwa 10 km südlich von Eschwege. Ihre Hochfläche und ein schmaler von ihr ausgehender Grat, der sie mit der Hochfläche des Ringgaus verbindet, bestehen aus unterem Muschelkalk. Er bricht teilweise in Klippen ab und hat schon mehrere Bergstürze verursacht. Die Kalkschichten stehen hier unter Naturschutz.

Etwa 8 km südöstlich von Eschwege ist auch die Graburg unter Naturschutz gestellt worden. Sie besteht auch aus unterem Muschelkalk und hat eine 700 m breite Hochfläche. An ihren Hängen ist an mehreren Stellen der Kalk auf dem tonigen Röt hinabgerutscht. Im Westen ragt an ihrem Gipfel, der 515 m hohen Rabenkuppe, eine bis zu 80 m hohe Kalkwand auf. Ein drittes Naturschutzgebiet im Ringgau umfaßt die 483 m hohe Plesse und den 455 m hohen Konstein. Beide liegen am Ostufer der Werra nahe der Ortschaft Wanfried, 8 km Werra-aufwärts von Eschwege entfernt. Die Muschelkalkwand der Plesse ist 60 m hoch. Auch hier haben mehrere Bergstürze die Hänge mit Kalkschutt bedeckt.

Die Plesse und der Konstein liegen unmittelbar an der Grenze von Hessen zu Thüringen, wo sich die große Muschelkalkfläche des Eichsfeldes befindet. Bei Treffurt säumt eine 200 m hohe Steilwand aus Muschelkalk das Werra-Ufer.

Bei Witzenhausen an der Werra kommt auch Muschelkalk vor. Im nördlich davon liegenden Tal der Leine befinden sich sowohl auf dem westlichen als auch auf dem östlichen Ufer große Muschelkalkflächen. Die Leine durchfließt in Niedersachsen einen Graben, dessen südliche Fortsetzung sich etwa von Witzenhausen an noch 40 km nach SSW erstreckt. Er geht über Walburg und kreuzt bei Altmorschen die Fulda. Er ist bis zu 5 km breit und hat viele Muschelkalkgesteine. 13 km südwestlich von Altmorschen liegt auch bei Remsfeld Muschelkalk, ebenso bei Nieder-Appenfeld. In einer seitlich versetzten Fortsetzung dieses Grabens befinden sich weitere Vorkommen zwischen Raboldshausen und Ottrau.

Es gibt noch einen anderen Graben mit Muschelkalkresten. Er verläuft in west-nord-westlicher Richtung über Kassel. In dieser Stadt ist der früher in den Graben abgesunkene Muschelkalk zum Teil durch die Gewässer herauspräpariert worden, so daß er jetzt als die Erhebung des Weinbergs in Erscheinung tritt.

Am Dörnberg bei Kassel ist eine große Muschelkalkfläche unter Naturschutz gestellt worden.

Nordwestlich von Kassel erstrecken sich zwischen der Esse und der Erpe weite Muschelkalkflächen, die bis an die Diemel und darüber hinaus reichen. Hier gibt es alle Stufen des Muschelkalks.

Von dem an der Diemel liegenden Warburg geht auch ein Graben aus, der etwa in südlicher Richtung über Wolfhagen und Naumburg nach Fritzlar gelangt und noch viel Muschelkalk enthält. In seiner Fortsetzung sind auch bei Schlierbach und Allendorf an der Schwalm kleine Muschelkalkvorkommen.

In einem weiteren, bei Frankenberg an der Eder beginnenden Graben, der von NW nach SO läuft, ist ein kleines Vorkommen bei Mengsberg vorhanden. Größere Vorkommen gibt es in diesem Graben am Ostrand des Vogelsberges bei Maar, Großenlüder und Fulda, darüber hinaus bei Weyhers am Westrand der Rhön.

Ein von Weyhers nach S gehender kleiner Graben hat bei Oberzell Muschelkalk, der nach SW gehende Zweig zeigt Muschelkalk bei Schwarzenfels und der nach SO gehende Zweig bei Züntersbach und Oberleichtersbach sowie am Kreßberg bei Singenrain in der südlichen Rhön. Seitenversetzt geht eine Fortsetzung des Grabens über Kissingen zu dem großen Muschelkalkbereich von Unterfranken in Bayern.

Im Odenwald ist der Muschelkalk noch im Michelstädter Graben vorhanden.

Es gibt zahlreiche Stellen in Hessen, wo der Muschelkalk von jüngeren Erdschichten überdeckt ist und trichterförmige Erdfälle (Dolinen) auf ihn weisen. Unterirdische Wässer haben dort den Kalk zum Teil aufgelöst, so daß Hohlräume entstanden. Wenn deren Decke einbrach, kamen Erdfälle zustande.

In der Nähe von Steinau, das etwa 6 km von Schlüchtern entfernt an der Kinzig liegt, entstand durch einen Deckeneinsturz eine Öffnung, die den Namen Teufelsloch erhielt. Es liegt 2,6 km nördlich von Steinau im Westhang des Steinebachs. 1898 stieg man in die Höhle ein, und später wurde sie durch einen Stollen zugänglich gemacht.

Unter dem 23 m hohen Einbruchsschacht liegt der früher 12 m hoch gewesene, annähernd kreisförmige Höhlenraum mit einem Durchmesser von rund 11 m. Der hier ursprünglich lagernde Kalk ist von unterirdischen Wassern aufgelöst worden.

Die Abbildung 40 zeigt einen 5 km langen von Westen nach Osten geführten Querschnitt durch die dort lagernden Gesteine. Die Höhen sind fünffach überhöht gezeichnet.

Ganz unten liegt der Röt, darüber der rund 100 m mächtige untere Muschelkalk. Auf ihm lagern bis zu 40 m mächtige Tone und Sande einer späteren Erdzeit sowie Kuppen aus Basalt. Die senkrechten Linien sind Verwerfungen, an denen die Gesteine gegeneinander verschoben worden sind.

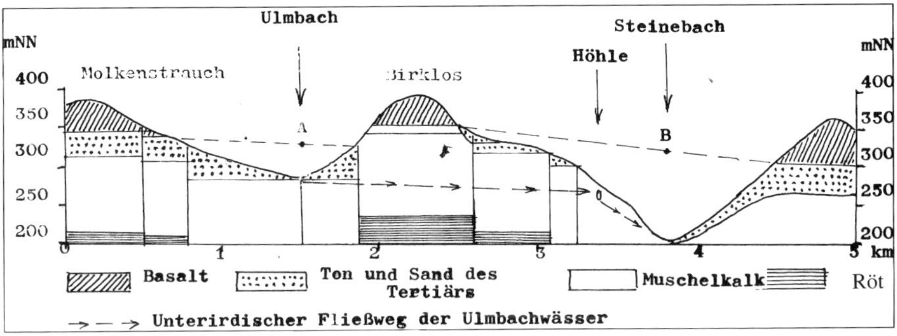

Abb. 40: Die Lagerung der Gesteine bei der Teufelshöhle.

Man vermutete, daß der Ulmbach, der die linke Mulde von N nach S durchfließt, der Wasserspender für die Höhle gewesen ist, weil er an einer Stelle (unter A) zum Teil in den Untergrund versickert. Diese Vermutung wurde zur Gewißheit, als Versuche mit gefärbtem Wasser ergaben, daß es in rund 48 Stunden vom Ulmbach zum Steinebach gelangte, wo es am Fuße des Hanges, in dem die Höhle liegt, zutage trat. Der Steinebach durchfließt ebenfalls von N nach S die rechte Mulde (unter B).

Heute fließen die Ulmbachwässer nicht mehr direkt durch den Bereich der Höhle, weil sie sich einen tieferen Weg gebahnt haben.

Aber vor wahrscheinlich rund 2,5 Millionen Jahren waren sie noch durch die Höhle geflossen, und zwar schätzungsweise innerhalb des Zeitraums von 600 000 Jahren. Die Höhle wäre dann vor 3,1 bis 2,5 Millionen Jahren entstanden.

Die in der Höhle vorhandenen Tropfsteine sind dagegen sehr viel jünger. Sie sind sicher erst in der letzten Eiszeit entstanden. Die Voraussetzung für die Bildung von Tropfsteinen ist ein sehr hoher Gehalt an Kohlensäure im Sickerwasser, und ein solcher kommt nur zustande, wenn die Wässer den Humusboden einer Pflanzendecke durchfließen, in dem die von den Pflanzenwurzeln gebildeten Säuren aus dem Kalkboden reichlich Kohlensäure freigemacht haben, die sich dann im Wasser bis zum Hundertfachen des normalen Gehalts anreichert, so daß es sehr viel Kalk auflösen kann. Es ist dann gewissermaßen übersättigt, so daß es beim Verdunsten große Mengen von Kalk als Tropfsteine ausscheiden kann.

Im Odenwald lagert in dem von der Mümling durchflossenen Graben auch noch Muschelkalk.

Der aus dem Buntsandstein von Südosten kommende Erdbach gelangt im Dorf Erbach in den Muschelkalk. Er teilt sich hier in zwei Arme. Ein Arm stürzt im Garten eines alten Hauses in einen 7 m tiefen Schacht des Muschelkalks. Er betrieb früher eine Turbine und stellt sich heute als Wasserfall dar. Der andere Arm des Erdbachs fließt zunächst durch den

Ort und versickert dann hinter der Erbacher Festhalle in fünf Schlucklöchern vor dem Kalkrücken der Jugendherberge. Nach unterirdischem Weiterfließen tritt er bei der Stockheimer Mühle nahe Michelstadt in zwei Quellen wieder zutage.

Versuche mit Farbstoffen haben ergeben, daß die Durchlaufzeit – je nach der Eintrittsstelle – eine Stunde bis 23 Stunden beträgt. Man vermutet unter dem Kalkrücken einen unterirdischen See, in dem das Wasser gestaut werden kann.

1961/62 sind Forscher in die Eintrittslöcher des Erdbachs eingestiegen und fanden eine 400 m lange Höhle mit Tropfsteinen. Für die Öffentlichkeit ist die Höhle nicht zugänglich.

Der Keuper

Auf die Zeit des Muschelkalks folgte vor 223 Mio. J. die des Keupers. Sie hat 10 Mio. J. gedauert. Im Hessenland hat diese Epoche nur geringe Spuren hinterlassen. Hessen ist in der Zeit des Keupers meist Festland gewesen. Es haben sich zwar, besonders zu Beginn und gegen Ende der Keuperzeit, einige Vorstöße des Meeres ereignet, doch haben sich dann in den hier flachen Meeresteilen nur geringmächtige Ablagerungen gebildet. Die in der Festlandzeit besonders durch den Wind herangetragenen Verwitterungsprodukte der höheren Randlandschaften haben zwar auch Spuren hinterlassen, sind aber zum großen Teil in den langen Festlandzeiten, welche der Keuperzeit folgten, auch wieder abgetragen worden.

Im Westen war die gallisch-ardennische Schwelle der Lieferant für das Verwitterungsmaterial und im Osten und Südosten die vindelizisch-böhmische Schwelle. Die Meeresvorstöße kamen durch die Burgundische Pforte und auch durch die neugebildete lothringische Straße zwischen den Vogesen und dem Hunsrück. Außerhalb von Hessen befinden sich in seiner Nachbarschaft größere Keupervorkommen in Franken und in der Warburger Bucht. Die in Hessen aus der Keuperzeit stammenden und noch vorhandenen Gesteine sind Ton, Dolomit, Sandstein und Quarzit. Sie befinden sich hauptsächlich in den Gräben, wo sie in einem tieferen Niveau von der Abtragung verschont geblieben sind. So finden sich Keupergesteine in dem sich von der Gegend um Witzenhausen nach SW erstreckenden Graben, besonders in dem Abschnitt von Witzenhausen bis Hessisch-Lichtenau, aber auch in seiner Fortsetzung, u. a. bei Friedigerode. Der bei Warburg beginnende Graben enthält bei Altenhasungen noch Keuper. Am Ostrand des Vogelsberges liegt er bei Angersbach. Bei Fulda, Weyhers und Mottgers liegt er ebenfalls noch in den Gräben.

Nordöstlich von Hünfeld bildet er in der Vorderrhön noch große Flächen. Er lagert hier auf dem zwischen der Haune und der Ulster erhalten gebliebenen Muschelkalk in der Eiterfelder Mulde zwischen Eiterfeld und Rasdorf.

In der Zeit der Trias beherrschten bei den Pflanzen die Nacktsamer die Kontinente, es erschienen nur wenig neue Formen, u. a. die Palmfarne. Im Meer traten die Muscheln und Ammoniten stark hervor. Auf dem Festland entwickelten sich erstmals die auf den Hinterbeinen schreitenden Dinosaurier, ferner Schildkröten und Krokodile. Es kamen auch die ersten kleinwüchsigen – etwa rattengroßen – Säugetiere auf.

Der Jura

Die Jurazeit begann vor 213 Mio. J. und endete nach 69 Mio. J. vor 144 Mio. J.

In ihr hat in Hessen zunächst das Meer wieder seine Herrschaft angetreten. Durch breite Verbindungsstraßen war es sowohl mit dem Weltmeer im Norden wie auch mit dem Mittelmeer im Süden verbunden. Im Westen des Hessenlandes bildeten die Bereiche der Ardennen und des Rheinischen Schiefergebirges nach wie vor festländische Schwellen und im Osten das vindelizische und böhmische Land. Die Meerestiefe war nicht groß, sie ähnelte der der heutigen Nordsee.

Die in Hessen gebildeten Ablagerungen aus der Anfangszeit des Jura, dem Lias, bestehen aus Ton- und Kalkgesteinen. Doch es sind nur in dem von Warburg nach Kassel laufenden Graben einige Reste erhalten geblieben, und zwar bei Listingen, Ersen, Herlinghausen, Weida, Ehringen, Wenigenhasungen, Burghasungen und Ehlen. Bei Volkmarsen – 8 km südlich von Warburg – lagert auch Eisenoolith im Volkmarser Graben bei Wethen. Das sind erbsengroße Kügelchen, deren Kern aus Kalk oder Sand besteht, um den sich konzentrisch Eisenverbindungen angelagert haben, die aus übersättigten Lösungen ausgefällt worden sind. Dieser Prozeß konnte sich nur in sehr flachem Wasser, also in Strandnähe abspielen. Liasgesteine befinden sich auch bei Angersbach im Lauterbacher Graben. Gegen Ende der Liaszeit, vor rund 188 Mio. J., zog sich das Meer teilweise aus Hessen zurück. Die Abbildung 41 zeigt die damalige Verteilung von Land und Meer.

Der Westen von Hessen war nun schon Festland, aber im Osten verband die Hessische Straße immer noch das nördliche Weltmeer mit dem Mittelmeer. Dieser Prozeß hat sich in der Zeit des mittleren Jura, des Dogger, fortgesetzt. Allmählich tauchte die mitteldeutsche Schwelle empor, zu der ganz Hessen gehörte. Im oberen Jura, dem Malm, führte das zur Schließung der Hessischen Straße. Am Ende der Jurazeit steigerte sich die Entwicklung der Reptilien zu den Großformen. Auch Flugsaurier traten auf. Dazu erschienen die ersten Vögel. Im Meer beherrschten u. a. die Fische, Schnecken, Muscheln, Seeigel und Schwämme weiter das Feld.

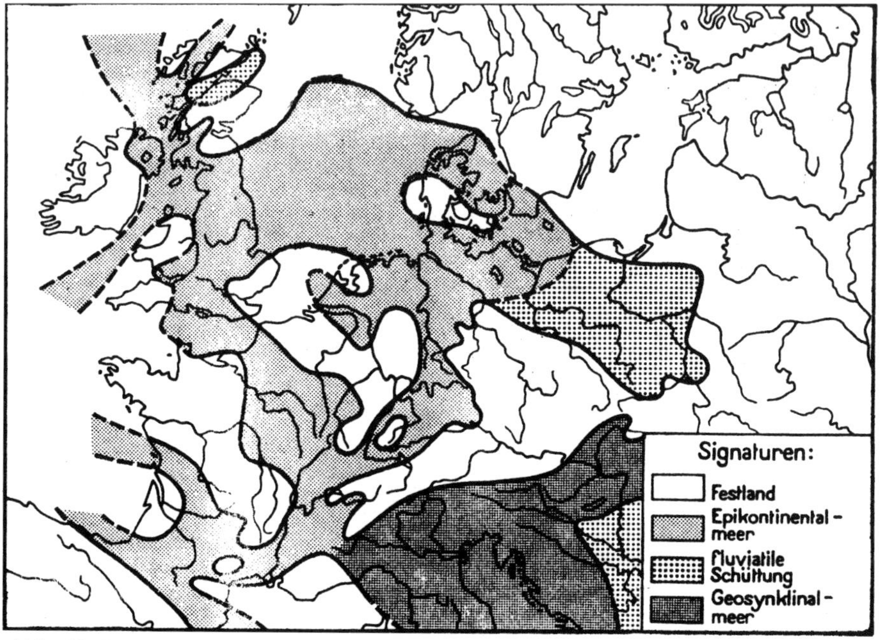

Abb. 41: Das Meer im unteren Lias.

Die Kreide

Die Zeit der Kreide begann vor 144 Mio. J. und hat 79 Mio. J. gedauert. In diesem langen Zeitraum ist Hessen meist Festland gewesen, auf dem sich keine Gesteine abgelagert haben. Die Abbildung 42 zeigt die Verteilung von Land und Meer in der Mitte der Kreidezeit.

Nördlich der Diemel und der Möhne ist das Meer an die nördlichen Grenzen von Hessen nahe herangekommen. Es lagern hier – auf westfälischem Boden – Ton-, Sand-, Mergel- und Kalkgesteine der Jurazeit, auch Feuersteinkreide kommt vor.

In der Oberkreide, die vor 97,5 Mio. J. begann, erweiterte sich das Meeresbecken jedoch so weit, daß die nördlichen und südlichen Teile von Hessen überflutet wurden. Es entstand aber nur ein flaches Meer, in dem sich kaum Ablagerungen bilden konnten, so daß in Hessen keine Gesteine der Kreidezeit vorhanden sind.

Charakteristisch für die Zeit der Oberkreide ist, daß das nördliche Mitteleuropa von starken Bewegungen in der Erdkruste erfaßt wurde, so daß es auch zu vulkanischen Erscheinungen gekommen ist. So stieg am Südrand des Taunus vor 86 Mio. J. beim Oberberg (7 km nördlich von Usingen) und

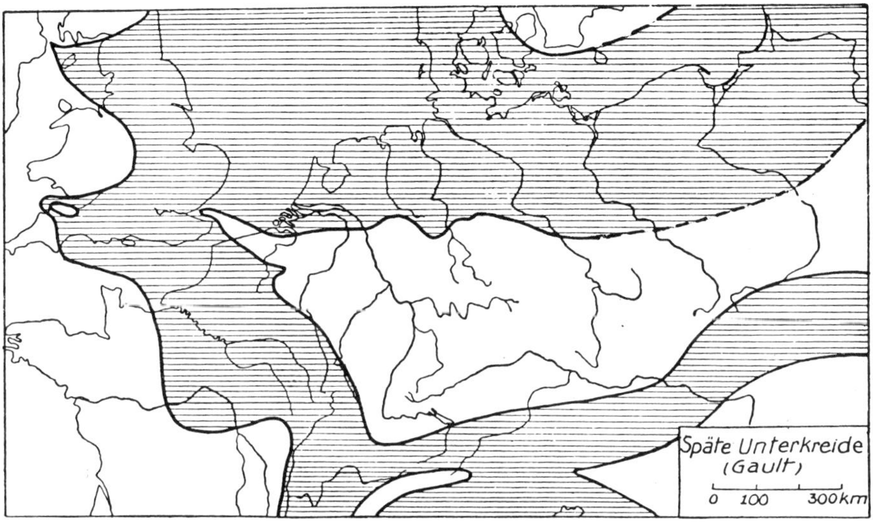

Abb. 42: Land und Meer gegen Ende der Unterkreide.

vor 76 Mio. J. bei Eppstein Basalt auf. Im Sprendlinger Horst nördlich von Darmstadt ist bei der Sporneiche (12 km nö von Darmstadt) ein 69 Mio. J. alter Trachyt festgestellt worden. Trachyt ist ein helles gelbgraues Gestein. Gleichfalls sind am Ende der Kreidezeit an der nördlichen Flanke des Aschaffenburger Beckens basaltische Gesteine aufgedrungen, und zwar bei Hohl-Hörstein vor 83 Mio. J., bei Klein-Ostheim vor 74 Mio. J. und bei Hohl-Rückersbach vor 70,3 Mio. J. Diese Vorkommen sind in Abbildung 45 Seite 93 eingezeichnet worden.

Bei allen Angaben über das Alter der Vulkanite ist zu berücksichtigen, daß die ermittelten Zahlen um einige Prozente nach oben oder unten vom wirklichen Alter abweichen können, weil das Verfahren der Altersbestimmung nicht genauer arbeiten kann. Das oben erwähnte Alter der Erde war mit 4,6 Milliarden angegeben worden, in einigen Werken findet man auch die Angabe von 4,5 Milliarden oder 4,7 Milliarden Jahren. Auch die Daten über den Beginn und das Ende der geologischen Zeitalter sind nicht einheitlich. Die im Anhang Seite 240 stehende Zeittabelle wird in der neueren geologischen Literatur zugrunde gelegt.

Bei der Unterteilung der unten beschriebenen Zeitalter des Tertiärs und Quartärs bestehen bei den Geologen dagegen noch erhebliche Unterschiede. Das hängt damit zusammen, daß ihre Abgrenzung z. T. nach verschiedenen Kriterien – z. B. biologischen – erfolgt, und die Entwicklung in den einzelnen Gebieten der Erde unterschiedlich verlaufen ist. Eine – allerdings geringe – Unsicherheit ist also bei allen Altersangaben vorhanden. In der

Kreidezeit traten die ersten Blütenpflanzen auf, u. a. Weiden, Pappeln, Eichen und Gräser. An ihrem Ende starben – aus noch unbekannter Ursache – die Ammoniten und Riesensaurier aus. Mit dem Ende der Kreide vor 65 Mio. J. endete der Zeitraum, den die Geologen als das Erdmittelalter bezeichnen.

Die Erdneuzeit

Das Tertiär

Das Tertiär begann vor 65 Mio. J. Mit ihm fängt die geologische Neuzeit der Erde an. Man gliedert sie in das Tertiär (das Dritte) und das Quartär (das Vierte). Früher hatte man die großen Perioden der Erdgeschichte in Primär (das Erste), Sekundär (das Zweite), Tertiär und Quartär eingeteilt. Geblieben sind davon nur noch die Namen für das Tertiär und das Quartär. Das Tertiär wird heute in fünf Abschnitte gegliedert: Paläozän, Eozän, Oligozän, Miozän und Pliozän. Sie sind alle sonderbar benannt: Paläozän heißt wörtlich »Altneuzeit«, Eozän »Frühneuzeit«, Oligozän »Weniger neue Zeit«, Miozän »Mittlere neue Zeit« und Pliozän »Mehr neue Zeit«.

Das Tertiär ist die Zeit, in der das Gesicht der Landschaft im wesentlichen schon die gegenwärtigen Züge angenommen hat. Die Vulkanphänomene sind in Hessen in diesem Abschnitt der Erdgeschichte so häufig und weit verbreitet, daß man das Tertiär in Hessen als die Zeit der Vulkane bezeichnen kann. Sie gipfelte in den Eruptionen, die den Vogelsberg auftürmten.

Doch hat der lebhafte Vulkanismus des Tertiärs seine Ursachen letztlich in einem gewaltigen Ereignis, das weite Teile Mitteleuropas prägte; dem Einbruch des Oberrheintalgrabens mit seinen Nordausläufern, der Festlandseuropa nördlich der Alpen spaltet und auch Hessen durchschneidet. Der Oberrheintalgraben ist ein Zerrgraben, dessen Ränder auseinandergezerrt wurden, so daß der Erdkrustenstreifen zwischen ihnen absank. Die Abbildung 43 zeigt die Grabenbildung im Modell.

Die Bildung des Oberrheintalgrabens setzte vor rund 40 Mio. J. ein, als die heutigen links-rheinischen Gebirge der Vogesen und des Pfälzer Waldes mit den heutigen rechts-rheinischen Gebirgen des Schwarzwalds und Odenwalds noch zusammenhingen, sie bildeten ein einziges Gebirge mit dem Scheitel über dem heutigen Rheintal. Im Zug des heutigen Rheintals wurden die Gebirge langsam auseinandergezerrt, so daß zwischen ihnen ein Streifen der Erdkruste absank, der damit einen geologischen Graben bildete. Er ist heute im Mittel rund 2000 Meter abgesenkt, nördlich von Mannheim 3000 Meter. Durch das Einschütten von Verwitterungsschutt ist er jedoch immer wieder aufgefüllt worden und nie als kilometertiefer Abgrund in Erscheinung getreten. Er bildet das Bett des Rheins.

Abb. 43: Modell einer Grabenbildung.

Der eigentliche Oberrheintalgraben hat eine Länge von rund 300 Kilometern und ein Breite von maximal 35 Kilometern. Seine Richtung – in etwa Nord-Süd – ist eine bevorzugte Richtung geologischer Strukturen und wird als »rheinische Richtung« (rheinisches Streichen) bezeichnet. Etwa ab Koblenz verändert sich die Richtung dieser Trennaht Mitteleuropas etwas, geht jedoch nach Norden bis zur Nordsee weiter. Der Oberrheingraben ist im Pleistozän in 600 000 Jahren mit einer Rate von 0,4 mm pro Jahr um 240 Meter abgesunken. Mit der gleichen Rate sinkt er auch gegenwärtig noch ab, so daß er in 100 Jahren 4 cm tiefer wird. Am östlichen Rand des Grabens in Jugenheim ist die auf einer von Osten nach Westen streichenden Verwerfungsspalte stehende katholische Kirche von 1938 bis 1968 sogar um 23 mm abgesunken, so daß Rißschäden entstanden sind. Die Senkungsrate betrug hier zeitweise sogar 1 mm pro Jahr.

Am Nordende des Oberrheingrabens prägt sich auch eine breite Senke aus, die Hessische Senke, die sich von der Gegend um Mainz und Frankfurt über die Wetterau bis nach Nordhessen hinzieht.

Bei der Entstehung des Grabens wurden der Schwarzwald und die Vogesen etwas gehoben, während der Pfälzer Wald und der Odenwald stehen blieben. Der kristalline Odenwald setzt sich unter der später entstandenen Füllung des Grabens mit Sedimenten fort bis zum Pfälzer Wald. Schon in 2 bis 5 km Tiefe lagern dort die kristallinen Gesteine des Erdal-

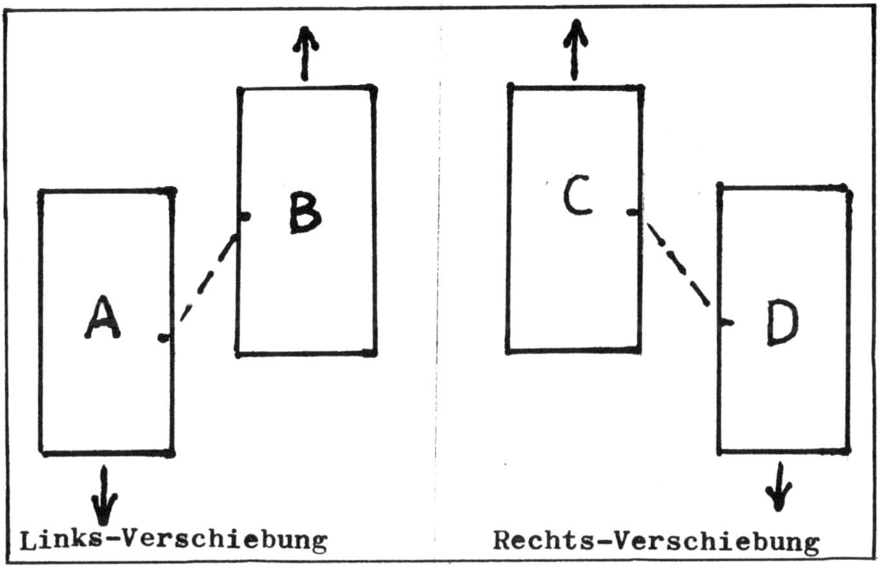

Abb. 44: Verschiebung der Grabenränder.

tertums, und im südlichen Teil sind erst in 22 bis 24 km Tiefe die Gesteine des unter der Erdkruste befindlichen Erdmantels vorhanden.

An den Rändern der Hessischen Senke liegen im Westen u. a. das Rheinische Schiefergebirge und im Osten der Spessart und die Rhön. Eine weitere Fortsetzung der Grabenzone bildete der Leinetalgraben, der sich – z. T. nur unterirdisch – bis nach Norwegen in den Oslo-Fjord und noch darüber hinaus bis zum Mjösen-See verfolgen läßt. Im Süden bildet der Rhônetalgraben die natürliche Fortsetzung des Oberrheingrabens, so daß man von der Mittelmeer-Mjösen-Grabenzone spricht. Sie ist rund 2000 km lang. Sie ist nicht durchgehend geradlinig, sondern sie besteht aus mehreren Abschnitten, die seitlich gegeneinander versetzt sind, z. B. ist der Leinetalgraben um etwa 30 km nach Osten gegenüber der in das Wesertal auslaufenden Niederhessischen Senke versetzt. Ein zweites Grabenstück brach – nicht als direkte Fortsetzung, sondern mehr als Abspaltung – am Niederrhein ein. Dieser Graben beginnt nördlich von Koblenz mit dem Neuwieder Becken und setzt sich über die Kölner Bucht in die niederrheinische Tiefebene fort. Die Kölner Bucht ist im Tertiär bis zu 1200 m abgesunken. Dieser Teil des Grabens weicht von der N-S-Richtung um rund 70° nach Westen ab.

Es ist eine noch offene Frage, ob bei der Entstehung des Oberrheingrabens seine Ränder nicht nur seitlich auseinander gezerrt worden sind, sondern sich auch parallel zur Grabenrichtung verschoben haben. In Abbildung 44 sind zwei Beispiele für solche Verschiebungen schematisch dargestellt worden.

Ein Beobachter, der auf der Grabenseite A steht und zur Grabenseite B hinüberschaut, stellt fest, daß sich die Grabenseite B nach links verschoben hat. Ein Beobachter auf der Grabenseite B stellt ebenfalls eine Verschiebung der Grabenseite A nach links fest. Ein Beobachter auf der Grabenseite C stellt fest, daß sich die Grabenseite D nach rechts verschoben hat, und der Beobachter auf D stellt das gleiche für die Grabenseite C fest.

G. Stäblein erwähnte 1983, daß der Geologe Illies aus der Lage gleichartiger Gesteine im Kraichgau »hüben« und in der Zaberner Senke »drüben« auf eine seit dem Oberpliozän erfolgte linksseitige Verschiebung geschlossen hat. Seit rund 3,5 Mio. J. betrage die Verschiebung 300 m, was einem Durchschnitt von etwa 0,08 mm im Jahr entspricht. Die Verschiebung muß früher größer gewesen sein, denn gegenwärtig betrage sie nur noch 0,05 mm im Jahr, was in 20 000 Jahren einen Meter ergeben würde.

Im Zusammenhang mit der Absenkung des Oberrheintalgrabens entstanden kleinere geologische Gräben und Erdkrustenspalten, meist parallel zum Oberrheintalgraben und damit in »rheinischer Richtung«. Sie ermöglichten es dem flüssigen Magma aus größeren Erdtiefen emporzusteigen und zu eruptieren – teils punktuell in Vulkanen, teils als Decken über die Erdoberfläche ausgebreitet, teils zwischen älteren Gesteinsschichten nahe der Oberfläche erstarrend, als sogenannte »Intrusionen«.

Das Paläozän

Die Eruption von Vulkaniten setzte schon vor der Einsenkung des Oberrheintalgrabens ein, das heißt während des Paläozäns. Da sich die Entwicklung des Grabens von Süden nach Norden vollzog, kam es in Südhessen zu den ersten Vulkanausbrüchen. Sie sind in Abbildung 45 zusammen mit den Vulkaniten der Kreidezeit dargestellt.

Als älteste Vulkanite sind vorhanden der 69 Mio. J. alte Trachyt der Sporneiche, der 65 Mio. J. alteTrachyt von Dietzenbach und der Trachyt des Hohen Berges (159 m) 6 km nö von Sprendlingen mit dem Alter von 64,4 Mio. J. Diese Vulkanite säumen den Westrand der zur Hanau-Seligenstädter Senke gehörenden Reinheimer Bucht und sind ein Beweis für deren schon um diese Zeit beginnende Absenkung. An ihrer östlichen Begrenzung kam es im Paläozän ebenfalls noch zu vulkanischen Ergüssen, so vor 83 Mio. J. und vor 70 Mio. J. bei Hohl-Hörstein, vor 74 Mio. J. bei Farenberg und vor 60 und 55 Mio. J. bei Hohl-Rückersbach.

Die Abbildung 45 zeigt auch den Vulkanismus in der nahen Nachbarschaft von Hessen im Kraichgau. Der Kraichgau ist eine Senke zwischen dem Odenwald und dem Schwarzwald. Basaltische Ergüsse erfolgten hier vor 65,4 und 64,8 Mio. J. bei Neckarbischofsheim, vor 59,7 Mio. J. bei Neckarelz-Diedesheim und bei Steinsberg vor 55,2 Mio. J.

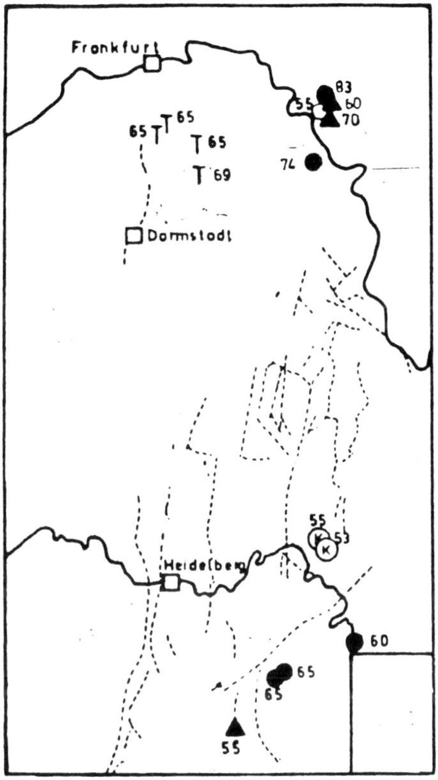

Abb. 45: Die Vulkanite der Kreidezeit und des Paläozäns. ● Olivin-Nephiolinit, Limburgit. ▲ *Alkali-Olivin-Basalt, Basanit.* ○ *Phonolit.* ***T*** *Trachyt.* ***K*** *Katzenbuckel. Die Zahlen geben das Alter in Millionen Jahren an.*

Im ältesten Tertiär setzten sich die basaltischen Ergüsse dann im Katzenbuckel (K) vor 55,1 und 53,1 Mio. J. fort.

Die Abbildung 46 zeigt einen Schnitt durch den Katzenbuckel, und zwar ohne Überhöhung.

Zwischen seinen als Tuff bezeichneten lockeren Auswurfmassen fand man auch Gesteinsbrocken aus der Zeit des Jura. Da sich die Juragesteine über dem Buntsandstein befunden haben, können sie nur in den Schlot des Vulkans bei dessen Ausbruch hinabgefallen sein. Es sind dort 610 m der Gesteine des Muschelkalks, Keupers und des Jura seit der Zeit des Ausbruchs abgetragen worden. Das klingt nach viel Verwitterung, bedeutet aber nur eine durchschnittliche Abtragung von 1,15 mm in hundert Jahren.

Im Taunus hat man bei Naurod auch ein 57 Mio. J. altes vulkanisches Gestein festgestellt. Alle diese vulkanischen Erscheinungen beweisen, daß die Erdkruste in diesem Raum schon lange vor dem Einbruch des Oberrheingrabens Spannungen ausgesetzt war, die zum Aufbrechen von Spalten geführt haben. Weitere sichtbare Spuren hat das Paläozän nicht hinterlassen.

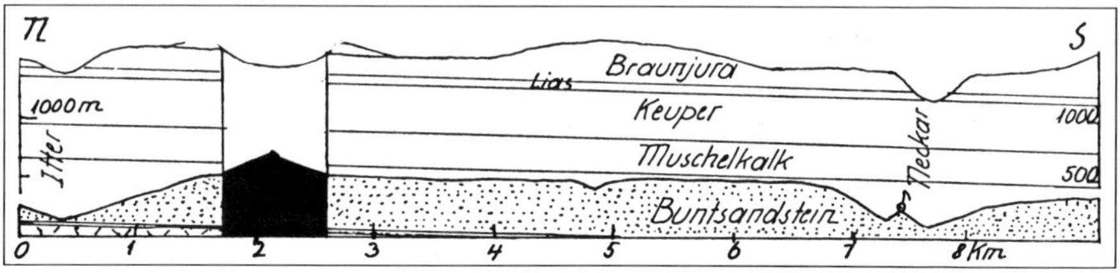

Abb. 46: Schnitt durch den Katzenbuckel im Odenwald.

Das Eozän

Auf die Zeit des Paläozäns folgte die des Eozäns. Sie begann vor 54,9 Mio. J. und dauerte 16,9 Mio. J. bis zur Zeit vor 38 Mio. J. In diesem Zeitabschnitt begann die Absenkung des Oberrheingrabens. Infolgedessen steigerte sich auch die vulkanische Tätigkeit. Die Abbildung 47 zeigt die zahlreichen Basaltaufstiege dieser Zeit im südlichen Hessen.

Im südlichen Odenwald hat man an 9 Stellen Altersbestimmungen durchgeführt, für den nördlichen Odenwald und den Sprendlinger Horst weitere 14 und für die Uferzone des Mains 5.

Genannt seien der Dornberg (3 km w Großwallstadt am Main) 50 Mio. J., der Querberg (6 km wsw Obernburg am Main) 49 Mio. J. und ein Vorkommen bei Horbach (7 km ssw Gelnhausen) 49 Mio. J. sowie bei Messel 49 Mio. J. Ferner seien genannt der Auerbacher Schloßberg an der Bergstraße 46,5 Mio. J., der Forstberg (2 km s Reinheim) 45,2 Mio. J., der Stetteritz (3 km ö Roßdorf) 44,3 Mio. J. und der Roßberg (8 km ö Darmstadt) 42,4 Mio. J. sowie ein Basaltausbruch im Buntsandstein-Odenwald in der Nähe von Erbach vor 45,4 Mio. J. Naturgemäß kam es auch im Oberrheingraben selbst zu vulkanischen Erscheinungen, z. B. beim Rochusberg von Bingen vor 51,1 Mio. J. und bei Nierstein vor 47,5 Mio. J. Die Abbildung 48 zeigt die Vulkanite rund um das Mainzer Becken.

Der den Oberrheingraben im Norden begrenzende Taunus ist während des Eozäns auch von vulkanischem Geschehen erfaßt worden, z. B. beim Hörkopf (4 km s Presberg) vor 41,1 Mio. J. und bei der Waldburghöhe (2,5 km ö Trechtlingshausen) vor 40,6 Mio. J.

Im Eozän herrschte ein subtropisches Klima, das einen üppigen Pflanzenwuchs mit vielen Wäldern und eine reiche Tierwelt mit zahlreichen Arten ermöglichte. Es entfalteten sich in reichem Maße die Blütenpflanzen. Es traten auf die Kiefern, Sumpfzypressen, Mammutbäume, Palmen, Kastanien, Zimt- und Kampferbäume.

Auch die Säugetiere entwickelten sich rasch, u. a. traten auf die Beuteltiere, Huftiere, Raubkatzen und Halbaffen sowie zahlreiche Reptilien, dabei Schlangen, Eidechsen und Krokodile. Die Insekten waren in zahlreichen

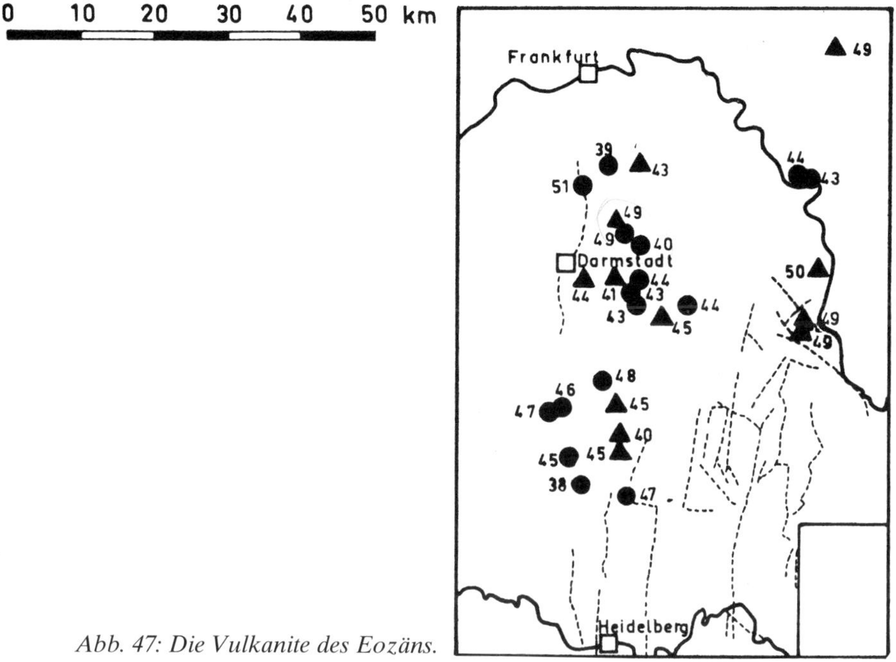

Abb. 47: Die Vulkanite des Eozäns.

Arten vertreten. Die Pflanzenwelt hat ihre Spuren als Braunkohle hinterlassen. Sie ist keine Meeresbildung, sondern eine des Festlandes. Das Festland wies an vielen Stellen Süßwasserseen, Brackwasserteiche, weite Sumpfgebiete und riesige Moore auf. Starben die Pflanzen und Bäume ab, sanken sie in den Sumpf- und Moorgebieten so tief ein, daß sie schließlich von Wasser und Schlamm bedeckt und damit von der Luft abgeschlossen wurden. Sie verfaulten zu Torf. Wurde der Torf von neuen Schichten bedeckt, geriet er allmählich in größere Tiefen, wo der stärkere Druck und die höhere Temperatur eine chemische Umwandlung der verwesenden organischen Stoffe bewirkten, die man als Inkohlung bezeichnet, was eine Konzentration an Kohlenstoff bedeutet. Der Prozentsatz an Kohlenstoff beläuft sich bei der Braunkohle auf etwa 68 %.

Die Braunkohlenentstehung ist ein Prozeß, der eine Million oder viele Millionen an Jahren dauern kann. Wegen der zahlreichen im Tertiär entstandenen Braunkohle hat man das Tertiär auch als Braunkohlenzeit bezeichnet. Auf die hessischen Braunkohlenvorkommen wird weiter unten noch einmal eingegangen.

Die damalige Welt der Tiere und der Pflanzen ist großartig im Ölschiefer der Grube Messel konserviert worden. Er wurde aus dem Schlamm von Seen gebildet, der verendete Tiere umschließt. Der Faulschlamm stand unter

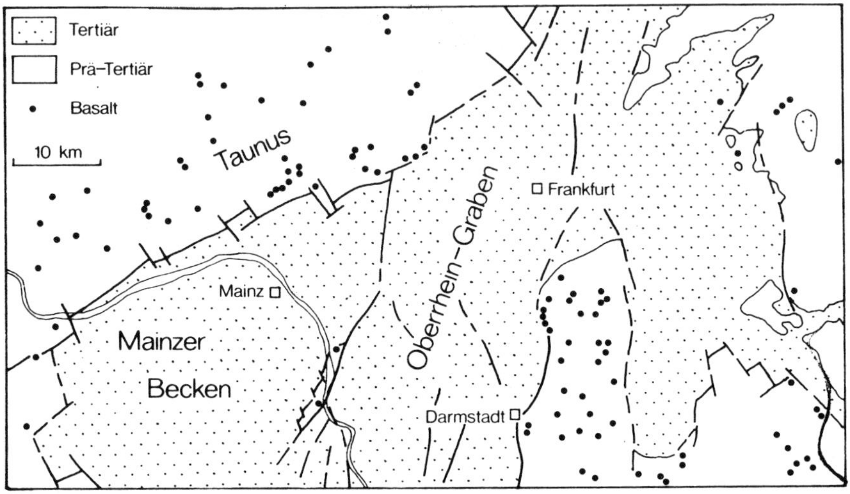

Abb. 48: Die Vulkanite beim Mainzer Becken.

Luftabschluß, so daß die vor allem im Ton eingebetteten organischen Reste vor weiterer Verwesung bewahrt worden sind.

10 km nordöstlich von Darmstadt liegt diese weltberühmt gewordene Grube Messel. Sie enthält neben einigen Braunkohlenflözen den bis zu 190 m mächtigen Ölschiefer. Er ist seit 1859 zur Herstellung von Heizöl abgebaut worden. Seit 1971 liegt die Grube wieder still. Der Plan, sie als Mülldeponie zu nutzen, ist erfreulicherweise aufgegeben worden. Die Grube Messel soll als Ausgrabungsstätte erhalten bleiben. Sie war und ist eine nahezu einzigartige Fundstätte von Fossilien, die zu einem großen Teil ausgezeichnet erhalten sind und eine Fülle neuer wissenschaftlicher Erkenntnisse über das Leben im Eozän vor rund 49 bis 45 Millionen Jahren ermöglicht haben.

An der Stelle der Grube bestand im Eozän ein Süßwassersee. Er war umgeben von einem fast tropischen Urwald. Das Wasser war bedeckt mit Wasserpflanzen. Um den Messeler See lebte eine artenreiche Tierwelt, die Elemente der heutigen südasiatischen und der heutigen südamerikanischen Fauna enthielt, darunter so exotische Tiere wie Tapire und Ameisenbären. Letztere können nur auf Wanderungen über die Arktis nach Messel gelangt sein. Außerdem enthielt die Messel-Fauna viele urtümlichste Vorfahren der heutigen Säugetierfauna, darunter ein hundegroßes Urpferdchen. Die Konservierung der Funde in dem Ölschiefer ist so gut, daß z. B. der Mageninhalt der Urpferdchen erkennbar ist: Es fraß unter anderem gerne Rosen. Man fand auch die Kotballen (Koprolithen) der ganzen Fauna. Fische, Frösche, Schildkröten, Schlangen, Krokodile, Vögel, Säugetiere – darunter besonders zahlreiche Fledermäuse – setzten die Messel-Fauna zusammen, die heute systematisch ausgegraben wird und jedes Jahr neue Überraschungen bringt.

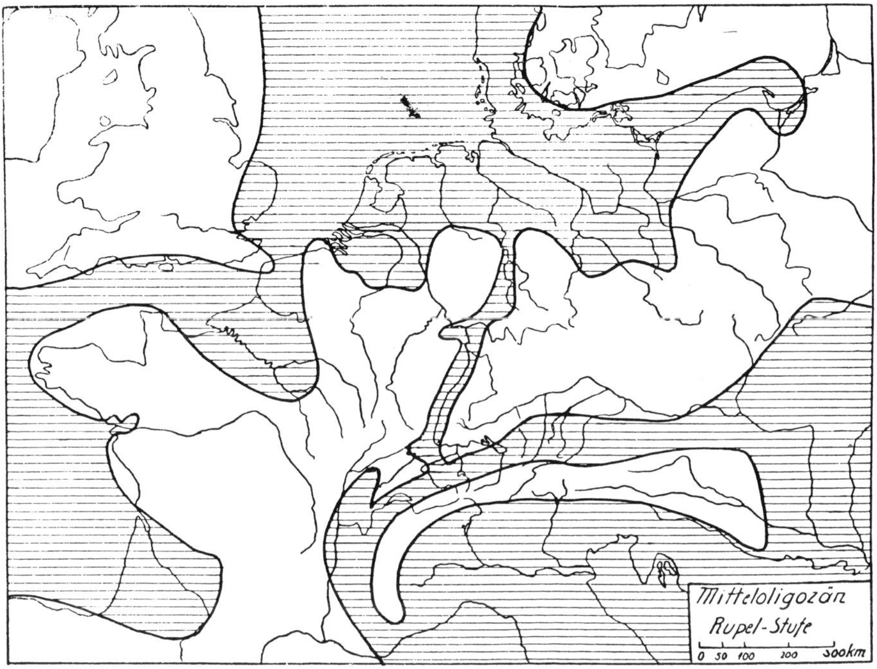

Abb. 49: Land und Meer im Mittel-Oligozän des Tertiärs.

Der See war ein Auffangbecken für im Wasser eines ausgedehnten Flußsystems treibende tote Tiere und Pflanzenreste. Sie bildeten am Grund des Sees den Faulschlamm. Durch das Absinken des Oberrheingrabens kam dieser in tiefere Erdschichten, wo er in Ölschiefer umgewandelt wurde. Der Messeler See hat rund 300 000 Jahre lang bestanden.

In der Nähe von Darmstadt hat man auch etwas Erdöl und Erdgas fördern können. 1951 ergab sich in der Nähe von Wolfskehlen bei einer Bohrung ein gewaltiger Ausbruch von Erdgas. Durch weitere Bohrungen in der Hainlache bei Stockstadt förderte man auch Erdöl zutage. Die Vorräte an Erdöl und Erdgas bei Darmstadt sind fast erschöpft. Die Förderung von Erdöl hatte 1964 mit über 64000 t und die von Erdgas mit 64 Mio. cbm den Höchststand erreicht. 1985 wurden nur noch 5931 t Erdöl und 2,2 Mio. cbm Erdgas gewonnen.

Das Oligozän

Dem Eozän folgte vor 38 Mio. J. die Zeit des Oligozäns. Sie währte 13,4 Mio. J. In ihr brach in einem Teil von Hessen wieder das Meer ein. Die Abbildung 49 zeigt die Verteilung von Land und Meer im mittleren Oligozän vor rund 34 Mio. J.

Die weiß gebliebenen Flächen sind Festland und die schraffierten Flächen Meer. Man erkennt im Norden und Westen ein größeres Meer und ein zweites im Süden und Südosten. Die beiden Meere wurden durch einen schmalen Meeresarm, der mitten durch das Hessenland führte und in den Oberrheintalgraben mündete, miteinander verbunden.

Der abgesunkene Rheingraben hatte in seinem 35 km breiten Gebiet dem nordschweizerischen Molasse-Meer ein Vordringen nach Norden ermöglicht. Gleichzeitig hatte sich das Nordmeer, das sich dem nördlichen Hessen schon bis auf eine Entfernung von 50 km genähert hatte, in der Fortsetzung des Oberrheingrabens einen Weg nach Süden bahnen können, so daß die beiden Meere miteinander verbunden wurden. Diese Meeresvorstöße waren in Etappen vor sich gegangen. Man nimmt an, daß sich die Meeresarme in Hessen vereinigt haben, vielleicht im Mainzer Becken. Das Mainzer Gebiet war für die Vertiefung günstig, weil der sich von Süden nach Norden hinziehende Oberrheingraben hier auf das durch den uralten Saar-Selke-Trog schon geschaffene tiefere Niveau traf. Dieser Trog ist in Abbildung 24 Seite 51 dargestellt.

Für einen großen Teil von Hessen gibt es in der geologischen Literatur sehr viel detailliertere Zeichnungen des Meeresarmes. Sie sind in Abbildung 50 dargestellt.

Die Abbildung 50 umfaßt allerdings alle – zu verschiedenen Zeiten – zustandegekommenen Ausdehnungen des Meeresarmes mitsamt seinen Ausbuchtungen, obwohl er in dieser maximalen Form zu keiner Zeit bestanden hat. Die durchgehende Verbindung existierte etwa vor 36 bis 33 Mio. J., hat also rund 3 Mio. J. gedauert.

Die schmalste Stelle des Meeresarmes befand sich östlich von Marburg an der Lahn bei Schrecksbach. Bemerkenswert ist auch die Büdinger Schwelle südlich des späteren Vogelsberges.

In der Zeit des Oligozäns gab es neben dem Meeresarm noch im Westen einen großen See im Gebiet des Westerwaldes, und es fehlte der buchtförmige Ausläufer nach Osten zur Rhön. Das zeigt Abbildung 51.

Der im Westen liegende große See umfaßte das Gebiet des späteren basaltischen westlichen Westerwaldes. Er existierte in der Zeit des Oligozäns vor 38 bis 23 Mio. J., hat also rund 15 Mio. J. bestanden. Es ist allerdings eine noch offene Frage, wie das Westerwald-Gebiet mit dem Meeresarm verbunden war. Wahrscheinlich führte die Verbindung über die Furche des späteren Lahntales, was in Abbildung 50 durch Punktierung angedeutet ist.

Soweit man gegenwärtig noch oligozäne Ablagerungen findet, kann man auf die Ausdehnungen des oligozänen Meeresarmes schließen. Im Mainzer Becken findet man vor allem in der Gegend von Alzey an der Oberfläche aufgeschlossen die »Mainzer Meeressande« des Mittel-Oligozäns: Eine Brandungsküste, an deren Felsen noch die Seepocken hängen, in deren

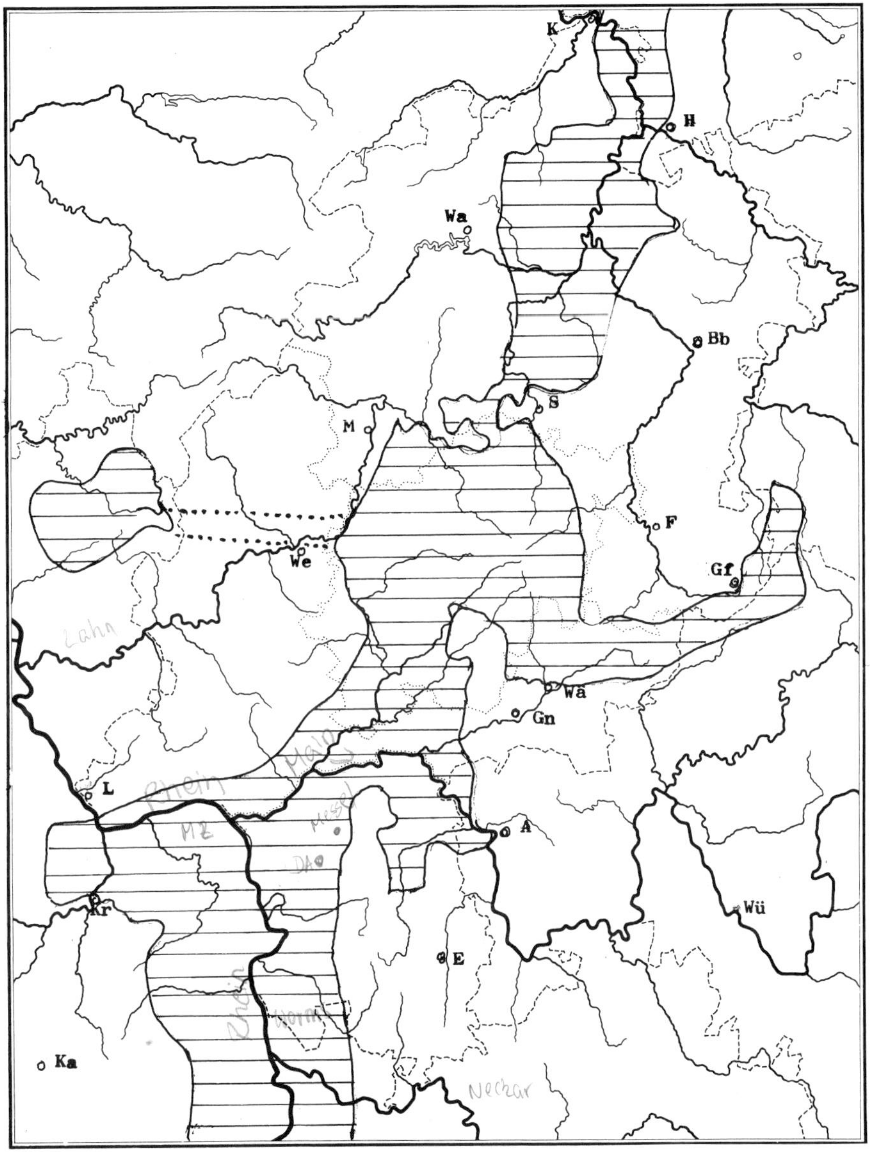

Abb. 50: Das tertiäre Meer in Hessen.
A= Aschaffenburg, Bb= Bebra, E= Erbach, F= Fulda, Gf= Gersfeld, Gn= Gelnhausen, H= Hedemünden, K= Karlshafen, Ka= Kaiserslautern, Kr= Kreuznach, L= Lorch, M= Marburg, S= Schrecksbach, Wa= Waldeck, We= Wetzlar, Wü= Würzburg.

demnach = Messel-Meer

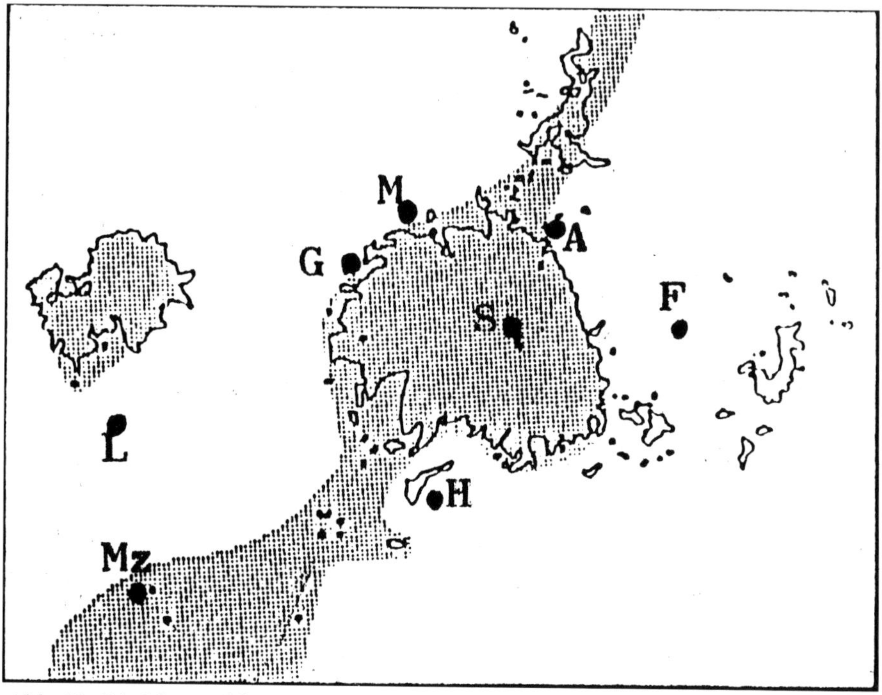

Abb. 51: Die Meeresablagerungen im Mittel-Oligozän.
A= Alsfeld, F= Fulda, G= Gießen, H= Hanau, L= Limburg, M= Marburg, Mz= Mainz, S= Schotten.

Sanden die schönsten exotischen Meeresmollusken und Austern zu finden sind, in denen Knochenreste von Seekühen künden, die in diesem warmen Meer schwammen, und riesige Haifischzähne von den Raubtieren des Meeres. Hier ist ein Paradies für Fossilien-Sammler.

Eine allmähliche Hebung der vom Meer bedeckten Erdoberfläche führte im oberen Oligozän zum Rückzug des Meeres. Es blieben aber an zahlreichen Stellen Seen und Tümpel zurück. Das Brackwasser trocknete allmählich aus. Die im Meer und Brackwasser entstandenen Ablagerungen bestehen aus Ton, Sand, Mergel und Kalkstein. An einigen Stellen bildeten sich auch Salzlagerstätten. Ein besonders fossilreiches Vorkommen von Sanden in der Umgebung von Kassel hat bewirkt, daß es die Bezeichnung »Kasseler Meeressande« erhalten hat. Das hat auch dazu geführt, daß man dieser Unterstufe des geologischen Geschehens, nämlich dem oberen Oligozän, zunächst nach der Stadt Kassel die Bezeichnung Cassel (Cassellum) gab. Später hat man sie nach dem Volksstamm der Chatten als Chatt (Chattium) bezeichnet. Diese Bezeichnung gilt allgemein in Europa. Das Chatt umfaßt den Zeitraum von 32,8 bis 24,6 Mio. J.

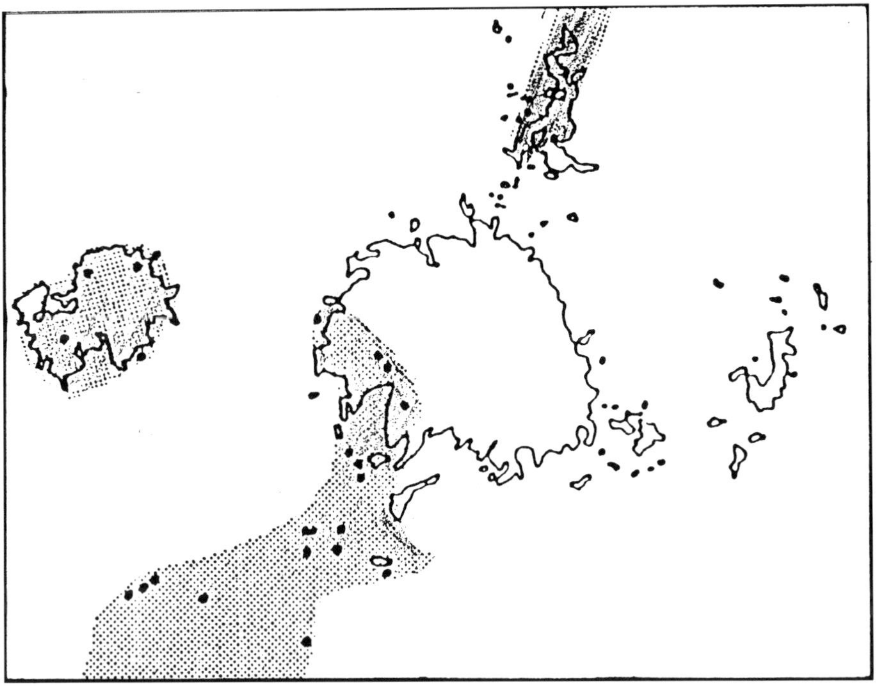

Abb. 52: Die Meeresbedeckung Ende des Oligozäns. (Städteverzeichnis wie bei Abb. 51.)

In der Nähe von Immenhausen bei Kassel bilden große Quarzitblöcke das Große Loh. In einer ehemaligen Sandgrube sind sie freigelegt worden. Die Sande stammen aus dem Unter-Oligozän und liegen direkt auf dem Buntsandstein. Die Sande sind durch die darüber lagernden Quarzitblöcke vor der Abtragung geschützt worden. Es sind vier mächtige Steine, etwa bis zu 6 m lang, 2,50 m breit und 2 m hoch.

Oligozäne Ablagerungen gibt es auch im Raum südlich von Kassel bis an den Nordrand des Vogelsberges. Am Westrand des Vogelsberges befindet sich bei Nieder-Ofleiden eine Freizeitanlage am Waldrand, die als »Felsenmeere« gekennzeichnet werden kann. Riesige Blöcke türmen sich hier auf und bilden den Dicken Stein. Er besteht aus tertiärem Quarzit. Auch im benachbarten Hansteingraben findet man gewaltige Steinblöcke, die schon stark angewittert und meist von Moos bewachsen sind. Die Felsbrocken gehören alle zu einer 1 bis 2 m dicken Quarzitbank, die einst über mächtigen Sand- und Tonschichten lag. Nach dem Abbau und Auswaschen des Sandes zerbrach die Quarzitbank, und ihre Trümmer stürzten herab. Bei Großalmerode und Hessisch-Lichtenau befinden sich in dem dortigen Graben auch oligozäne Ablagerungen. In den Sümpfen und Mooren der früheren Meeresstraße sind auch viele Braunkohlenlager entstanden.

Der Vorstoß und Rückzug des Meeres war meist von Senkungen und Hebungen der Erdkruste begleitet, wenn nicht verursacht. Infolgedessen kam es auch zu vulkanischen Erscheinungen durch dabei aufreißende Spalten. Soweit im Oligozän in Hessen Vulkanite entstanden, werden sie weiter unten zusammen mit den Vulkaniten der folgenden Miozänzeit beschrieben.

Im Ober-Oligozän, das vor etwa 33 Mio. J. begann, wurde der Meeresarm unterbrochen. Der nördliche Meeresarm endete bei Ziegenhain und der südliche Meeresarm an einer von Nordwesten nach Südosten verlaufenden Linie von Gießen über Lich nach Salzhausen. Das zeigt Abbildung 52.

Das Miozän

Der Tertiärabschnitt des Miozäns begann vor 24,6 Mio. J. und hat 19,5 Mio. J. gedauert. In dieser Zeit veränderte der südliche Meeresarm seine Ausdehnung. Er stieß nach Osten vor, so daß eine bis in die Rhön verlaufende Ausbuchtung zustandekam. Er erstreckte sich vom Gebiet des späteren Vogelsberges aus nach Osten über das Schlüchterner Becken hin bis in die Rhön, wo er etwa bei Tann endete. Er bestand vor 22 bis 16,5 Mio. J., hat also rund 5,5 Mio. J. gedauert. Ihn zeigt Abbildung 53.

Im Mainzer Becken stand noch lange Brackwasser, sonst waren Seen und Tümpel weit verbreitet. Von den höheren Landgebieten wurde Verwitterungsschutt durch Flüsse und Bäche eingeschwemmt, so daß die stehenden Gewässer verlandeten, es bildeten sich Sand- und Tongesteine und örtlich auch Kalksteine. Vor allem entstanden durch die üppige Flora in dem immer noch warmen mitteleuropäischen Klima in den Sümpfen und Mooren große Braunkohlenlager, wenn auch meist von geringer Ausdehnung.

Im Miozän sind in Hessen die meisten Braunkohlenlager entstanden. Z. B. stammen die Braunkohlenlager bei Ziegenhain, Fritzlar und Borken aus dieser Zeit. Das Borkener Braunkohlenfeld war 40 km^2 groß. Die Braunkohle war hier von 50 m mächtigen Gesteinen überdeckt. Der Abbau der Kohle erfolgte seit 1899 und ist 1991 zu Ende gegangen.

Bei Kassel gibt es Braunkohle in der Söhre und im Habichtswald. Aus der am Gahrenberg nördlich von Kassel geförderten Braunkohle hat man früher den Farbstoff »Casseler Braun« hergestellt. Er war einmal weltberühmt.

Südöstlich von Kassel gibt es Braunkohle am Hirschberg und am Meißner. Der Meißner hatte das in Hessen stärkste Flöz, es war 50 m mächtig. Die Braunkohle ist hier 400 Jahre lang abgebaut worden. Die Vorräte sind jetzt nahezu erschöpft. Beim Hirschberg ist noch der einzige Tiefbau auf Braunkohle im Gang.

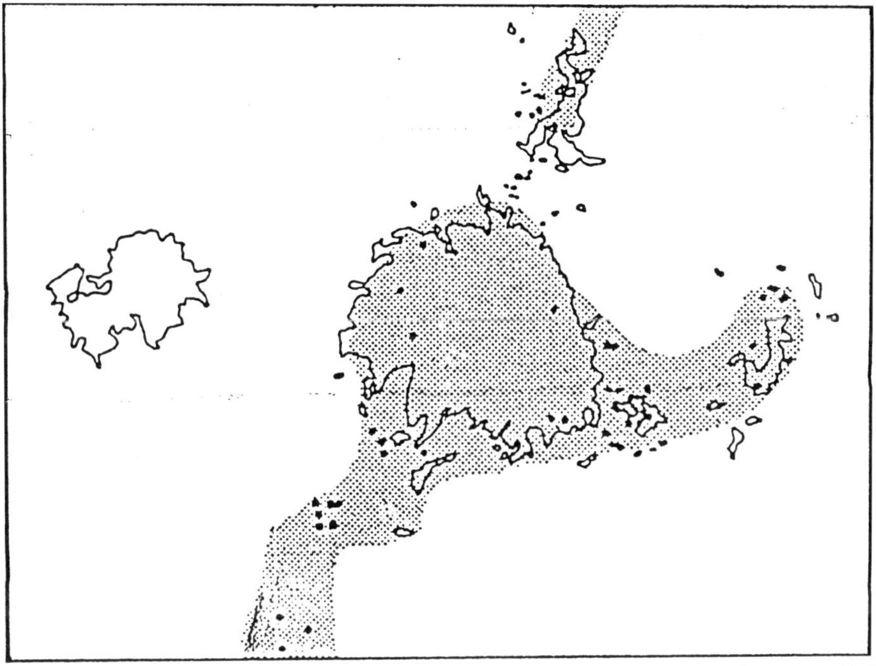

Abb. 53: Die Meeresablagerungen im Unter-Miozän. (Städteverzeichnis wie bei Abb. 51.)

In der Rhön und bei Wächtersbach im Kinzigtal gab es auch Braunkohle, aber der hier und an zahlreichen anderen Orten in Hessen betriebene Abbau ist fast überall eingestellt worden. Z. T. waren die Vorräte erschöpft und z. T. waren sie so mit Sand und Ton vermischt, daß ihre Aufarbeitung unwirtschaftlich war. Bei Großalmerode in der Nähe von Kassel hat man große Vorkommen von Ton verwertet, die darauf gegründete Industrie hatte durch ihre Ausfuhr einen guten Ruf in der ganzen Welt.

Bei Gießen ist auch Quarzit abgebaut worden und bei Nieder-Ohmen Bauxit. Bauxit ist ein aluminiumhaltiges Verwitterungsprodukt des Basaltes und diente zur Gewinnung von Aluminium.

Die Flora wurde der heutigen immer ähnlicher, denn das Klima wurde immer kühler, es stand ja die Eiszeit bevor. Auch die Tierwelt enthielt immer mehr Verwandte der heutigen Fauna: Elefanten waren – wie schon im Miozän – charakteristische Tiere der Landschaft, sie lebten zusammen mit Nashörnern, Zebra-artigen Urpferden, Nilpferden und großen Raubkatzen.

Das Pliozän

Das Pliozän als letzter Zeitabschnitt des Tertiärs begann vor 5,1 Mio. J. und endete vor 2,5 Mio. J., hat also nur 2,6 Mio. J. gedauert. Aus dem Pliozän stammen nur relativ wenige Gesteinsablagerungen in Hessen. Die stehenden Gewässer aus der Zeit der Meeresüberflutungen waren aufgefüllt, das Land war eingeebnet, und es bildete sich das gegenwärtige Flußnetz heraus, wodurch Sande und Schotter ausgebreitet wurden. Der Vulkanismus klang ab.

Die große Umgestaltung Hessens

Das Tertiär war im Hessenland ein Zeitabschnitt der großen Umgestaltung. Die Erdkruste zerbrach durch Brüche und Verwerfungen, wobei zahlreiche Spalten und auch Gräben entstanden. Die Spalten ermöglichten dem Magma, aus der Tiefe der Erde emporzusteigen und das Bild der Landschaft durch viele Vulkane zu verändern.

Verwerfungen und Gräben

Die in Hessen aufgetretenen Verwerfungen haben vorwiegend die Richtung etwa von SW nach NO und senkrecht dazu von NW nach SO oder aber etwa von N nach S und senkrecht dazu von W nach O. Diese beiden Verwerfungssysteme können den zwei großen Gebirgsbildungen zugeordnet werden, der variskischen und der alpidischen, d. h. der Entstehung des Variskischen Gebirges und der Alpen. Bei der Entstehung des Variskischen Gebirges kam der Druck von SO, infolgedessen bildeten sich in dem quer dazu sich auffaltenden Gebirge vor allem Brüche und Verwerfungen von Südwesten nach Nordosten. Die Abbildung 54 zeigt diese variskischen Verwerfungen mit ausgezogenen Linien, die aus der geologischen Übersichtskarte entnommen sind. Die Verwerfungen durchziehen vor allem die Gesteine vom Taunus, Westerwald und Rothaargebirge. Zwei Gräben der variskischen Richtung befinden sich in der Buntsandsteintafel. Sie ziehen vom Raum Alsfeld bis in den Knüll. Parallel dazu verläuft als seitlich versetzte Fortsetzung ein großer Graben von Altmorschen an der Fulda über Spangenberg bis nach Witzenhausen an der Werra. Die Abbildung 55 zeigt ihn.

Er setzt, durch den Vogelsberg unterbrochen, die Linie des Taunuskamms fort, wobei er zuletzt das Tal der Geister benutzt, die bei Witzenhausen in die Werra mündet.

In Abbildung 54 sind gepunktet auch die variskisch ausgerichteten Talabschnitte der Bäche und Flüsse markiert.

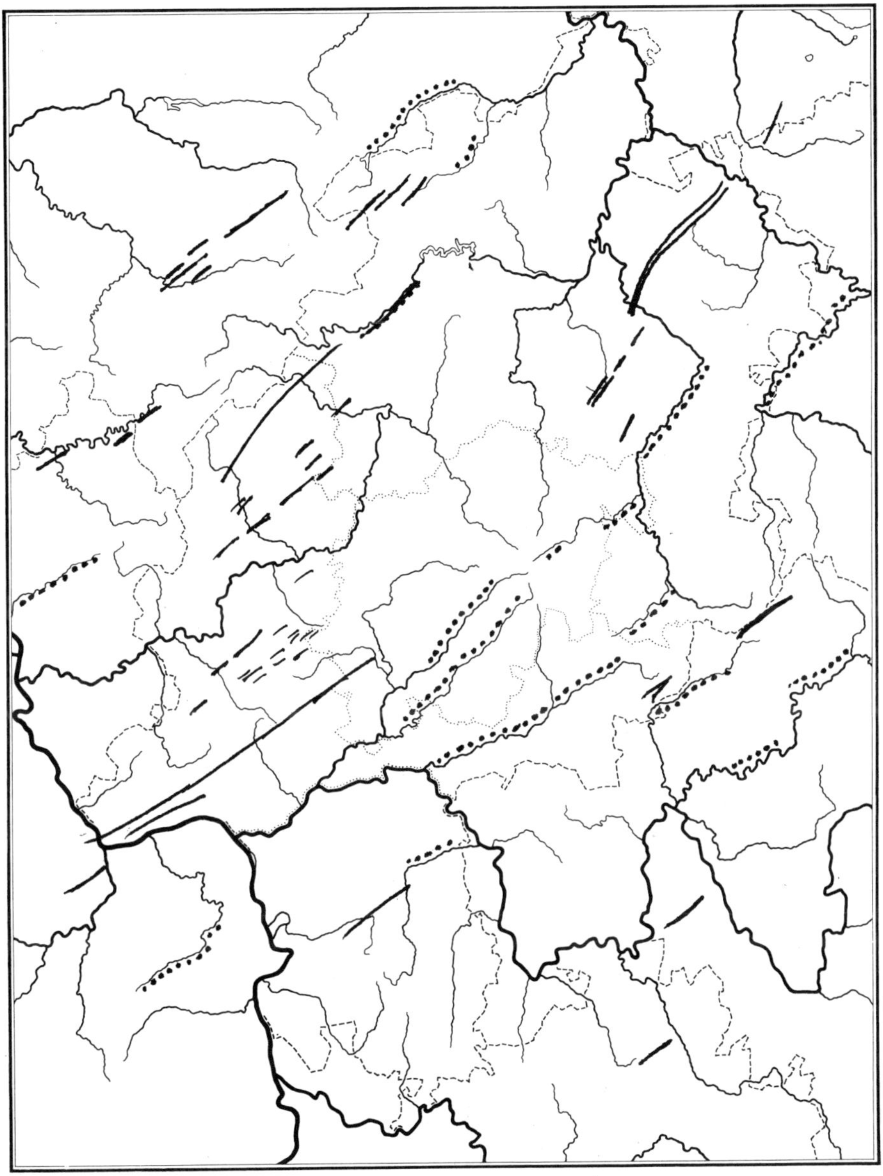

Abb. 54: Gräben und Verwerfungen der variskischen Richtung.

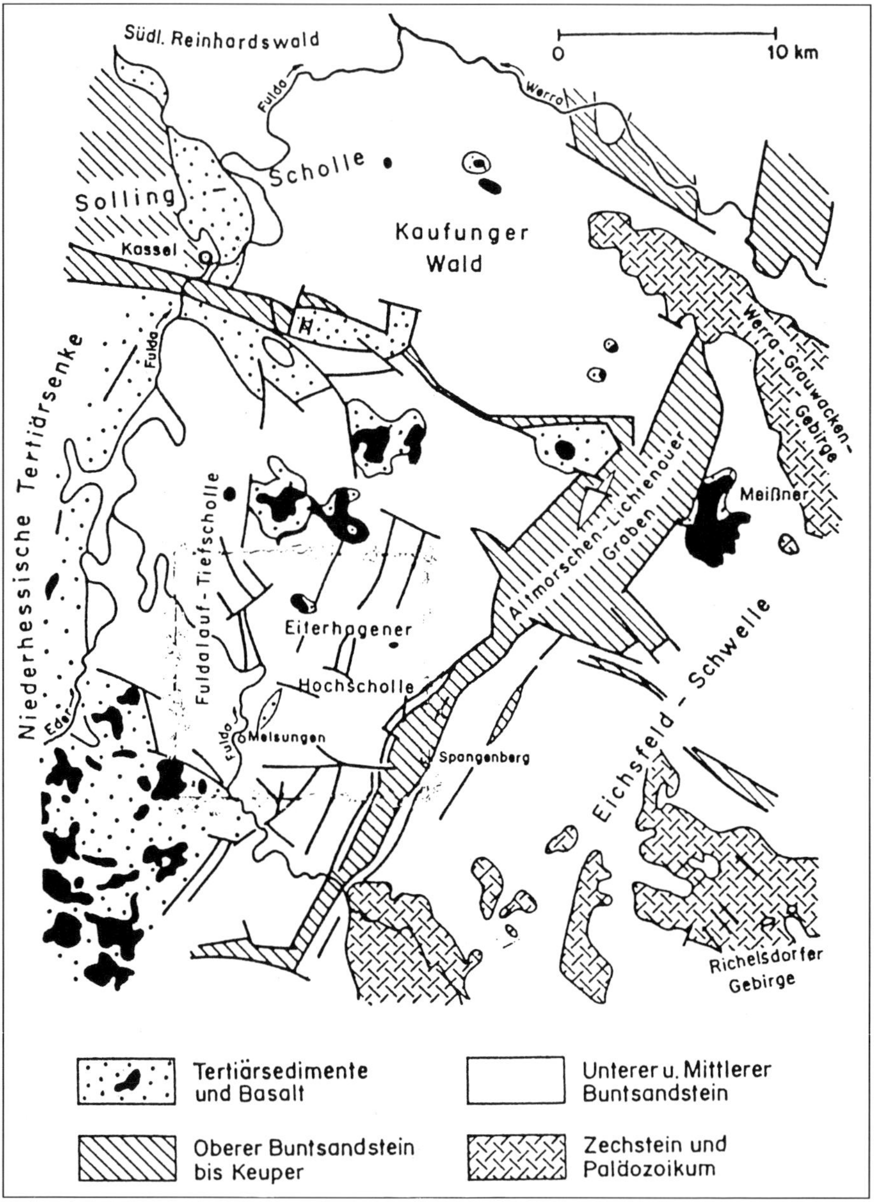

Abb. 55: Der Altmorschen-Lichtenauer Graben.

Sie entsprechen, wenn auch nicht in allen, so doch in vielen Fällen tatsächlich vorhandenen variskischen Bruchzonen, was z. B. für das Kinzigtal zutrifft.

Es ist eine auffällige Tatsache, daß mit der Entstehung von Verwerfungen und Gräben in einer bestimmten Richtung anscheinend zwangsläufig auch solche in der dazu senkrechten Richtung zustandekommen. Die mechanische Beanspruchung, welche die Erdkruste zerbricht, bewirkt zugleich die Entstehung eines Systems von ungefähr senkrecht dazu stehenden Spalten oder Mulden. Ein Blick auf die Abbildung 56 lehrt, daß die Verwerfungen und Gräben von NW nach SO ebenso zahlreich sind wie die der variskischen Richtung von SW nach NO.

Die von NW nach SO streichende Richtung nennt man nach der Längsrichtung des Thüringer Waldes und des Harz-Gebirges nach dem letzteren auch die herzynische oder harzische. Der Taunus wird kräftig von NW-SO-Verwerfungen durchsetzt. Von Frankenberg an der Eder bis über Fulda hinaus zieht sich teils eine Mulde bzw. ein Graben in dieser Richtung hin. Er geht über Kissingen hinaus bis nach Haßfurt am Main. Diese Struktur ist damit 170 km lang. Parallel dazu durchziehen ebensolche Strukturen das Richelsdorfer Gebirge und den Ringgau.

Die zweite große Gebirgsbildung war die Auffaltung der Alpen. Das Alpenmassiv rückte damals nach Norden vor und setzte dadurch die Erdkruste von Mitteleuropa unter Druck. Dabei entstand dort der Rheintalgraben. Die damit zusammenhängenden neuen Bruchspalten rissen parallel zum Rheintalgraben in der neuen Richtung – von Süden nach Norden –, der »rheinischen Richtung« auf. Die neuen Spalten, Verwerfungen, Mulden und Schwächezonen sind in Abbildung 57 dargestellt. Sie sind der geologischen Übersichtskarte entnommen. Besonders zahlreich sind sie in dem unmittelbar an den Rheingraben angrenzenden Odenwald. Etwa 100 km lange Verwerfungen durchziehen ihn, und seine Gewässer fließen fast immer in der rheinischen Richtung. Auch der Taunus ist von Verwerfungen rheinischer Richtung nicht verschont geblieben. Einige rheinische Verwerfungen durchsetzen auch die Basalte des Vogelsberges, denn eine so große Zahl seiner Gewässer hat die rheinische Richtung, daß das kein Zufall sein kann.

Ein markanter Graben begleitet den Westrand des Vogelsberges, es ist der Horloff-Graben, der mit einer Breite von 5 km etwa 20 km lang ist. Die Abbildung 58 zeigt ihn.

Er ist nur flachgründig und bestand zur Zeit der Eruptionen des Vogelsberges noch gar nicht. Er ist erst im oberen Pliozän vor rund 3 Mio. J. entstanden. Der östliche Rand des Rheinischen Schiefergebirges wird auch von rheinischen Verwerfungen begleitet. Die Abbildung 59 zeigt einen Teil davon.

Auch das Rothaargebirge weist rheinische Strukturelemente auf, ebenso das Waldecker Land. In auffälliger Häufung umrahmen sie das Tal der bei Warburg in die Diemel mündenden Erpe.

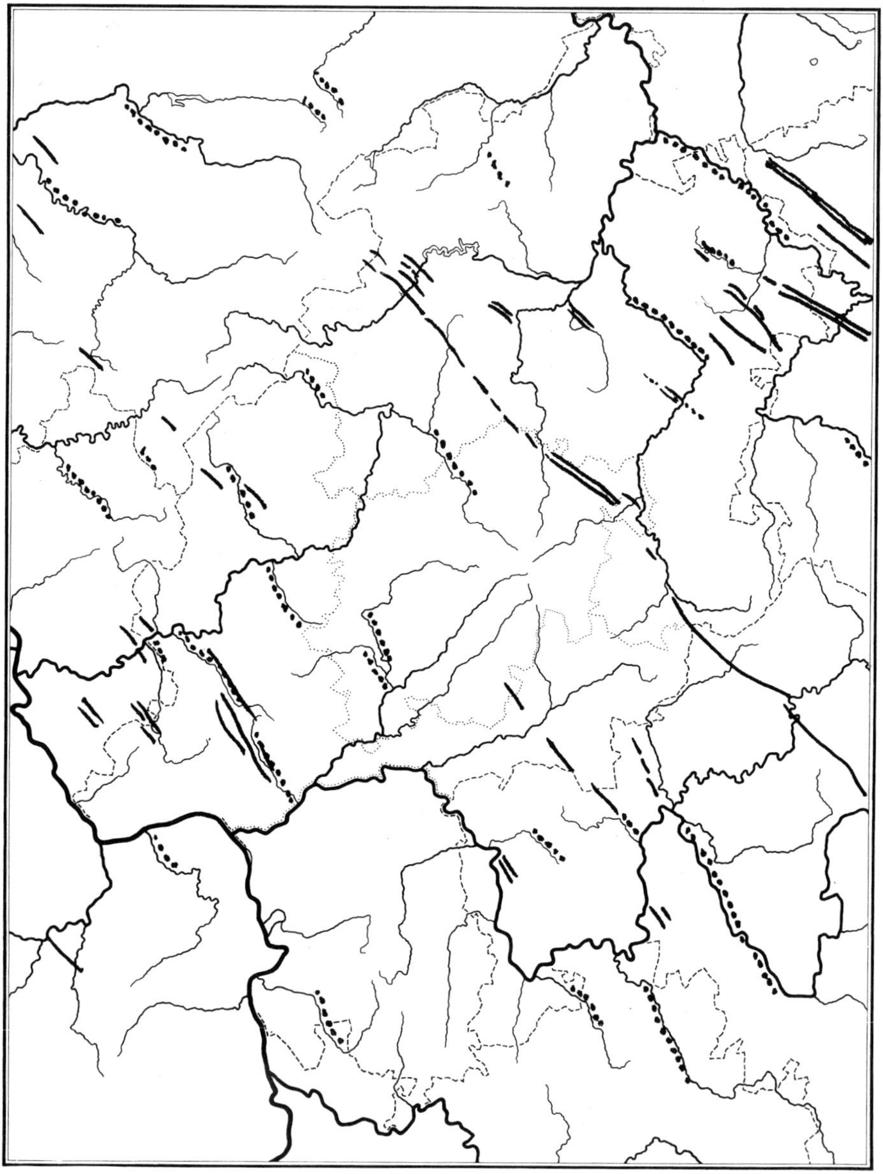

Abb. 56: Gräben und Verwerfungen in der NW-SO-Richtung.

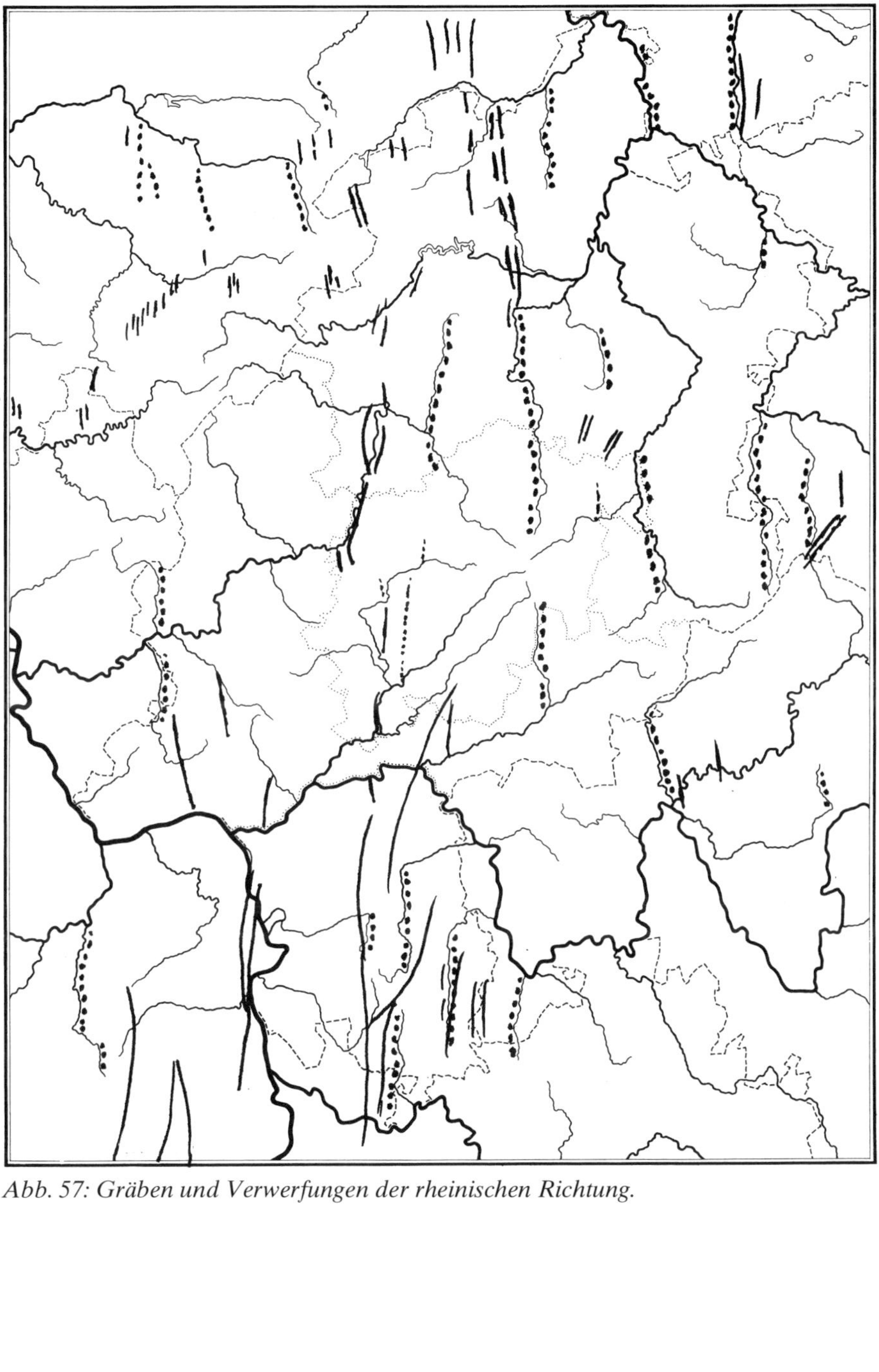

Abb. 57: Gräben und Verwerfungen der rheinischen Richtung.

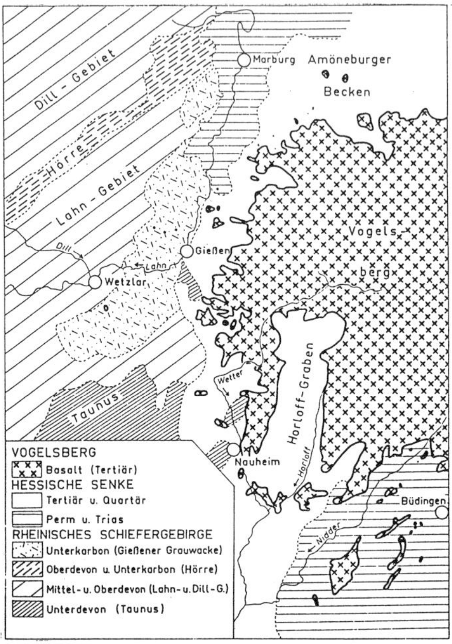

Abb. 58: Geologische Übersicht des Gießener Raumes.

Der bei Volkmarsen an der Warburger Börde in das hessische Gebiet eintretende Graben ist mindestens 70 km lang, aber nur zwischen 5 und 10 km breit. Er ist in die Arolser Platte rund 350 m tief eingesunken, so daß er neben dem Muschelkalk und Keuper im nördlichen Teil auch noch den Lias des unteren Jura aufweist.

Ein typisches Beispiel für die Lagerung der Gesteine neben und in einem Graben zeigt Abbildung 60. Sie stellt einen von Norden nach Süden verlaufenden Querschnitt beim Kasseler Graben westlich des Habichtswaldes dar und ist mit 2facher Überhöhung gezeichnet. Im Norden sieht man den Großen Gudensberg (589 m), er erhebt sich etwa 2 km westlich der Ortschaft Zierenberg. Der Schnitt führt über den Bärenberg (599 m) zu dem südlich des Rohrbergs (517 m) beginnenden Graben. Der Graben ist rund 1800 Meter breit. Er endet am Burgberg (480 m) bei der Ortschaft Burghasungen.

Die den Graben einrahmenden Gesteine gehören vorwiegend zum Buntsandstein, im Norden liegt auch noch Muschelkalk. In den Graben eingesunken sind Gesteine des Röts, Muschelkalks, Keupers und des Lias. Der Lias ist der älteste Abschnitt der Jura-Formation. Die Mächtigkeit der abgesunkenen Gesteine beträgt insgesamt etwa 360 Meter. Sie sind an vielen Verwerfungen in komplizierter Weise gestaffelt und gekippt in den Graben gerutscht. Dieser Graben setzt sich an den westlichen Ausläufern des Ha-

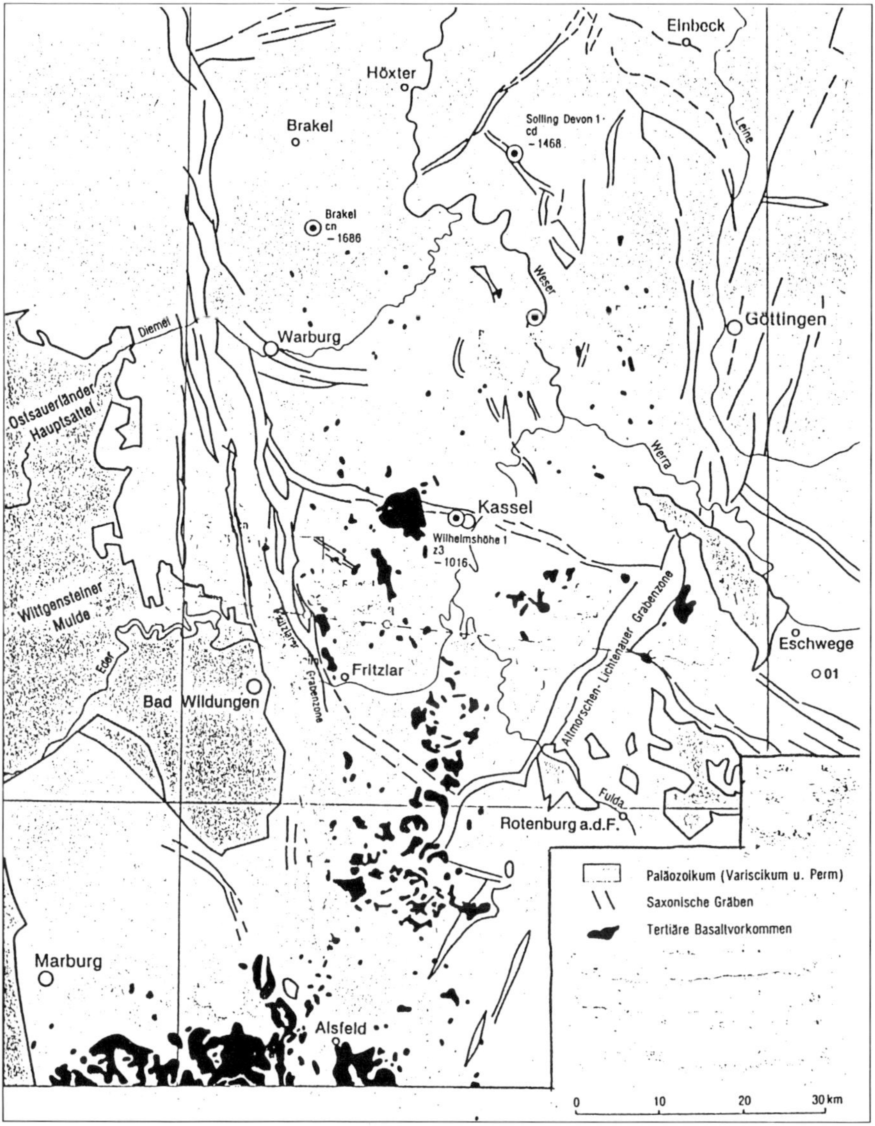

Abb. 59: Geologische Übersicht der nördlichen Hessischen Senke.

bichtswaldes nach Süden über Wolfhagen, Naumburg und Fritzlar bis nach Borken fort. Auch der Kellerwald ist erfaßt worden. Daß die Weser ein rheinisch ausgerichtetes Tal hat, ist kein Zufall. Rheinische Strukturelemente weist auch das parallele Leinetal auf.

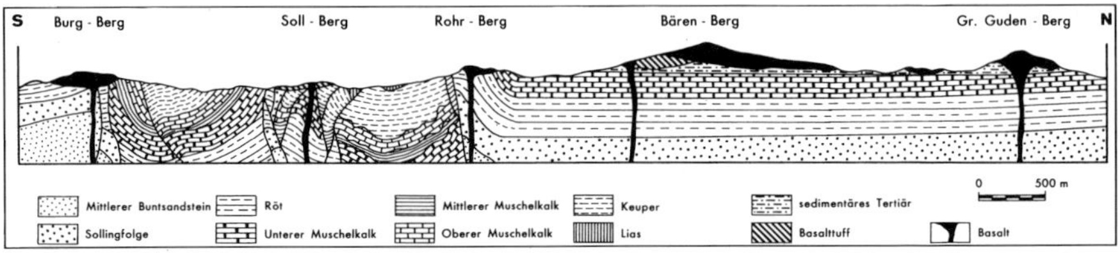

Abb. 60: Geologisches Profil durch den Kasseler Graben westlich des Habichtswaldes.

Viele andere hessische Flüsse haben ebenfalls die rheinische Richtung, wenn nicht in ihrem ganzen Verlauf, so doch abschnittsweise. Die in Abbildung 57 zu sehenden rheinischen, etwa von Norden nach Süden gerichteten Verwerfungen und Flußabschnitte sind der geologischen Karte entnommen worden. Es ist bemerkenswert, daß in Luftbildern und Satelliten-Aufnahmen darüber hinaus noch zahlreiche weitere linienartige Gebilde oder Lineamente in der gleichen Richtung auftreten. Die Abbildung 61 zeigt das für einen großen Teil von Hessen und der westlich davon gelegenen Gebiete.

Die hier wiedergegebenen Lineamente sind aus einer Luftbildaufnahme herausgezeichnet worden, bei der Wolken den Blick auf einige Gebiete versperrt haben. Diese Wolken sind punktiert eingezeichnet. Eine davon versperrt z. B. den Blick auf den Odenwald.

Diese Lineamente zeichnen neben einem Teil der Verwerfungen und der Flußtälerabschnitte auch noch aneinander gereihte Vulkane (»Basalt-Linien«), Schollenränder (»Randstufen«), Bergrücken (Falten) und ähnliche geologisch bedingte Strukturelemente der Erdoberfläche ab. Ihre gegenüber der Abbildung 57 größere Zahl läßt sehr viel deutlicher erkennen, daß die Erdoberfläche von den rheinischen, etwa von Norden nach Süden verlaufenden Strukturelementen in einem außergewöhnlich großem Ausmaß geprägt worden ist!

Sind bei so zahlreichen Strukturelementen in der NS-Richtung auch solche mit ihnen wahrscheinlich ursächlich zusammenhängende in der WO-Richtung vorhanden? Die Abbildung 62 zeigt die der geologischen Karte entnommenen Verwerfungen und Flußabschnitte dieser Richtung.

Die Abbildung 63 zeigt die der Luftbildaufnahme entnommenen Strukturelemente, deren Zahl wiederum sehr viel größer ist als in der Abbildung 62.

Ihrer Zahl nach stehen sie denen in der NS-Richtung zwar nach, aber es sind viele vorhanden. Die größte Struktur ist der Kasseler Graben. Er führt von Volkmarsen über Kassel zum Lossetal und endet vor dem Meißner. Beim Habichtswald ist er vom Basalt zugedeckt worden. In Kassel ist der in den Graben abgesunkene Muschelkalk später durch Abtrag der ihn umgebenden Gesteine des oberen Buntsandsteins herauspräpariert worden, so daß der Muschelkalk hier nunmehr als Weinberg aufragt. Die Höhenunterschiede gegenüber dem Umland betragen bis zu 50 m.

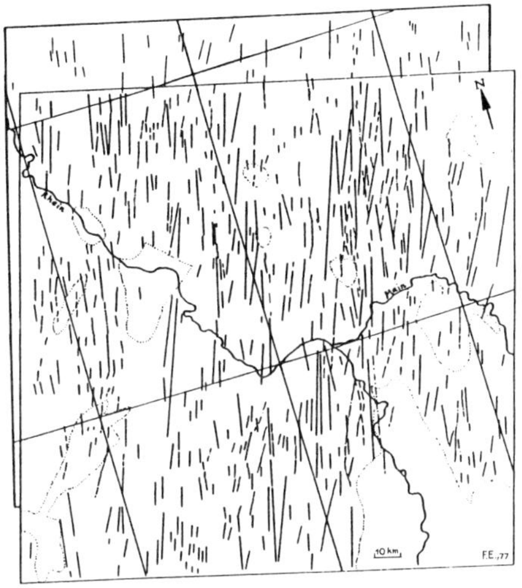

Abb. 61: Photolineationsrichtungen.

Der über Hersfeld laufende Graben ist bis zu 460 m breit, mit Muschelkalk gefüllt und hat Sprunghöhen bis zu 270 m.

Wahrscheinlich ist der Vogelsberg auch von einem Graben in der WO-Richtung durchsetzt. Die Abbildung 64 zeigt ihn. Es ist ein aus dem Raum Büdingen im Westen sich unter dem Vogelsberg nach Osten hinziehender Graben, der im Schlüchterner Becken endet. Die Entstehung des Schlüchterner Beckens führt man auf das Kreuzen von zwei Mulden zurück. Eine ist die oben erwähnte von Frankenberg an der Eder über Kissingen nach Haßfurt führende Mulde in der NW-SO-Richtung. Die zweite ist die Kinzig-Mulde. Das Schlüchterner Becken wird im Norden von dem sich von W nach O erstreckenden Landrücken begrenzt. Im Becken fließt die Kinzig parallel dazu. Man vermutet deshalb das Bestehen einer sich von O nach W hinziehenden Mulde, die durch den Vogelsberg geht. Gibt es westlich des Vogelsberges einen Hinweis auf deren Bestehen? Das ist der Fall. Bei Hanau münden zwei aus dem Vogelsberg kommende Bäche in die Kinzig. Es sind der Krebsbach und der Fallbach. Sie sind in Abbildung 65 zu sehen. Eigenartigerweise enthalten die von beiden Bächen geführten Gerölle sowie die an den Ufern abgelagerten Schotter auch Buntsandstein, obwohl beide Bäche heute kein Buntsandstein-Gebiet durchfließen. Man nimmt an, daß das Einzugsgebiet der beiden Bäche früher größer gewesen ist und sich bis in den Buntsandstein-Saum des Westhanges vom Vogelsberg erstreckt hat. Der Krebsbach hatte früher als Oberlauf den Wolfsbach und der Fallbach den Seemenbach. Der Buntsandstein-Saum ist in der Abbildung 65 schraffiert worden. Beide Bäche können ihre früheren Oberläufe durch das Einsinken der bis in den Büdinger Raum reichenden Kinzig-Mulde verloren haben. Der Seemenbach hat dann diese Mulde als Fließweg benutzt und

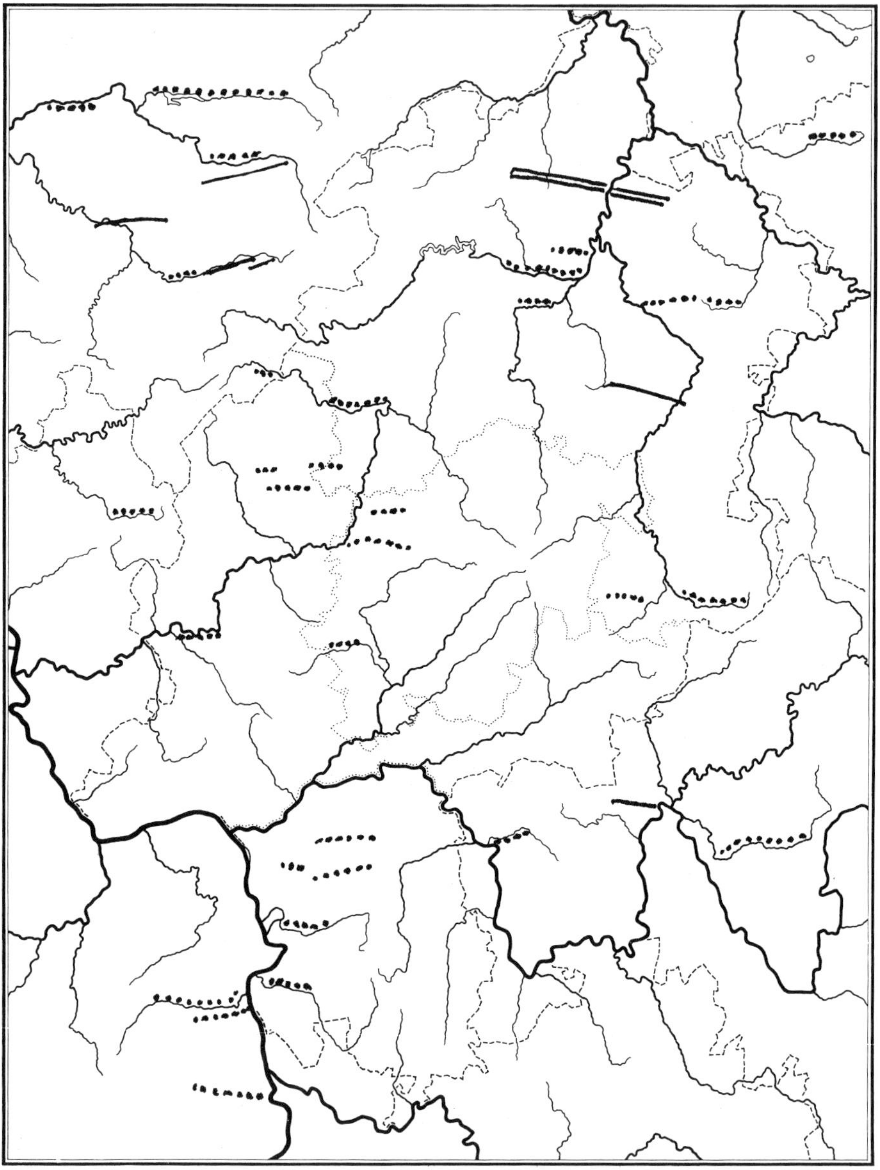

Abb. 62: Gräben und Verwerfungen in der West-Ost-Richtung.

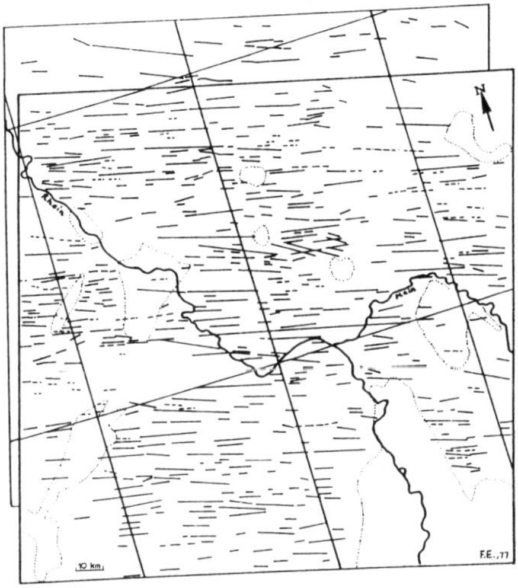

Abb. 63: Photolineationsrichtungen.

seinen Lauf nach Westen umgelenkt. Im Bergland des Vogelsberges sind bei den Punkten A, H und S an den dort von N nach S fließenden Bächen auffällige Vergrößerungen des Gefälles vorhanden, die ein Hinweis auf das Bestehen der Mulde sind. Allerdings ist diese Mulde erst nach den vulkanischen Eruptionen des Vogelsberges entstanden.

Der Vulkanismus

Die ersten Anzeichen vulkanischer Tätigkeit in Hessen traten im Zeitalter des Karbons vor 360 bis 286 Mio. J. auf. Im Zusammenhang mit der Entstehung des Variskischen Gebirges wurde der ursprünglich vorhandene Meeresboden von vulkanischen Ergüssen erfaßt. Der emporquellende Basalt erstarrte dabei im Meerwasser nicht – wie auf der Erdoberfläche – zu Säulen, sondern zu brotlaibartigen Wülsten, die man als Kissenlava (Pillows) bezeichnet. Bei der Gebirgsbildung ist diese Kissenlava dann später an die Erdoberfläche gelangt, so daß man diese Spuren des früheren Meeresbodens gegenwärtig an mehreren Stellen des Rheinischen Schiefergebirges und des Kellerwaldes finden kann.

In der neueren Fachliteratur werden die von Kissenlaven durchsetzten Sedimentschichten des früheren Meeresbodens als Gießen-Decke bezeichnet.

Die größte vulkanische Tätigkeit erfolgte in Hessen jedoch erst im Zusammenhang mit der Entstehung der Alpen.

Der Zusammenstoß der afrikanischen Platte mit der eurasischen Platte ist letzten Endes dafür die Ursache. Der Druck in dem von den Alpen ausgehenden Spannungsfeld führte zu einer Schwächung der Erdkruste, so daß an

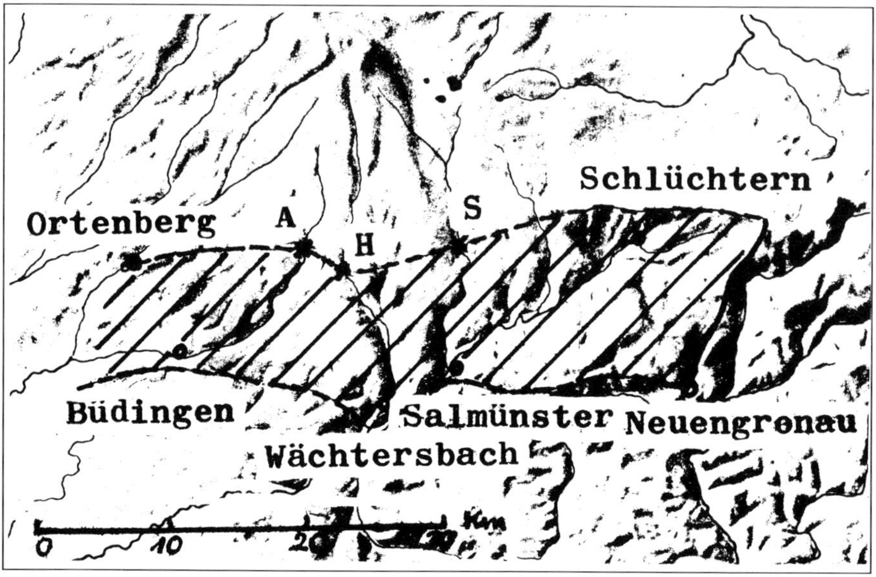

Abb. 64: Die Schlüchterner Mulde.
A= Punkt nördlich Kefenrod, H= Punkt nördlich Helfersdorf, S= Punkt südlich Rabenstein.

vielen Stellen Spalten entstanden, die dem feurig-flüssigen Magma der Tiefe den Weg zur Erdoberfläche bahnten. Dieser Prozeß begann schon in der Kreidezeit und erreichte im Tertiär seinen Höhepunkt. Die Abbildung 66 zeigt den etwa 700 km langen Vulkan-Bogen, der sich von Westen nach Osten, von der Eifel über den Westerwald, den Vogelsberg, die Rhön, die Heldburger Gangschar südlich der oberen Werra, die Vulkane bei Bamberg und Kulmbach, den Eisenbühl und Kammerbühl bei Franzensbad in Nord-Böhmen bis zum Erzgebirge und Böhmischen Mittelgebirge nördlich von Prag bis nach Schlesien hinzieht.

Auf eine Schwächung der Erdkruste bei diesem Bogen in größeren Erdtiefen deutet die Tatsache, daß in Hessen die sonst meist nur 1 km mächtige Grenzzone zwischen der Erdkruste und dem Erdmantel in dem Tiefenbereich von etwa 30 km nicht erkennbar ist, die sogenannte Mohorovicic-Diskontinuität. Statt dessen existiert hier von etwa 20 km Tiefe an eine 6 bis 8 km mächtige Übergangszone, die weder Kruste noch Mantel ist. Offenbar war sie eine Zone der Zuwanderung und Aktivierung des Magmas, das sich von dort aus den Weg zur Erdoberfläche gebahnt hat. Einige Geologen hatten im Gegensatz dazu vermutet, daß der Vulkangürtel durch das Wandern der Erdkrustenplatte von Westen nach Osten über einen Wärmedom zustandegekommen ist. Ein Wärmedom ist eine im Erdmantel befindliche

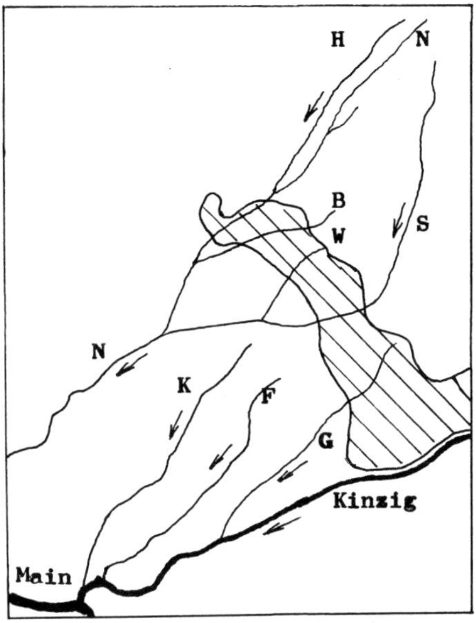

bb. 65: Die Gewässer nördlich der Kinzig. B= Bleichenbach, F= Fallbach, G= Gründau, H= Hillersbach, K= Krebsbach, N= Nidder, S= Seemenbach, W= Wolfsbach.

Wärmequelle. Beim Hinüberdriften der mitteleuropäischen Platte über den Wärmedom sollen die Vulkangebiete nacheinander entstanden sein. Doch die Altersfolge des Vulkanismus paßt dazu nicht. Die Vulkane des Erzgebirges müßten dann die ältesten und die der Eifel die jüngsten sein. Zwar war die Eifel tatsächlich das letzte Vulkanrevier in Mitteleuropa, das noch vor rund 10 000 Jahren aktiv war, aber es gab dort auch schon vulkanische Aktivitäten vor 45 bis 18 Mio. J. etwa gleichzeitig mit der dominierenden vulkanischen Tätigkeit im ganzen Vulkangürtel vor rund 50 bis 10 Mio. J.

Welche überragende Bedeutung der tertiäre Vulkanismus für die geologische Entwicklung und Landschaftsformung in Hessen hat, zeigt die Tatsache, daß das wichtigste Ergußgestein der Vulkane dieser Zeit – der Basalt – etwa 1/7tel (14 %) des Gesteinsuntergrundes des Landes bedeckt. Er steht damit nach dem Buntsandstein (36 %) und dem paläozoischen Gestein (Silur-Devon-Karbon) des Rheinischen Schiefergebirges (23 %) an der dritten Stelle. Während die Abbildung 66 die Verbreitung des Vulkanismus in Mitteleuropa zeigt, gibt die Abbildung 67 einen Überblick über die zeitliche Folge des Vulkanismus.

Es sind auch einige nichthessische Gebiete eingereiht worden. Der zeitliche Ablauf ist durch von links nach rechts laufende Strecken dargestellt worden. Höhepunkte des vulkanischen Geschehens sind durch Senkrechte markiert worden. Offenbar ist die vulkanische Aktivität in großen Zügen von Süden nach Norden gewandert. Sie begann im Taunus und in der Uferzone

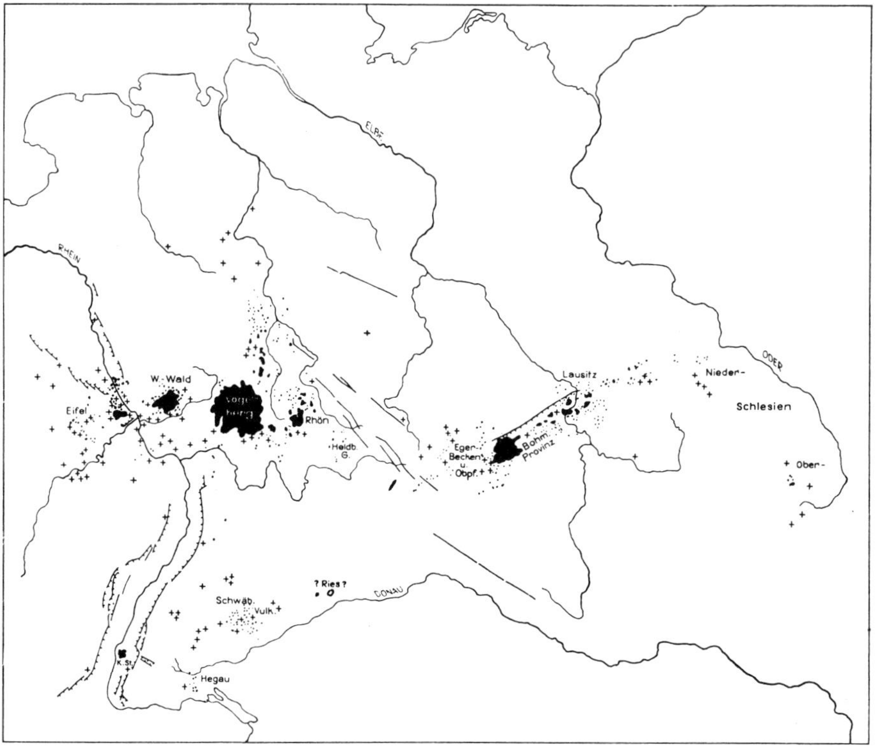

Abb. 66: Verbreitung des tertiären und quartären Vulkanismus in Mitteleuropa. Schwarz: vulkanische Fest- und Lockergesteine; Kreuze: Austritte von Kohlensäure.

des Mains nördlich und südlich von Aschaffenburg schon vor 83 Mio. J., im Spessart und Odenwald vor 71 Mio. J., im Sprendlinger Horst vor 69,5 Mio. J. und im Mainzer Becken vor 58,2 Mio. J. Dagegen wurden der Westerwald und das Siebengebirge erst vor 31 bzw. 28 Mio. J. erfaßt, die Rhön vor 26 Mio. J., die niederhessische Senke vor 21 Mio. J. und der Vogelsberg vor 19 Mio. J.

Vulkanite in Südhessen und im Rheinischen Schiefergebirge.

Die Vulkanite der Kreidezeit und des Paläozäns im Sprendlinger Horst, am Rande der Hanau-Seligenstädter Senke sowie im Taunus sind schon auf den Seiten 92ff. erwähnt worden, weiterhin die des Eozäns im Odenwald und Taunus Seite 94, dagegen sind die Vulkanite des Oligozäns und des Miozäns im hessischen Raum noch nicht aufgezählt wor-

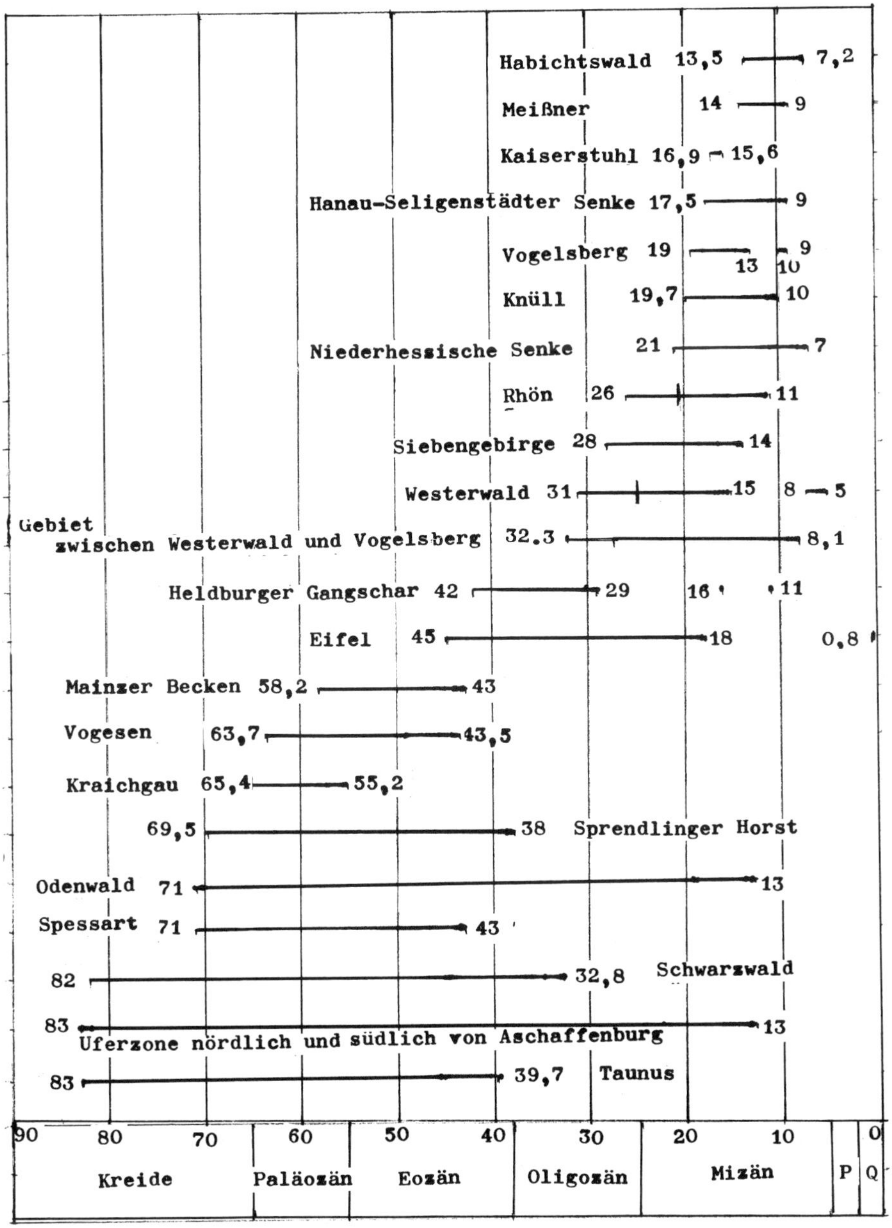

Abb. 67: Die zeitliche Folge des Vulkanismus.

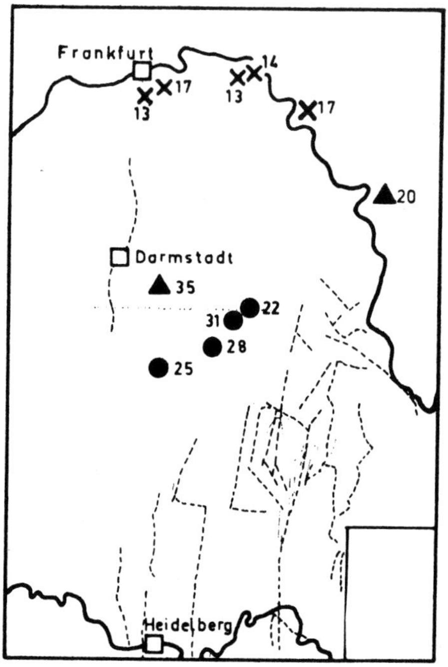

Abb. 68: Vulkanismus in Südhessen.

den. Die Abbildung 68 zeigt einige Aktivitätszentren im nördlichen Odenwald.

Genannt seien der Steinbuckel bei Treisa (5 km osö Darmstadt) vor 34,6 Mio. J., der Otzberg (5,5 km ö Reinheim) vor 21,7 Mio. J. und am Südufer des Mains Klein-Steinheim vor 13,9 Mio. J. In den nördlichen Ausläufern des Taunus haben auch noch vulkanische Tätigkeiten stattgefunden. Sie sind in Abbildung 69 zu sehen.

Der Schloßberg von Braunfels ist 22,1 Mio. J. alt, der Kalsmunt von Wetzlar 20,9 Mio. J. und die 3 km südlich von Wetzlar liegende Basaltkuppe des Stoppelsbergs (401 m) ist nur 9,3 Mio. J. alt. Ungleich stärker als der Taunus ist das übrige Rheinische Schiefergebirge vom vulkanischen Geschehen erfaßt worden. Im Siebengebirge bei Bonn und im sich östlich daran anschließenden Westerwald haben erstmalig vor 31 bzw. 28 Mio. J. Vulkanausbrüche stattgefunden. Sie dauerten im Siebengebirge bis in die Zeit vor 14 Mio. J. Der dort emporgedrungene Trachyt baut u. a. auch den Drachenfels auf. Der Kölner Dom ist z. T. aus Trachyt erbaut worden. Die Hauptphase des Vulkanismus im Westerwald begann vor 31 Mio. J., hatte ihren Höhepunkt vor 25 Mio. J. und ging vor 15 Mio. J. zu Ende. Vereinzelte Vulkanausbrüche sind noch vor 8 bis 5 Mio. J. und vor 0,5 Mio. J. erfolgt,

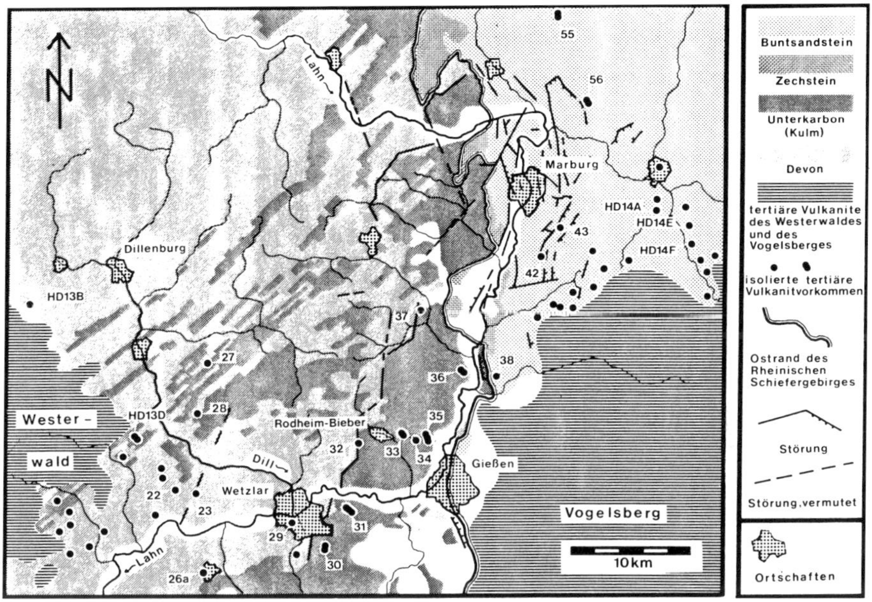

Abb. 69: Die Vulkanite zwischen Westerwald und Vogelsberg.

und zwar im Westen des Westerwaldes zwischen Limburg und Nassau, wobei der letzte Ausbruch vor 500 000 Jahren mit dem späten Eifel-Vulkanismus zusammenfällt. Im südwestlichen Teil des hier nichthessischen Westerwaldes kommt nördlich von Montabaur an zahlreichen Stellen auch das Ergußgestein Trachyt vor, während die große Masse der Vulkanite sonst aus Basalt besteht. Das Zentrum des Westerwaldes, der Hohe Westerwald, ist im Oligozän und Miozän auf einer rund 600 Quadratkilometer großen Fläche mit einer ursprünglich bis zu 200 m mächtigen Basaltdecke überflutet worden. Ihre Reste bedecken z. T. als Verwitterungsschutt noch etwa die Hälfte dieser Fläche. Die Basaltdecke hat hier kaum einen die Landschaft prägenden Einfluß gehabt, sie zeigt einige Wellen und hat breite Talmulden. Die höchste Erhebung ist die 657 m hohe Fuchskaute.

Am Südabfall der Westerwald-Platte gegen das Limburger Becken sind drei Basaltkuppen unter Naturschutz gestellt worden. Es ist einmal am Talrand des Erbbachs das Heidenhäuschen (398 m) – 10 km n von Limburg – mit mächtigen Felsen und einem kleinen Blockmeer, ferner der Blasiusberg (380 m) – 15 km n von Limburg – mit schönen Basaltsäulen sowie die benachbarte Dornburg (396 m). Ihr Basalt ist von 50 cm bis 8 m tiefen Klüften durchsetzt. 1839 entdeckte man an ihrem Südhang, daß das unter dem Hangschutt liegende Erdreich gefroren ist. Im Winter wird die unter 0° kühle Außenluft von den unteren Klüften im Gestein angesaugt. Im Berginnern vereist sie das feuchte Erdreich. Die Luft entweicht dann aus den oberen Klüften wie aus einem Kamin. Im Sommer kehrt sich der Luftkreislauf um. Die aus den unteren Klüften nach außen abfließende schwere Kaltluft strömt hangabwärts, dadurch wird von den oberen Klüften warme Außenluft angesaugt, die im Berginnern das vereiste Erdreich nur teilweise auftauen kann. In zwei künstlich angelegten Stollen kann man auch im Hochsommer das »ewige Eis« sehen. 12 km nw von Wetzlar ist die Koppe (354 m) unter Naturschutz gestellt worden, weil in einem verlassenen Steinbruch eine außergewöhnlich regelmäßige meilerförmige Stellung der Basaltsäulen zu sehen ist. Sie ist 24 Mio. J. alt und in Abbildung 69 eingezeichnet. Etwa gleichen Alters sind die Bieler Burg bei Leun mit 23,6 Mio. J., der Greifenstein mit 24,1 Mio. J. und der Königsstuhl bei Rodheim an der Bieber mit 24,6 Mio. J. Dagegen ist der Basalt von Breitscheid mit 27 Mio. J. etwas älter.

Die tertiären Tone, die neben dem Basalt des Westerwaldes lagern, werden abgebaut und industriell zu Keramik verarbeitet. Deswegen wird ein Teil des Westerwaldes auch als Kannenbäcker-Land bezeichnet. Es ist das Gebiet zwischen Siershahn und Hörgrenzhausen im Land Rheinland-Pfalz.

Die Rhön

Das östliche Gegenstück zum Westerwald ist die Rhön. Beide sind im Tertiär aufgestiegen zu Mittelgebirgen, ihr Aufstieg war von Vulkaneruptionen begleitet. Die Hauptachse des Rhön-Schildes läuft von SW nach NO in variskischer Richtung. Die wichtigsten Eruptivgesteine sind Basalt und Phonolith (Klingstein). Basalt ist ein schwarzes Gestein, Phonolith ist ein rötliches oder grünliches, meist auffallend dichtes und beim Anschlagen mit dem Geologenhammer hell klingendes Gestein. Die Abbildung 70 gibt einen Überblick über deren Verbreitung.

Während der Basalt eine ziemlich geschlossene Decke auf der östlichen Rhön bildet, tritt der Phonolith in zahlreichen Einzelvorkommen hauptsächlich im Westen der Rhön auf. Die nördliche Vorderrhön zwischen den Flüssen Haune und Ulster weist nö von Hünfeld das »hessische Kegelspiel« auf. Es besteht aus 9 basaltischen Kuppen, von denen sich 8 um den Stallberg als »König« gruppieren, er liegt 7 km westlich von Geisa. Die Abbildung 71 gibt einen Überblick.

Es fällt auf, daß 5 Kuppen auf einer nahezu von NW nach SO gehenden Strecke liegen, sie beginnt beim Lichter Berg und endet beim Hübelsberg. Vermutlich liegen diese Kuppen auf einer zusammenhängenden Bruchzone der Erdkruste. Eine Besonderheit des Stallberg-Basaltes sind bis zu 10 cm große Buntsandstein-Einschlüsse, welche die Lava beim Durchschlagen des Buntsandsteins mitgerissen hat. Östlich von dem bereits in Thüringen liegenden Geisa liegen auch viele Basaltkuppen. Diese Vor-

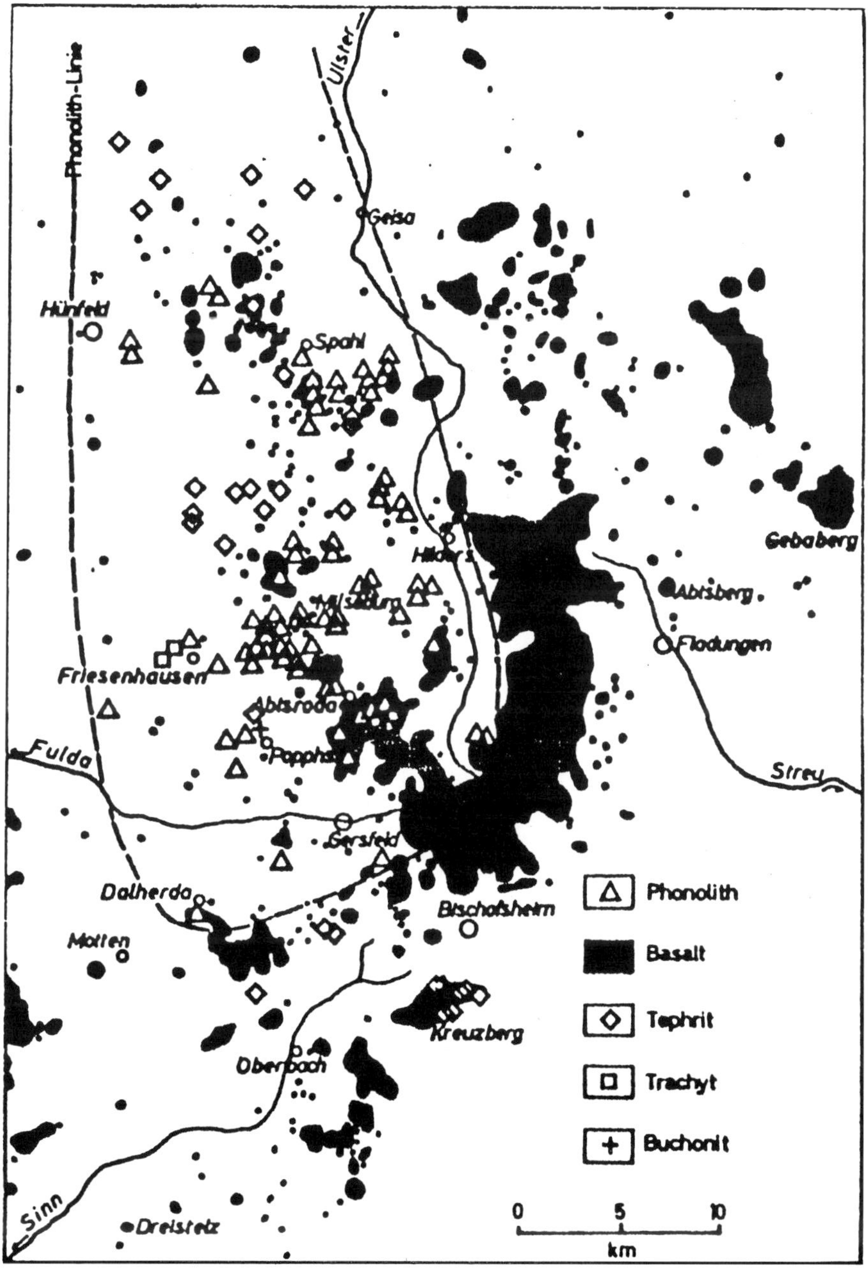

Abb. 70: Die Verbreitung vulkanischer Gesteine in der Rhön.

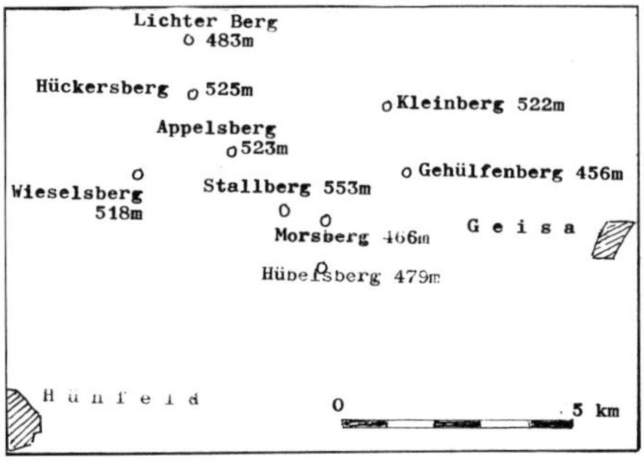

Abb. 71: Das hessische Kegelspiel in der Vorderrhön.

kommen erstrecken sich nach SO weiter bis in die Nähe der oberen Werra und haben ihre höchste Erhebung im Gebaberg (751 m). Eine 70 m mächtige Basaltdecke ruht hier auf dem Muschelkalk. Südlich von Geisa erheben sich an der Grenze zu Thüringen ebenfalls einige Basaltkuppen, die höchste ist der Boxberg (685 m) 7 km osö von Spahl. In der Umgebung von Spahl sind mehrere Basalt- und Phonolithberge. Südlich der Nüst setzt sich dann die Kuppenrhön fort bis an die Milseburg (835 m), einen der bekanntesten Rhönberge. Hier hat der Phonolith den Buntsandstein und Muschelkalk durchbrochen und einen steilen Kegel gebildet, der abschüssige Felspartien und mächtige Blockhalden aufweist. Die Phonolithschicht ist hier 135 m mächtig. Die Milseburg steht unter Naturschutz. 4 km sw der Milseburg stellt die 500 m lange und aus 25 m hohen Phonolithsäulen aufgebaute Steinwand eine eindrucksvolle Erscheinung dar. Sie ist 547 m hoch und wird von Bergsteigern als Übungsgebiet benutzt. 7 km sos von der Milseburg erhebt sich als höchster Berg der Rhön und von ganz Hessen die 950 m hohe Wasserkuppe, die durch die Segelflieger weithin bekannt geworden ist. Ihren Namen hat sie erhalten, weil sich an ihren Hängen 30 Quellen befinden, u. a. die starke Fuldaquelle. Der Basalt ruht meist auf miozänen tonreichen Schichten, über denen poröser Tuff lagert. Das durch den Tuff sickernde Wasser wird auf den tonreichen Schichten gesammelt und kann nur nach außen abfließen. Östlich der Wasserkuppe liegt das 175 km^2 große und über 800 mNN liegende Plateau der Hohen Rhön, das zur Hälfte mit Basalt bedeckt ist. Mehrere Erhebungen sind über 900 m hoch: der Stirnberg (902 m), der Schwabenhimmel (913 m) mit dem Heidelstein (926 m), der Eierhauck (910 m) und die Kuppe des Dammersfeldes (928 m). Aus dem auf der Hohen Rhön gelegenen Steinbruch »Steinernes Haus« 8 km östlich von Gersfeld stammt der größte Teil der Basaltsäulen, welche die Holländer für ihre Deich- und Dammbauten in den Niederlanden gebraucht haben. Im Steinernen Haus stehen senkrecht 10 bis 12 m hohe und bis zu einem halben Meter dicke Basaltsäulen an. Nach der großen Hamburger Flutkatastrophe im Jahre 1962 wurden hier noch einmal Basaltsäulen abgebaut, die nun die Hamburger Dämme verstärken. Südlich des Plateaus der Hohen Rhön erhebt sich der »heilige Berg« der Rhön, der Kreuzberg (928 m). Östlich von Hilders steht der Buchschirmküppel wegen seines großen Basaltblockfeldes unter Naturschutz. Das gilt auch für den 3 km östlich der Wasserkuppe liegenden Schafstein (832 m). Man hat in der Rhön im ganzen über 500 Eruptionskanäle gezählt. Bei einem von ihnen, dem Holzberg 4 km n Bischofsheim, hat man durch erdmagnetische Messungen einen Schlot mit einem Durchmesser von 500 m festgestellt. Der Vulkanismus in der Rhön hat in großem Maßstabe vor 26 bis 11 Mio. J. stattgefunden. Vereinzelte frühere Ausbrüche sind aber nicht auszuschließen. So hat man z. B. festgestellt, daß der Basalt bei Oberhausen 2 km südlich der Wasserkuppe ein Alter von 33 bis 32 Mio. J. hat. Die meisten Ergüsse fanden jedoch erst vor 26 bis 11 Mio. J. statt, so daß der Höhepunkt der vulkanischen Tätigkeit in der Rhön vor 20,5 Mio. J. anzusetzen ist. Der Lerchenküppel am Plateau der Wasserkuppe ist erst vor 14 Mio. J. aufgedrungen und der Rockenstein bei Oberweißenbrunn vor 11 Mio. J. In dem südöstlich der Rhön gelegenen Unterfranken waren die Vulkane der Heldburger Gangschar schon vor 42 bis 29 Mio. J. entstanden, einige Nachzügler vor 16 und 11 Mio. J., also noch gleichzeitig mit der Rhön.

Taunus und Westerwald im Westen und die Rhön im Osten umrahmen den Vogelsberg.

Der Vogelsberg

Der Vogelsberg enthält die Hauptmasse des in Hessen aufgedrungenen Basalts. Mit der Basaltfläche von 2260 km^2 ist er das größte zusammenhängende oberflächliche Vorkommen vulkanischer Gesteine in Mitteleuropa. Allerdings ist die landläufige Vorstellung falsch, daß der Vogelsberg ein einziger Vulkan gewesen sei mit einem Eruptionsschlot im Gebiet seiner höchsten Gipfel (Hoherodskopf 764 m, Taufstein 773 m), von denen die Basaltlaven nach allen Seiten herabgeflossen seien, so daß sich ein annähernd kreisförmiger Vulkankegel mit einem Durchmesser von etwa 60 km gebildet habe. Der Vogelsberg ist ebenso wie der Ätna in Sizilien kein »Einkrater-Kegel«. Der Vogelsberg ist aus einer großen Zahl von Eruptionsschloten aufgeschüttet worden, die zu verschiedenen Zeiten in seinem Bereich aufgebrochen sind. Sein Untergrund ist von Spalten und Klüften durchzogen, die dem Magma Aufstiegsbahnen boten. Es strömte teils in breiten Flächen über den Untergrund von tertiären Sanden und Tonen oder quoll mehr punktuell empor (Phonolith und Trachyt). Der Nachweis der einzelnen Eruptionsschlote ist schwierig. Man kann sie dort vermuten, wo vulkanische

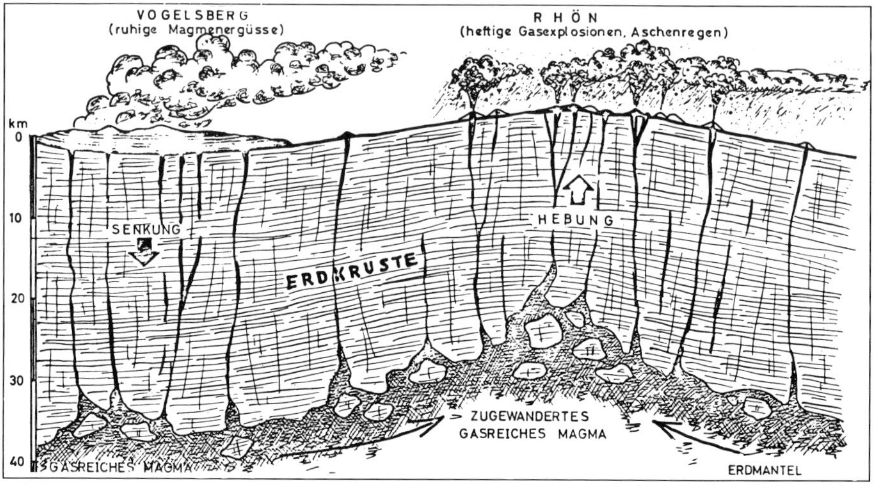

Abb. 72: Vogelsberg und Rhön als Vulkane.

Lockermassen in besonders großer Mächtigkeit zu finden sind, nämlich Tuffe und Tuffite. Tuffe bestehen aus Asche, und Tuffite sind in Gewässern abgesetzte Gesteine aus Asche und Sand. Die Eruptionen begannen nämlich meist explosiv mit der Förderung von Magma, das durch Gase zu Asche zerstäubt wurde. Einschlüsse von Fremdgestein in erstarrter Lava können Hinweise darauf geben, woher die Lava diese Gesteinsbrocken mitgeschleppt hat, die es aus einer Eruptionsröhre aus den Wänden mitgerissen hatte. Heute lassen sich auch geomagnetisch Basalteruptionsschlote lokalisieren: Basalt ist durch hohen Eisengehalt magnetisch. Der Vogelsberg ist – im Gegensatz zu der Rhön, die als Erhebung während der vulkanischen Phase aus der Erdkruste aufgewölbt wurde – ein geologisches Einbruchsgebiet. Die Abbildung 72 zeigt das.

Die Magmen des Vogelsbergs müssen dementsprechend weniger gasreich als die der Rhön gewesen sein. Bei Beginn der Eruptionen war das Vogelsberggebiet eine von N nach S und W geneigte mehr oder weniger reliefreiche Landschaft, eingeschlossen zwischen vier geologischen Schwellen – Hunsrückschwelle, Kellerwaldschwelle, Spessartschwelle und Büdinger Schwelle, alle mit variskischer oder dazu senkrechter Richtung. Die Abbildung 73 zeigt das.

Diese Schwellen sind sehr alt, sie waren schon zur Zeit des Ober-Karbons und des Rotliegenden vor 330 bis 260 Mio. J. entstanden. Zwischen ihnen war bereits im Jura – vielleicht vor rund 170 Mio. J. – eine Erdkrustenscholle eingesunken, wie man erst 1985 festgestellt hat: Die Hungen-Schotten-Tiefscholle. Sie ist etwa 35 km lang und 15 km breit. Dieser offenbar destabilisierte Raum aus zerbrochenen Erdkrustenschollen wurde dann im Miozän durch

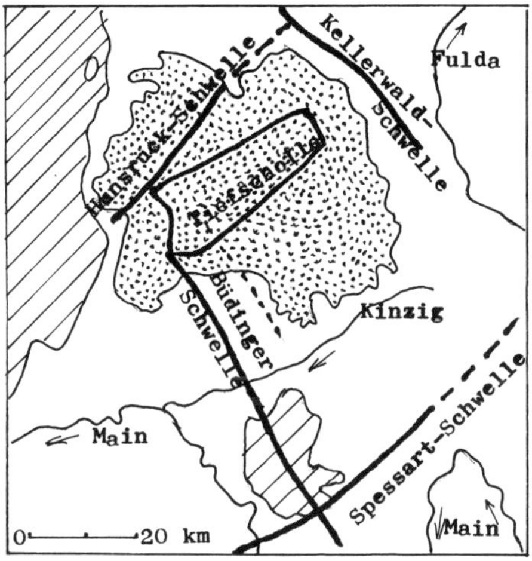

Abb. 73: Die Hungen-Schotten-Tiefscholle im Vogelsberg.

die vom Alpenmassiv ausgehenden Spannungen und rheinisch ausgerichteten Bruchstörungen betroffen, und die Magmenaufstiege wurden ausgelöst, die nach und nach den Vogelsberg aufbauten. Die Mächtigkeit der übereinander geschütteten Basaltbedeckung ist teilweise bekannt und beachtlich. Bei der im westlichen Vogelsberg in 195 mNN Höhe gelegenen Ortschaft Rainrod hatte man vor einigen Jahren zu Forschungszwecken bis zu 442 m tief gebohrt und die Mächtigkeit des Basalts zu 293 m festgestellt, so daß seine Basis 98 m unter Normal Null liegt. Das ist die tiefste seither festgestellte Basis. Eine andere, später vorgenommene Forschungsbohrung bei Ilbeshausen am Hasselborn in 559, 5 mNN Höhe erreichte dagegen in 490,35 m Tiefe noch nicht die Basis des Basalts. Das ist die größte seither durch Bohrungen festgestellte Basaltmächtigkeit. Die Auswertung von über 400 weiteren Bohrungen hat in Verbindung mit einer Aufzeichnung des nichtbasaltischen Untergrunds jedoch zu der Erkenntnis geführt, daß im Zentrum des Vogelsberges unter seinen höchsten Bergen die Mächtigkeit des Basalts 700 bis 800 Meter betragen kann, so daß die frühere Annahme einer durchschnittlich nur rund 200 m mächtigen Basaltdecke nicht bestätigt worden ist.

Im Vogelsberg sind einige Eruptionen schon vor rund 24 bis 22 Mio. J. erfolgt. Die Hauptförderung spielte sich jedoch erst vor 18 bis 13 Mio. J. ab, so daß der Höhepunkt der vulkanischen Tätigkeit vor 15,5 Mio. J. anzusetzen ist. Die Basalte in der Bohrung von Rainrod haben ein Alter von 17,2 bis 13,5 Mio. J. In der Zeit von vor 13 bis 10 Mio. J. hat wahrscheinlich eine Pause geherrscht, weil man keine Basalte dieses Alters gefunden hat. Vor 9 Mio. J. scheint die vulkanische Tätigkeit zu Ende gegangen zu sein. Es steht fest, daß es unter dem Vogelsberg nur kleine Magmen-Reservoire gegeben hat, vielleicht ähnlich wie unter dem Ätna. Dieser sizilianische Großvulkan steht auch in der Größe mit seiner Fläche von rund 1500 km^2 dem Vogelsberg nur wenig nach. So konnte es auch im Vogelsberg nie zur Entstehung von Einbruchskratern (Calderen) über geleerten Magmenkammern kommen.

Die rheinische Richtung hat für den Vogelsberg anfänglich keine besondere Rolle gespielt, da sein Untergrund nicht zum verlängerten Oberrheingraben gehört hat. In einem späteren Zeitraum ist er jedoch von rheinischen Störungszonen durchsetzt worden. Darauf deutet z. B. eine von N nach S gehende 9 km lange Strecke hin, die 5 Basaltkuppen aufweist. Sie beginnt im N am Ulrichsteiner Schloßberg (609 m), erreicht nach 2 km den Hauberg (619 m), 3,5 km weiter den Horst (602 m), nach 1,5 km den Gackerstein (563 m) und endet nach weiteren 2 km am Bilstein (666 m). Etwa 3 km östlich dieser Strecke zeigt die 200 m lange Gangfüllung des Geiselsteins auch die rheinische Richtung. Der Basalt des Geiselsteins ist bekannt durch seinen Reichtum an Magneteisenstein, der die Kompaßnadel ablenken kann. Daß die Gewässer des Vogelsberges zu einem großen Teil die rheinische Richtung haben, wurde oben bereits erwähnt. Im Tal der Salz hat man durch erdmagnetische Messungen feststellen können, daß 5 Eruptionsschlote das Tal begleiten. Das beweist, daß die Salz ihr Bett in einer rheinischen Störungszone angelegt hatte.

In dem großen Basaltgebiet des Vogelsberges wirkt die 8 km sö vom Taufstein liegende Scholle von Bermutshain als Fremdkörper, weil hier statt des Basalts der Buntsandstein an der Erdoberfläche in rund 450 mNN liegt. Diese Scholle ist durch das unterirdische Eindringen von vulkanischem Trachyt in den Buntsandsteinsockel gehoben worden. Der Trachyt hat bei dieser Instrusion einen etwa 800 m hohen Dom gebildet, was die Abbildung 74 zeigt. Sie ist zweifach überhöht gezeichnet. In der Nähe von Ilbeshausen bei Lauterbach erheben sich die Uhuklippen. Sie bilden eine eindrucksvolle basaltische, in einzelne Klippen zerklüftete Felswand.

Die den Vogelsberg bildende Basaltmenge kann geschätzt werden. Dabei ist zu berücksichtigen, daß ein beträchtlicher Teil des ursprünglich geförderten Basalts durch die Verwitterung und die Gewässer schon wieder abgetragen worden ist. Falls die abgetragene Menge etwa einem Drittel der ursprünglichen Basaltmenge entspricht, kann die Gesamtmenge rund 1000 Kubikkilometer betragen haben, die Tufförderung nicht gerechnet. (Im Anhang ist die Schätzung begründet worden.) Das ist ein eindrucksvolles Volumen, wenn man es z. B. vergleicht mit den beim Ausbruch des Vesuvs im Jahre 79 n Chr. geförderten rund 5 Kubikkilometern. Allerdings verteilt sich die Vogelsberg-Magmen-Förderung auf rund 9 Millionen Jahre. Ob sich bei ihm je Rieseneruptionen ereignet haben wie die des Tambora in Insulinde im Jahre 1815, bei der rund 90 Kubikkilometer Magma gefördert worden sind und sich das Erdklima jahrelang abkühlte, ist völlig offen.

Zwischen der Rhön und dem Vogelsberg befindet sich der basaltbedeckte Höhenzug des Landrückens. Er erstreckt sich nördlich von Schlüchtern von

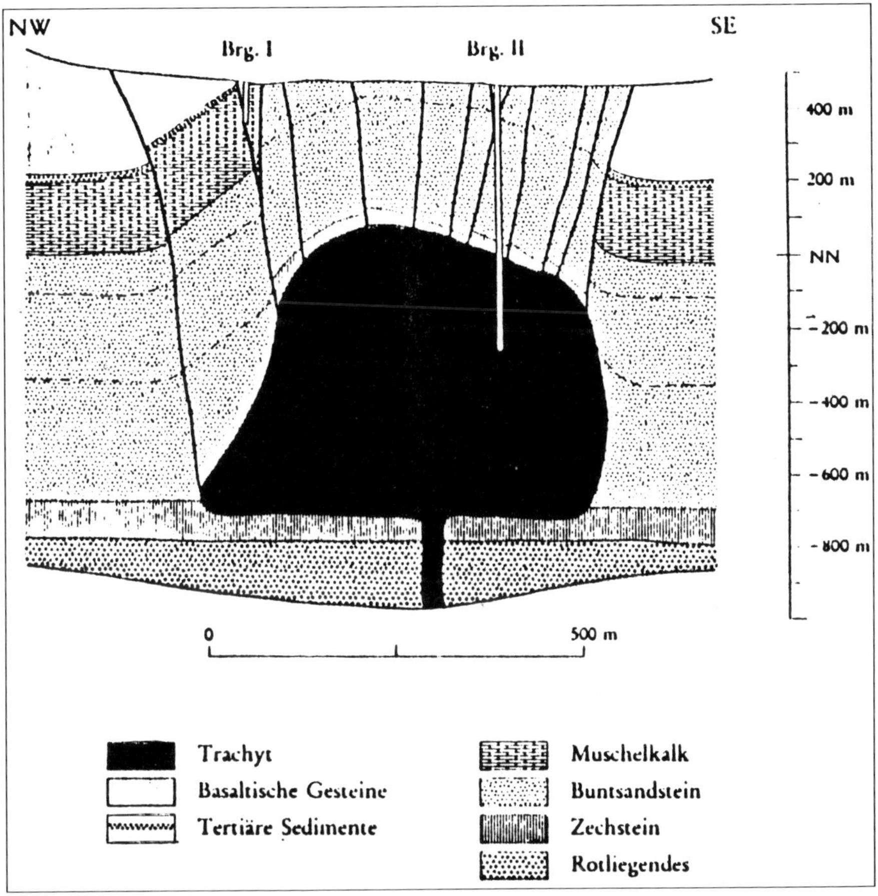

Abb. 74: Möglicher Aufbau der Triasscholle von Bermutshain nach der Intrusion des Trachyts.

Wallroth im W über Hutten bis zum Sparhof im O. Seine höchste Erhebung ist der Huttener Berg (509 m). Seine tiefste Stelle ist der 353 m hohe Paß des Distelrasens. Der Landrücken ist die Wasserscheide zwischen der Weser und dem Main. Wahrscheinlich im Zusammenhang mit der Entstehung des Oberrheingrabens entstanden hier von W nach O gerichtete Spalten, die den Basalt in vier Decken ausströmen ließen. Die Mächtigkeit der Decken betrug ursprünglich insgesamt bis zu 150 m und ist durch die Verwitterung und Abtragung heute bis auf rund 50 m zurückgegangen. Die Basaltdecke hat die unter ihr lagernden Gesteine der Trias und des Tertiärs vor der Abtragung bewahrt. Der Landrücken ist also keine Aufwölbung der Gesteinsschichten, sondern ein stehengebliebener Horst. Der Landrücken ist ein erhebliches

Hindernis für die Eisenbahn. Der 1914 fertiggestellte Schlüchterner Tunnel durchquert den Landrücken und ist 3575 m lang. Er führt die Bahn von Norden in das Tal der Kinzig. Da die Schnellstrecke der Bundesbahn von Hannover nach Würzburg von N her das Tal der Sinn erreichen soll, mußte ein neuer Tunnel zwischen Kalbach – 14 km s Fulda – und Mottgers im Sinntal gebaut werden. Er wurde 1987 fertiggestellt und ist mit 10 748 m der längste Tunnel Deutschlands.

Vom Landrücken erstreckte sich früher eine Basaltdecke, die im Süden über das Schlüchterner Becken hin bis zum Alsberger Plateau bei Salmünster reichte und damit rund 200 km^2 umfaßte. Sie war zweifellos gleichzeitig mit dem Vogelsberg entstanden.

Der Druck der Basaltmassen des Vogelsbergs ist wahrscheinlich die Ursache für das Absinken seiner Randgebiete. Es steht fest, daß der südwestliche Teil des Vogelsbergs und die Wetterau gegenwärtig noch mit einer Rate von 0,2 bis 0,3 mm pro Jahr absinken, was in 100 Jahren zu Senkungen von 2 bis 3 cm führt. Dagegen scheint der östliche Teil des Vogelsbergs keine Senkungstendenzen aufzuweisen, wohl aber seine südöstliche Randzone. Z. B. sind Teile des Kinzigtals von 1885 bis 1937 in 52 Jahren um 22 bis 29 mm abgesunken, was der großen Senkungsrate von 0,49 mm/Jahr entspricht. In Schlüchtern betrug die Senkungsrate in der Mitte dieses Jahrhunderts sogar 1,23 mm pro Jahr. Früher ist der Spessart aufgestiegen, womit er die Absenkungen im Kinzigtal vielleicht »ausgeglichen« hatte.

Vulkanite im südlichen und westlichen Randgebiet des Vogelsberges

Im Süden des Vogelsbergs kam es an seinem Rande auch zu basaltischen Ergüssen. Die Abbildung 75 zeigt einige dieser Vorkommen.

Lange vor der Entstehung des Vogelsbergs ist im Galgenberg von Rothenbergen bei Gelnhausen schon zur Zeit der Kreide vor 78 Mio. J. Basalt aufgestiegen. Die Erdkruste war also schon damals hier Spannungen ausgesetzt. Der bei Horbach vor 49 Mio. J. aufgedrungene Basalt weist gleichfalls darauf hin, er wurde schon auf Abbildung 47 dargestellt. In die Zeit der hauptsächlichen Eruptionen des Vogelsbergs gehört der Basalt des Vogelskopfs bei Wächtersbach, der vor 16,7 bis 14,5 Mio. J. z. T. intrusiv emporgedrungen ist. Östlich der Kinzig kam es im Buntsandstein des Spessarts bei Bad Orb auch zu einigen Basaltausbrüchen, die jedoch als Nachzügler des Vogelsberg-Vulkanismus anzusehen sind, weil sie sich erst vor rund 15 Mio. J. ereignet haben. Es sind das der Beilstein (500 m) und der Hohe Berg (521 m) bei Lettgenbrunn sowie die Gangfüllung des Madsteins. Im Basalt des Beilsteins hat man Einschlüsse von Muschelkalk gefunden, was die frühere Überlagerung des Buntsandsteins durch den Muschelkalk im Spessart beweist. Heute ist das nächste Muschelkalkvor-

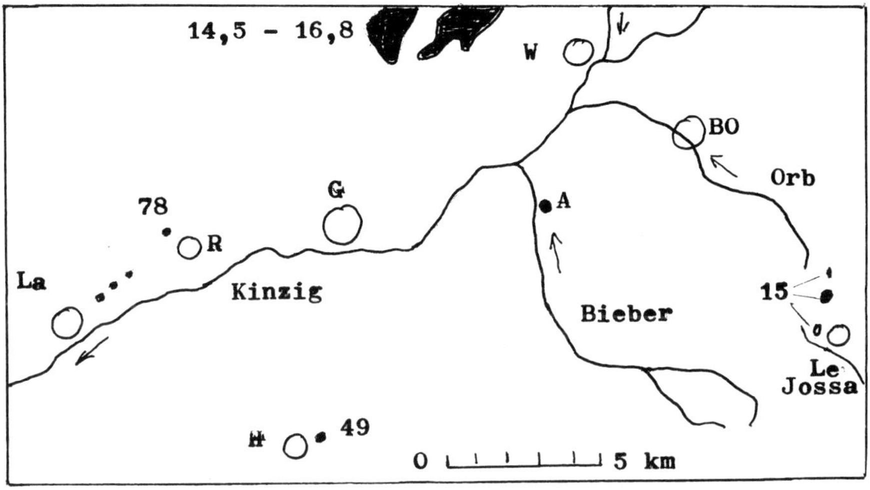

Abb. 75: Die Vulkanite bei Gelnhausen.
A= Alteburgshöhe bei Kassel, BO= Bad Orb, G= Gelnhausen, H= Horbach, La= Langenselbold, Le= Lettgenbrunn, R= Rothenbergen, W= Wächtersbach.
15 Beilstein, Hoher Berg bei Lettgenbrunn, Madstein; 14,4 – 16,8 Vogelskopf bei Wächtersbach; 49 Horbach; 78 Galgenberg bei Rothenbergen.

kommen mindestens 15 km entfernt. Der Basalt der Alten Burg bei der Ortschaft Kassel an der Bieber hat die gleiche Zusammensetzung wie der Basalt des Hohen Berges und deshalb wahrscheinlich auch das gleiche Alter von etwa 15 Mio. J.

Das Ronneburger Hügelland sw des Vogelsberges weist zahlreiche Basaltvorkommen auf, die früher wahrscheinlich einmal eine geschlossene Basaltdecke gebildet haben. Die Ronneburg ist heute eine isoliert dastehende Basaltkuppe. Ein großes Basaltvorkommen, das in mehrere Decken aufgeteilt ist, zieht sich südlich des Mains von Steinheim bis Groß-Auheim hin. Wahrscheinlich ist der Basalt hier wie im Ronneburger Hügelland an Bruchspalten emporgedrungen und hat Decken gebildet. Es ist unwahrscheinlich, daß diese Decken vom hohen Vogelsberg herabgeflossen sind, denn der Basalt hier unterscheidet sich in seiner chemischen Zusammensetzung von dem des Vogelsberges. Dieser Basalt wird als Trappbasalt oder einfach Trapp bezeichnet, weil er aus mehreren übereinanderliegenden Decken aufgebaut ist, die bei der Verwitterung wie Treppenstufen herauspräpariert werden. Die Trappbasalte entstanden bei Spalteneruptionen, bei denen der Basalt nicht aus einem Krater, sondern breitflächig aus einer Spalte strömte. Er ist etwas jünger als der Vogelsbergbasalt und ist unabhängig von dessen Ergüssen vor 17 bis 13 Mio. J. entstanden. Schon die Römer haben den Steinheimer Basalt abgebaut. Das Alter der Basalte von Klein-Steinheim wurde, wie bereits oben erwähnt, zu 13,9 Mio. J. bestimmt. Im Westen des Vogelsberges befindet sich auch ein großes Eruptionsgebiet. Der Trapp füllt hier großflächig das Gießener Becken. Es gibt eine Grenze zwischen dem Vogelsbergbasalt und dem Trapp, und zwar ist es die Seental-Linie. Sie ist in Abbildung 76 dargestellt. Sie erstreckt sich von Nieder-Gemünden über Nidda und Alzenau bis in den Michelstädter Graben des Odenwaldes fort. Der Trapp hat im Gießener Becken eine Landschaft mit zahlreichen Hügeln erzeugt. Die Stadt Friedberg liegt auf einem Trappberg. 8 km östlich von Friedberg mündet die Horloff in die Nidda. Westlich der Horloff befindet sich die Münzenberger Trapp-Platte. Auf ihr liegt der Münzenberg mit der Burg, die man auch als das Wetterauer »Tintenfaß« bezeichnet (239 m). Das Alter des Basalts auf dem Galgenberg westlich von Bad Nauheim wurde zu 16,25 Mio. J. bestimmt. Die Basaltvorkommen bei Gießen und nördlich davon in der Senke zwischen dem Westerwald und dem Vogelsberg zeigt Abbildung 69. Auf dieser Abbildung sind auch die bereits auf Seite 120 erwähnten Basalte des Westerwaldes zu sehen, die ein deutlich höheres Alter haben als die im Gefolge der Entstehung des Vogelsbergs ausgelösten Basaltausbrüche um die Lahn. Genannt seien der Burgberg Staufenberg (10 km nw Gießen) mit 18,6 Mio. J., der Burgberg Gleiberg (4 km nw Gießen) mit 16,6 Mio. J., der Lützelberg bei Odenhausen), (9 km nnw Gießen) mit 15,8 Mio. J., die Napoleonnase bei Launsbach (4 km nnw Gießen) mit 15 Mio. J. und ein ganz später Basaltausbruch am Stoppelsberg südlich von Wetzlar mit nur 9,3 Mio. J., der oben schon einmal beim Taunus erwähnt worden ist. Bei Londorf 15 km nö von Gießen ist die Trappdecke im Tal der Lollar bis zu 90 m mächtig. Bei Beuern 12 km onö von Gießen haben die Geologen auf einen früheren Krater schließen können. Bei Nieder-Ohmen im Tal der Ohm, das etwa 12 km östlich von Londorf liegt, hat man früher Basalteisenstein abgebaut. Der Basalt enthält ungefähr 10 Gewichtsprozente an Eisenerzen, so daß in ihm etwa 7 bis 8 Gewichtsprozente Eisen enthalten sind. Bei der Verwitterung des Basalts kann das Eisen ausgelaugt und schalig konzentriert werden. Das hat an zahlreichen Orten in den hessischen Basaltgebieten dazu geführt, das Eisenerz im Tagebau zu gewinnen. Viele Berg- und Ortsnamen deuten darauf hin. In dem Gebiet von Nieder-Ohmen hatte man den Basalteisenstein in mehreren Gruben im Tage- und Stollenbau gefördert und zur Verhüttung abtransportiert. Die Gruben liegen heute alle still. In der Nähe von Hungen hat man bei Langd auch die Anzeichen für das Bestehen eines früheren Kraters gefunden.

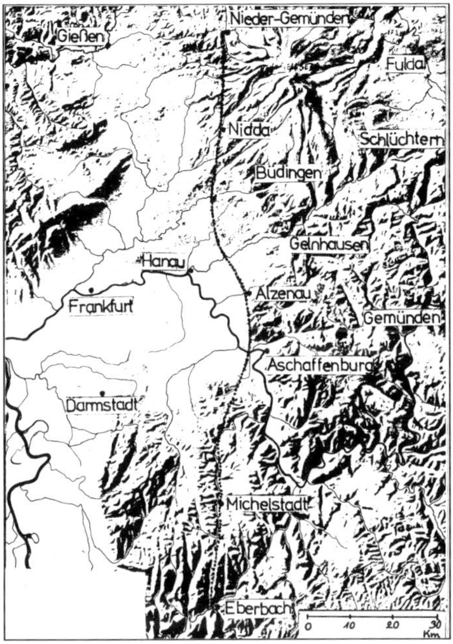

Abb. 76: Die rheinische Störungslinie von Nieder-Gemünden bis Eberbach.

Vulkanite nordwestlich und nördlich des Vogelsberges

Nordwestlich vom Vogelsberg liegt das Amöneburger Becken oder das Ohmbecken. Seine charakteristische Prägung erhält es durch den in seiner Mitte steil aufragenden Basaltkegel der Amöneburg (365 m), die das Ohmtal um etwa 160 m überragt. Das Alter des Basalts der Amöneburg wurde zu 18,4 Mio. J. bestimmt. An mehreren Stellen des heute naturgeschützten Berges sind radial fächerförmig angeordnete Basaltsäulen zu sehen. Besonders an der steilen 20 m hohen Ostwand der Amöneburg sind ungewöhnlich gut ausgebildete Basaltsäulen zu sehen. Die Basaltsäulen entstehen durch einen Schrumpfungsprozeß bei langsamer Abkühlung. Bei der Abkühlung des zunächst schmelz-flüssigen Basalts entstehen Säulen, die 5, 6 oder 7 Seiten aufweisen, seltener auch 4 oder 8. Es liegt nahe, zu vermuten, daß sie immer senkrecht zur früheren Oberfläche und zum Untergrund stehen, weil dort der Abkühlungsprozeß begonnen hat. Der Würzburger Geologe Rutte schließt sich dieser Vermutung allerdings nicht an, er bezeichnet eine Orientierung der Längsachse einer Säule auf die Abkühlungsfront als Zufall. Die meisten Geologen sehen die oben geschilderte Annahme jedoch als berechtigt an.

Danach kann eine Decke die in Abbildung 77 unter A gezeichnete Form haben. Falls die Temperaturen in der Luft und im Boden gleichgroß gewesen

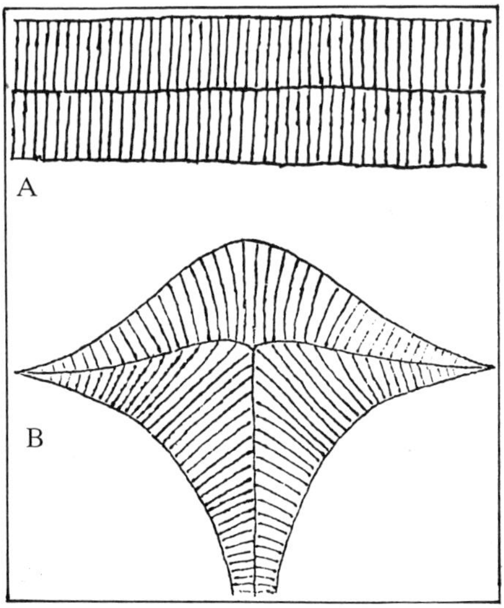

Abb. 77: Basaltsäulen.

sind, müßten sich zwei Lagen von Säulen in der Mitte treffen. Eine Basaltkuppe könnte die in Abbildung 77 unter B gezeichnete Struktur haben, bei der auch gekrümmte Säulen möglich sind. Im Raum können sich naturgemäß noch kompliziertere Strukturen entwickeln, wie sie in der Natur auch vorhanden sind.

Die in der Titelei dieses Buches zu sehende Zeichnung zeigt die komplizierte Stellung der Basaltsäulen des Hangarsteins am Dörnberg bei Kassel. Die Zeichnung stammt von Prof. Dr. Möhl, er hat sie am 12.9.1867 angefertigt. Durch den Abbau des Basalts sind gegenwärtig nur noch Reste davon vorhanden. Die bemerkenswerte kammartige Aufwölbung der Basaltsäulen ist in Abbildung 77 im unteren Teil dargestellt. Die aus den Klüften des Basalts der Amöneburg am Nordhang ausströmende warme Luft verhindert, daß dort Schnee liegen bleibt. Der Basalt von Schweinsberg östlich von Amöneburg ist 17,5 Mio. J. alt, der des Großen Badensteins bei Bracht (14 km nnw Marburg) 16,3 Mio. J., der von Rüdigheim (unweit der Amöneburg) 16 Mio. J. und der des Stempels (4 km sö Marburg) 15,3 Mio. J.

An das Ohmbecken schließt sich im Osten das Ziegenhainer Becken an, das von ihm durch den Neustädter Sattel abgegrenzt wird, der die Wasserscheide zwischen Main und Weser ist. Es wird von der mittleren Schwalm durchflossen, ist von tertiären Tonen und Sanden bedeckt und hat mehrere Basaltkuppen. Die höchste ist die Landsburg (375 m) – 6 km n Treysa-Ziegenhain-Schwalmstadt. Sie ist am Buntsandsteinrand entstanden. Was die übrigen Basaltvorkommen der hessischen Senke betrifft, so sind sie mit ihrem Alter in Abbildung 78 dargestellt worden.

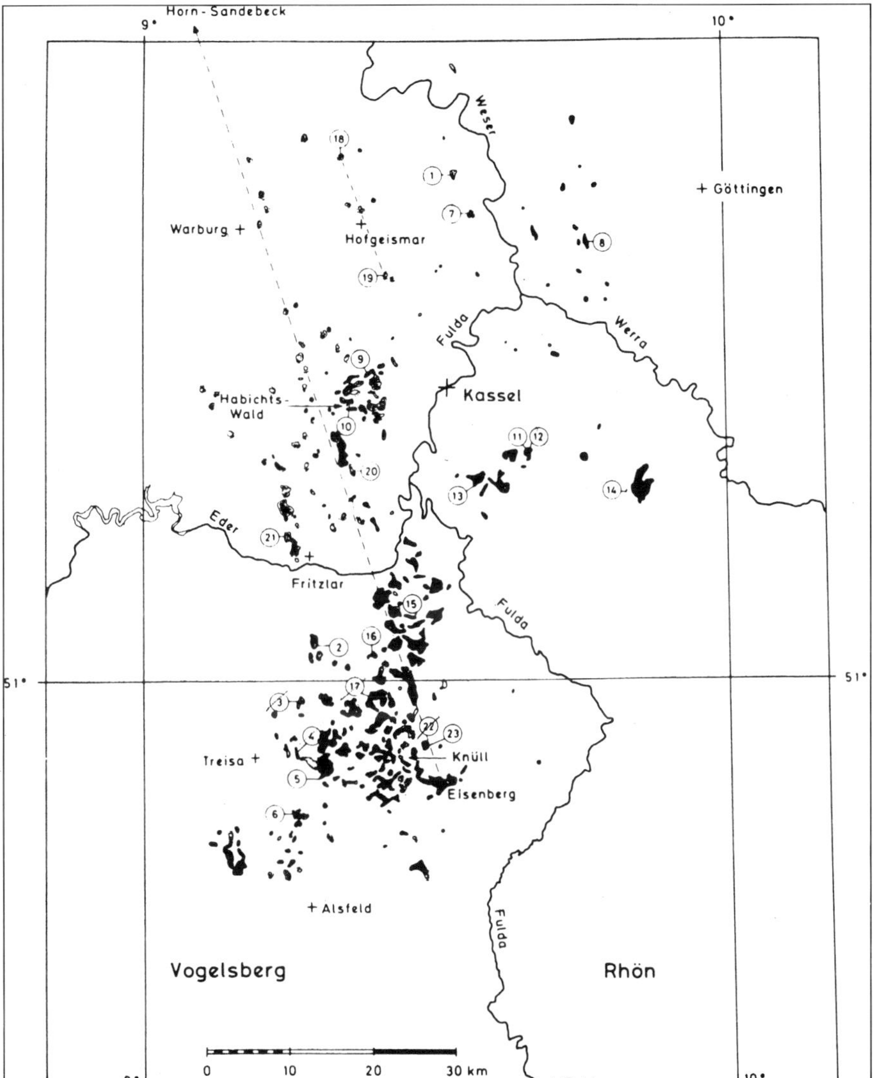

Abb. 78: Die Vulkanite der mittel- und nordhessischen Senke.

Im Süden liegt westlich das Ziegenhainer Becken. Der Basalt des Bockshorns bei Röllshausen ist 17,1 Mio. J. alt, der des Buschhorns bei Neuenhain 15,7 Mio. J., der des Kottenbergs bei Ziegenhain 11,4 Mio. J. und der des Hornbergs bei Steina 10,7 Mio. J.

Im Osten grenzt das Ziegenhainer Becken an den Knüll. Er ist nach dem

Vogelsberg und der Rhön die flächengrößte Basaltmasse Hessens. 2 km wnw von Schwarzenborn erhebt sich das Knüllköpfchen (634 m) und 6 km osö der Eisenberg (535 m) als höchste Basaltkuppe. Er ist mitten in einem Graben variskischer Richtung emporgequollen, der sich von Weißenborn bis Raboldshausen erstreckt. In ihm sind Gesteine des Buntsandsteins und des Muschelkalks eingesunken. Die vulkanische Tätigkeit im Knüll erfolgte gleichzeitig mit der des Vogelsberges. Sie begann vor 19,7 Mio. J. und endete vor 10 Mio. J. An Altersbestimmungen seien genannt: Wehrholz bei Siebertshausen 13,5 Mio. J., Waldknüll bei Schwarzenborn 10,2 Mio. J. und Rinnebach bei Hülsa 8,2 Mio. J. Im NW geht der Knüll in das Homberger Bergland über, das auch viele Basaltkuppen hat. 3,5 km osö von Homberg an der Efze ist in großen Steinbrüchen Basalttuff aufgeschlossen. Die Steinbrüche stehen jetzt unter Naturschutz, weil sie zu den versteinerungsreichsten Aufschlüssen von Hessen gehören.

Man fand z. B. nahe Holzhausen am Eichelskopf pflanzliche Fossilien: Zimtbaum, Feige, Walnuß, Amberbaum, Hickorynuß, Magnolie, Eiche und Platane, was auf ein subtropisches Klima schließen läßt. 2 km nördlich von Homberg an der Efze liegt Mardorf. Bei ihm lagern eisenschüssige Miozänsande, deren Ausräumung der überlagernde Basalt verhindert hat. Das auf Muschelkalk liegende Eisenerz ist bis 1954 abgebaut worden. Nnw von Homberg befindet sich die Ebene von Wabern, die von der Eder und der Schwalm durchflossen wird. Auf den Basaltkuppen stehen meist die Ruinen alter Burgen. Man hat folgende Basaltalter festgestellt: Borken (Söhrestraße) 19,7 Mio. J., Kehrenberg im Mosheimer Wald 13,5 Mio. J., Stellberg bei Homberg 11,1 Mio. J. und Hellenberg bei Fritzlar 13,7 Mio. J.

Die niederhessische Senke, die sich nach Norden anschließt, hat auch zahlreiche Basaltvorkommen. Im Westen umsäumen einige Basaltkuppen den sich in rheinischer Richtung von Wolfhagen bis nach Fritzlar erstreckenden Graben, z. B. die Weidelsburg (492 m) bei Naumburg, die auf Buntsandstein ruht. 3 km nördlich von Wolfhagen zweigt bei Elmarshausen von dem Volkmarser Graben der in W-O-Richtung verlaufende Kasseler Graben ab. Er kreuzt die von S nach N gehende niederhessische Senke. An der Kreuzung sind große Basaltmassen aufgedrungen. Sie bilden den westlich von Kassel liegenden Habichtswald mit dem Bergpark der Wilhelmshöhe. Die Eruptionen im Habichtswald erfolgten im mittleren und oberen Miozän vor 13,5 bis 7,2 Mio. J. Auf den oligozänen und miozänen Tonen und Sanden ruhen Tuffe, Tuffite und Basaltdecken. Die tertiären Ablagerungen enthalten auch zahlreiche Braunkohlenvorkommen. Die Basisfläche der Vulkane liegt etwa 450 m hoch. Die höchste Erhebung des Habichtswaldes ist die Basaltdecke vom Hohen Gras (615 m). Die Abbildung 79 zeigt einen Querschnitt durch das Hohe Gras, der von N nach S geführt worden ist.

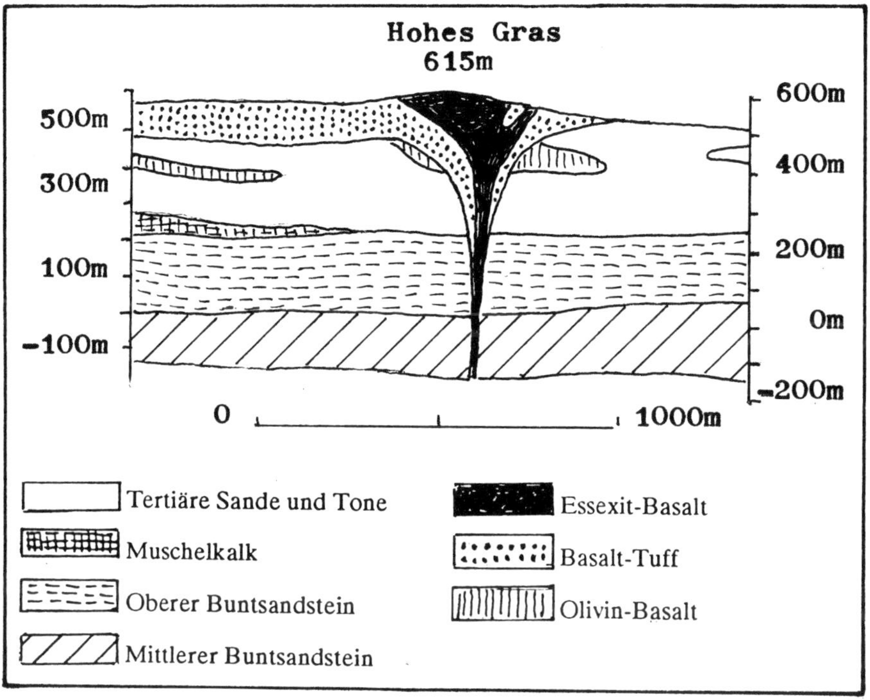

Abb. 79: Querschnitt durch das Gelände beim Hohen Gras.

Auf dem mittleren und oberen Buntsandstein, z. T. auch noch auf Muschelkalk, lagern tertiäre Tone und Sande. Sie umschließen den teilweise als Intrusion eingedrungenen Basalt. Eine mächtige Schicht von Basalttuff lagert darüber, durch die der Olivin-Basalt aufgestiegen ist und die Kuppe vom Hohen Gras bildet.

Im Bergpark der Wilhelmshöhe sind die Löwenburg und der Herkules aus Basalttuff erbaut worden. Dies Gestein konnte zwar an Ort und Stelle abgebaut werden, ist aber für Bauwerke wegen seiner lockeren Struktur nicht geeignet. Altersbestimmungen haben ergeben: Oberes Ahnatal im Habichtswald 14,3 Mio. J., Bensberg des Langenbergs bei Niederzwehren 12,1 Mio. J. und Hohes Gras 9,8 Mio. J. Der Schlot vom Hohen Gras zeichnet sich im erdmagnetischen Feld deutlich ab. Das erdmagnetische Feld weist aus, daß sich zwei weitere Basaltschlote beim Brasselsberg und bei dem 1 km ssw davon gelegenen Birkenkopf befinden. Am Rande des Habichtswaldes erheben sich die Basaltkuppen des Dörnbergs (579 m), des Bärenbergs (601 m) und des Isthabergs (518 m) bei Wolfhagen. Nördlich vom Dörnberg befindet sich der markante Basaltfelsen der Helfensteine, der sich bis zu 40 m über die Umgebung erhebt. Unweit des Dörnbergs ragt auch noch der 30 m hohe Basaltkegel der Wichtelkirche auf, der eine im Muschelkalk entstandene Spalte ausgefüllt hat. Im Norden von Kassel befinden sich auch noch die Basaltberge des Gahrenbergs (472 m), Staufenbergs (472 m) und der Sababurg im Reinhardswald. Der Basalt hat dort folgendes Alter: Sababurg 19,7 Mio. J., Staufenberg 15,3 Mio. J., Burgberg bei Grebenstein 10,9 Mio. J. und Hoher Berg bei Bühne 8,6 Mio. J. Diese Berge liegen westlich der Weser. Auch auf dem Ostufer der Weser, im Bramwald, begleiten Basaltberge den hier beginnenden Leinetalgraben. Die höchste Erhebung des Bramwaldes ist der Hohe Hagen (608 m), er liegt 10 km nö von Hannoversch-Münden. Sein Basalt ist 11,9 Mio. J. alt.

All diese nördlichen Basaltberge sind auf rheinischen Schwächezonen entstanden. An den Habichtswald schließen sich nach Süden u. a. an die Langenberge (536 m) sowie mehrere von Burgen gekrönte Basaltkuppen wie z. B. der Gudensberger Schloßberg (306 m) und die Burg Felsberg. Auch der langgestreckte Odensberg (388 m) besteht aus Basalt. Neben der Autobahn von Kassel nach Fritzlar erhebt sich bei Gudensberg etwa 40 m über seine Umgebung der wildzerklüftete Basaltfelsen des Scharfensteins (304 m). Er ist als Gangfüllung im Buntsandstein entstanden und durch dessen Verwitterung freigelegt worden. Eine zweite Gangfüllung ist der Basaltfelsen des Madersteins am Ortsrand von Maden, der seine Umgebung etwa 20 m überragt. Auf dem östlichen Stufenrand der niederhessischen Senke ist auf dem Buntsandstein der Heiligenberg (393 m) bei Gensungen als Basaltkuppe entstanden, er überragt die Ebene hier um rund 250 m. In dem Winkel zwischen der hessischen Senke und dem Kasseler Graben sind in der Söhre u. a. der Stellberg (436 m), der Belger Kopf (497 m) und der Bielstein als Basaltkuppen entstanden. Der 641 m hohe Bielstein erhebt sich bei Helsa, das Alter seines Basalts ist zu 13,7 und 13,1 Mio. J. bestimmt worden. Der Ölberg bei Wattenbach ist 12,5 Mio. J. alt. Die basaltischen Ergüsse begannen in diesem Raum vor 14 Mio. J. und endeten vor 9 Mio. J. Der oben erwähnte Leinetalgraben setzt sich nach S fort und kreuzt den Kasseler Graben in der Gegend von Großalmerode. An der Kreuzung sind wiederum große Basaltmassen emporgedrungen. Eine der Ursachen war auch die hier erfolgte Hebung des tertiären Untergrundes bis zu 700 m. Es sind die großen Kuppen vom Hirschberg (643 m) und vom Meißner (754 m), dem »König der hessischen Berge«. Er überragt die Werra-Niederung um 600 m. Die Basaltdecke des Meißners ist heute noch bis zu 160 m mächtig. Der Meißner-Basalt ist 11,2 Mio. J. alt. Er war ursprünglich in eine tertiäre Senke geflossen. Durch die Verwitterung der tertiären Tone und Sande neben der Basaltdecke wurde später der Basalt herauspräpariert, so daß hier eine Reliefumkehr stattgefunden hat. An der Kitzkammer sind besonders regelmäßig ausgebildete und meist sechskantige waagerecht liegende Basaltsäulen zu sehen. Die Abbildung 80 zeigt einen von NW bei Lauderbach

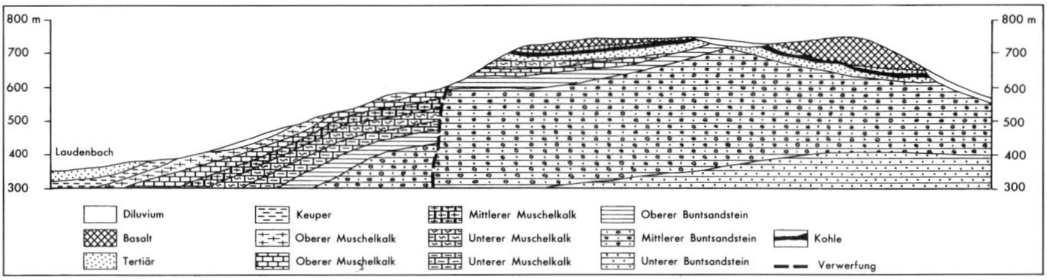

Abb. 80: Geologisches Profil durch den Hohen Meißner.

ungefähr nach SO in Richtung auf Germerode geführten Querschnitt durch die Mitte des Meißners. Der Querschnitt hat zweifache Überhöhung. Links befindet sich ein Teil des von SW nach NO streichenden großen Grabens. Die Gesteine sind hier gegenüber denen des Meißner-Plateaus an einer Verwerfung um etwa 160 m abgesunken. Der Basalt ist hier bis zu 90 m mächtig. Darunter lagerte die Braunkohle in einer Mächtigkeit von etwa 10 bis 15 m in den tertiären Ton- und Sandschichten. Sie ist seit 1560 unter Tage abgebaut worden. Nach dem Zweiten Weltkrieg ist man jedoch zum Tagebau übergegangen. Dadurch sind dem Plateau des sonst unter Naturschutz stehenden Meißners große Wunden geschlagen worden. 1974 wurde der Bergbau eingestellt.

An einigen Klüften des Meißners strömt aus den »Stinklöchern« Schwefeldioxid-haltige Luft. Sie entsteht durch wahrscheinlich von Bakterien verursachte Selbstentzündung der Braunkohle. Ähnlich den Eislöchern der Dornburg im Westerwald, die auf Seite 121 erwähnt worden ist, gibt es auch am Meißner Eislöcher und eine Eisquelle. Diese hat an heißen Sommertagen eine bis auf 1° absinkende Temperatur. Als Ursache gilt ein in den Hohlräumen des Blockmeeres aufsteigender und sich dabei durch Verdunstung abkühlender Luftstrom, der auch das herabtropfende Wasser stark abkühlt. Beim Meißner hat man das erdmagnetische Feld vermessen und daraus Schlüsse auf die vulkanischen Schlote ziehen können.

Die Abbildung 81 zeigt schwarz schraffiert das Basaltplateau des Meißners. Die Basaltausdehnung war früher aber erheblich größer, was die vielen Blockfelder an den Hängen beweisen. Die Linien des erdmagnetischen Feldes sind gestrichelt eingezeichnet. Da sie im allgemeinen die Aufstiegswege des Basalts umschließen, kann man auf deren Lage schließen. Man erkennt vier Schlote. Im Norden ist es ein von Westen nach Osten orientierter Spalt, in der Mitte ein elliptisch geformter Schlot. Im Süden liegen zwei dicht nebeneinander liegende elliptische Aufstiegswege vor.

Ein bemerkenswerter Basaltberg ist auch die einsam auf dem unteren Buntsandstein stehende Blaue Kuppe (339 m), die 3,5 km s von Eschwege steht. Sie ist im Zusammenhang mit der in NW-SO-Richtung durch den Ringgau verlaufenden Fortsetzung des Kasseler Grabens entstanden, der im

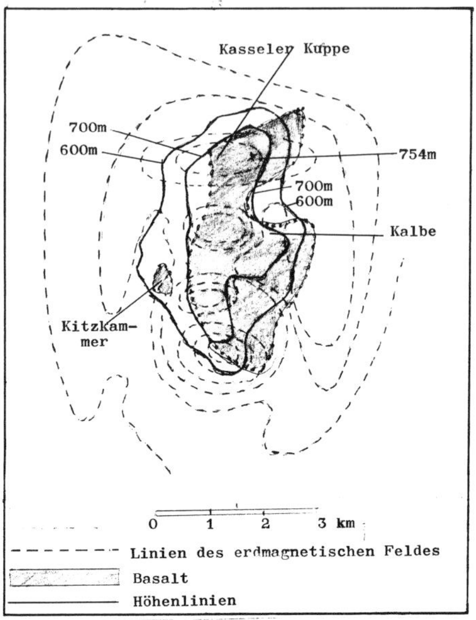

Abb. 81: Der Meißner.

SO zum Thüringer Wald geht. Die Blaue Kuppe ist ein im Buntsandstein steckengebliebener Basaltpfropf, der bis 1910 als Steinbruch gedient hat und dann unter Naturschutz gestellt worden ist. Hier kann man beobachten, wie das einst heiße Magma den angrenzenden Buntsandstein entfärbt und gefrittet (verglast) hat. Die Blaue Kuppe ist auch eine Fundstätte für viele Mineralien, die durch das Magma und seine heißen Gase gebildet worden sind. U. a. fand man hier den Edelstein Granat, ferner Aragonit, Natrolith, Apatit und Cristobalit sowie Tridymit. Die Blaue Kuppe ist ein wissenschaftshistorischer Ort. Bedeutende Geologen haben die Blaue Kuppe besucht, unter ihnen auch Alexander von Humboldt. Zu dessen Zeit waren die Geologen über die Entstehung der Gesteine in zwei Lager gespalten. Die Neptunisten nahmen an, daß mit Ausnahme der aus tätigen Vulkanen zutagetretenden Gesteine alle anderen Gesteine im Meer abgesetzt oder auskristallisiert worden seien. Dieser Anschauung neigte auch Goethe zu. Die Plutonisten glaubten indessen, daß sich alle Gesteine aus dem schmelzflüssigen Magma entwickelt hätten.

Um die Entstehung des Basalts zu klären, forderte ein Mann namens B. C. Faust 1784 im »Journal von und für Deutschland« die deutschen Fürsten auf, das Innere eines Basaltberges, in welchem er feuerspeiende Schlünde ahnte, durchwühlen zu lassen«. Er schlug dafür den Meißner vor! Alexander von Humboldt war ursprünglich ein Neptunist. Seine u. a. auch an der Blauen Kuppe gemachten Beobachtungen brachten ihn aber zu der Erkenntnis, daß auch der Plutonismus seine Berechtigung habe. In seinen

Vorlesungen an der Universität Berlin 1827/28 und in seinem 1845 erschienenen Werk »Kosmos« hat er die Blaue Kuppe erwähnt. Der Satz wird hier wiedergegeben, obwohl er keinen direkten Bezug zu dem Streit zwischen den Neptunisten und Plutonisten hat:

»Basaltausbrüche, wo ihnen tief nachgespürt worden ist, hat man mehrmals in schmalen Zapfen endigen sehen. Aus engen Oeffnungen emporgequollen, wie (um nur drei vaterländische Beispiele anzuführen) in der Pflasterkaute bei Marksuhl (2 Meilen von Eisenach), in der blauen Kuppe bei Eschwege (Werra-Ufer), und am Druidenstein auf dem Hollerter Zuge (Siegen), durchbricht der Basalt bunten Sandstein und Grauwackenschiefer, und breitet sich nach oben zu wie der Hut eines Pilzes in Kuppen aus, die bald gruppenweise in Säulen gespalten, bald dünn geschichtet sind.«

Was die Zeit der Vulkantätigkeit in der niederhessischen Senke betrifft, so haben die Ausbrüche hier vor allem in der Zeit vor 21 bis 7 Mio. J. stattgefunden, also relativ spät.

Das Quartär

Das Quartär ist die jüngste Periode der Erdgeschichte. Es begann nach der »klassischen« Definition der letzten Jahrzehnte vor 1,8 Mio. J. Die modernen Forschungen führten jedoch dazu, den Beginn schon vor 2,5 Mio. J. anzusetzen. Zu dieser Zeit begann die scharfe Abkühlung des Erdklimas, eine kräftige Senkung der Jahres-Mittel-Temperatur zum Klima der Eiszeit, dem Hauptabschnitt des Quartärs.

Das Quartär wird in die Eiszeit und in die Jetztzeit gegliedert, fachlicher ausgedrückt in das »Pleistozän« und das »Holozän«. Diese Benennungen sind analog zu den Bezeichnungen für die Abschnitte des Tertiärs und bedeuten wörtlich »Meist-Leben« und »Ganz-Leben«.

Das Eiszeitalter

Das Pleistozän oder Eiszeitalter begann vor 2,5 Mio. J. und endete vor rund 10 000 Jahren. Es wird auch noch mit anderen Namen bezeichnet: Diluvium, Glazialzeit und Eiszeit. Die Eiszeit war eine Epoche deutlicher Klimaabkühlung gegenüber dem Tertiär und eine Epoche ausgeprägter Klimaschwankungen. Diese führten dazu, daß sich in Kaltzeiten Gletschereis vor allem auf der Nordhalbkugel der Erde sehr weit in vorher wärmeren Regionen ausbreitete, das in den darauf folgenden Warmzeiten dann wieder abschmolz. Die Erde ging in die Eiszeit mit einer polaren Eiskappe über der Antarktis, die sich schon 15 Mio. J. vorher gebildet hatte. Grönland war zu Beginn der Eiszeit möglicherweise noch eisfrei. Über Skandinavien, dem arktischen Nordamerika und den Hochgebirgen bildeten sich große Eisschilde, die nur teilweise in den Warmzeiten verschwanden und von denen die Vergletscherungen ausgingen. Welches Ausmaß sie annahmen zeigt die Tatsache, daß in mindestens einer Kaltzeit das nordeuropäische Inlandeis sogar bis nach Leipzig vordrang. In den Warmzeiten war es oft ebenso warm oder gar wärmer als heute. Wir leben gegenwärtig vermutlich in einer Warmzeit, die eines Tages wieder in eine Kaltzeit übergehen wird.

Über die Ursachen der Eiszeit ist bisher nichts Sicheres bekannt. Man kann jedoch davon ausgehen, daß Änderungen der Sonneneinstrahlung im Zusammenhang mit gesetzmäßig verlaufenden Veränderungen der Erdbahn eine Rolle spielen. Dazu gehören Schwankungen der Exzentrizität der Erd-

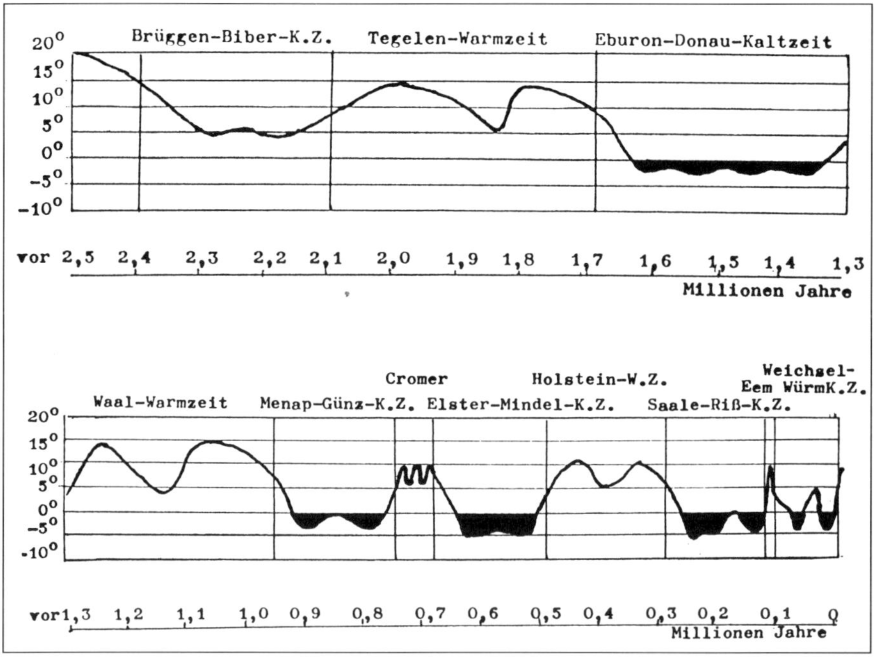

Abb. 82: Der Verlauf der durchschnittlichen Jahrestemperatur gegen Ende des Tertiärs und während des Pleistozäns in Hessen.

bahn, zeitliche Verlagerungen des sonnennächsten und sonnenentferntesten Punktes der Erdbahn sowie Schwankungen der Neigung der Erdachse gegen ihre Umlaufbahn.

Für die Geologie von Hessen hat die Frage des genauen Beginns keine Bedeutung, denn Hessen lag während des ganzen Pleistozäns im nicht vergletscherten »periglazialen« Bereich zwischen dem von Skandinavien gekommenen Inlandeis und den Gletschern der Alpen und des Schwarzwaldes.

Ein Überblick über das Geschehen in der Eiszeit in Europa wird im Folgenden nach einer 1990 von Liedtke veröffentlichten Darstellung gegeben, die eine zeitliche Gliederung des Eiszeitalters enthält. Diese Darstellung stellt jedoch nur eine Zwischenbilanz der modernen Eiszeitforschung dar und ist wahrscheinlich noch nicht endgültig. Liedtke hatte 1986 schon einmal eine zeitliche Gliederung des Eiszeitalters veröffentlicht. Die dort angegebenen Zahlen weichen zum Teil von den 1990 angegebenen Zahlen erheblich ab, in einem Fall bis zu 248 000 Jahren! Liedtke bemerkte zu seiner Tabelle von 1990: »Sie faßt den gegenwärtigen Stand (der Forschung) zusammen.« Die Kalt- und Warmzeiten tragen alle zwei Namen, weil sie einmal im Alpenvorland und zum anderen in Norddeutschland erforscht worden sind.

Ihre vollständige Übereinstimmung ist jedoch noch offen. Die von Liedtke angegebene Tabelle über den Temperaturverlauf in der Eiszeit ist für ein Gebiet mit der gegenwärtigen Durchschnittstemperatur 10° Celsius aufgestellt. Da Hessen eine solche von 8° hat, sind in der Abbildung 82 die Temperaturen gegenüber denen von Liedtke um 2° niedriger angesetzt worden. Außerdem ist die zeitliche Folge gegenüber der von Liedtke gewählten Darstellung entzerrt worden. Die Abbildung 82 zeigt die Kurve des Temperaturverlaufes.

Während am Ende des Tertiärs vor 2,5 Mio. J. die Durchschnittstemperatur noch bei 20° gelegen hatte, war sie vor 2,4 Mio. J. in Hessen auf 13° gesunken. Es kam nun zu einer ersten Kaltzeit. Sie wird im norddeutschen Raum als Brüggen- und im süddeutschen Raum als Biber-Kaltzeit bezeichnet. Sie dauerte 370 000 Jahre und ließ die Temperatur bis auf etwa 5° sinken. Dadurch sind naturgemäß keine besonderen Wirkungen zustandegekommen. Ihr folgte eine sehr lange Warmzeit, die Tegelen-Warmzeit. Sie begann vor 2,1 Mio. J. und endete nach einer Dauer von 400 000 Jahren vor 1,7 Mio. J. Sie war im Durchschnitt noch etwas wärmer als die Gegenwart.

In der darauffolgenden Eburon- bzw. Donau-Kaltzeit sank die mittlere Jahrestemperatur gering unter Null Grad, aber auch das hat noch keine wesentlichen Veränderungen in der Natur bewirken können. Nachdem diese Kaltzeit 400 000 Jahre angehalten hatte, trat vor 1,3 Mio. J. eine neue Warmzeit ihre Herrschaft an, die Waal-Warmzeit. Sie war ebenso warm wie die Gegenwart. Vor 950 000 Jahren setzte dann die Menap- bzw. Günz-Kaltzeit ein. Sie währte 200 000 Jahre und ließ die Temperatur im Durchschnitt immerhin schon auf minus 1 bis 2° sinken, womit in Hessen jedoch noch keine besonderen Wirkungen zustandekommen konnten. Es folgte die Cromer-Warmzeit mit einer Dauer von 62 000 Jahren, in der die Temperatur etwa der gegenwärtigen entsprach. Das änderte sich jedoch vor 688 000 Jahren. Die nun einsetzende Elster- bzw. Mindel-Kaltzeit hat durchschnittliche Jahrestemperaturen bis zu minus 5° gehabt, und 120 000 Jahre lang stieg die mittlere Temperatur offenbar nie über 0°. Infolgedessen kam es in Europa zu einer mächtigen Bedeckung mit Eis. Von Skandinavien aus, über dem sich eine bis zu 3000 Meter mächtige Eisschicht entwickelte, strömte das Eis als Inlandeis in weite Gebiete von Nord- und Mitteldeutschland hinein. Im Westen gelangte das Eis über die Nordsee bis nach Südengland. Im Osten überflutete es große Teile vom europäischen Rußland. Die Abbildung 83 zeigt das.

Auch von den Alpen gingen Gletscherströme aus und kamen im Norden etwa bis Augsburg und München. Die Abbildung 84 zeigt die Verhältnisse in Deutschland, hier sind die eisbedeckten Zonen im Unterschied zur vorigen Abbildung schraffiert worden, um das eisfreie Gebiet besser erkennen zu können.

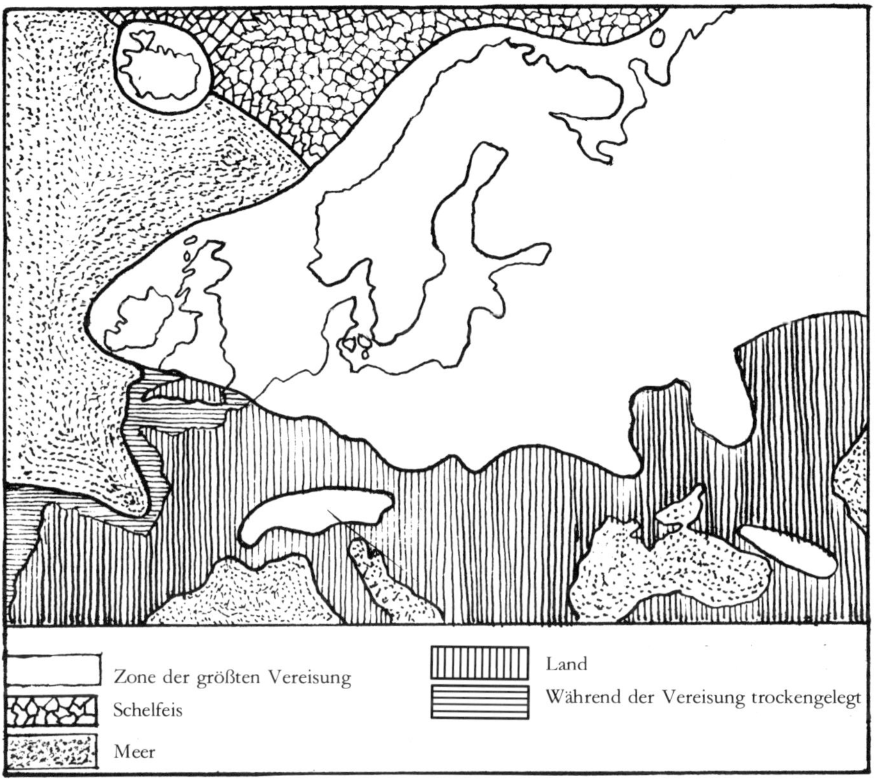

Abb. 83: Europa während der Elster-Mindel-Kaltzeit.

Zu ihm gehörte ganz Hessen. Eine genaue Abgrenzung der eisbedeckten und eisfreien Gebiete ist nicht überall möglich. Die in der Literatur vorhandenen Zeichnungen weichen mehr oder weniger voneinander ab. Nördlich von Hessen dürfte die Grenze im Raum Soest-Lippstadt gelegen haben, hier ist Geschiebelehm abgelagert worden, den die Gletscher gebracht hatten. Diese Vorkommen sind rund 25 km von der hessischen Diemel-Grenze entfernt. Im NO von Hessen lief die Grenze wahrscheinlich so, daß der Harz zwar noch zur eisfreien Zone gehörte, jedoch eigene Gletscher trug.

Im Osten von Hessen hatte der Thüringer Wald den Eismassen einen Riegel vorgeschoben. Von dem am weitesten nach Osten vorspringenden Werra-Knie zwischen Treffurt und Kreuzburg war die Eisgrenze etwa 7 km entfernt. Die Jahresdurchschnittstemperatur sank in Hessen auf minus 4 bis 5°. Das Land wurde in eine der Tundra Sibiriens ähnliche Steppe verwandelt, die kaum Bäume und überhaupt nur geringen Pflanzenwuchs aufwies. Das subpolare Klima ließ nur wenige Niederschläge zu. Der Boden war schnee-

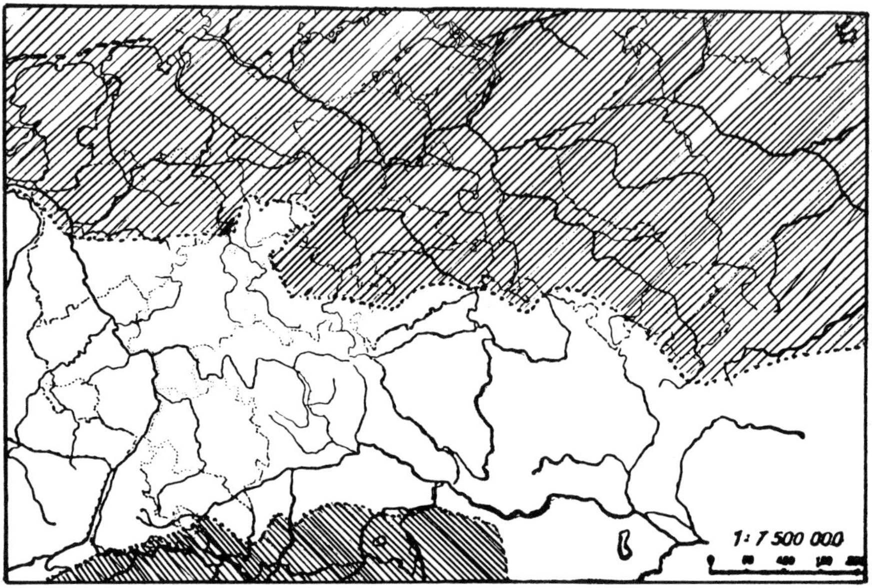

Abb. 84: Deutschland während der Elster-Mindel-Kaltzeit.

bedeckt und tief gefroren. Bei Göttingen, am Rande des Eises, gefror er zeitweise bis zu 8,8 m Tiefe. Während der Elster- bzw. Mindel-Kaltzeit herrschte kein gleichbleibendes Klima, sondern es gab mehr oder weniger kalte Perioden. Am kältesten war es, wie man aus dem Verlauf der Temperaturkurve entnehmen kann, vor rund 632 000 und 539 000 Jahren. Das waren die Hochglaziale A und B der Elster- bzw. Mindel-Kaltzeit. Ihr folgte vor 502 000 Jahren die 205 000 Jahre währende Holstein-Warmzeit, in der die Temperatur im Mittel wieder fast der gegenwärtigen entsprach.

Der Wechsel von Kalt- und Warmzeiten hatte bei den Flüssen eine große Wirkung. In einer Kaltzeit trugen sie immer viel Schlamm und Geröll talwärts, so daß sich in ihren Betten und an ihren Ufern große Ablagerungen ansammelten. In der darauffolgenden Warmzeit, in der durch das Abschmelzen von Eis und Schnee die Wassermengen größer wurden, konnten diese das Bett teilweise freiräumen, so daß sich die Flüsse tiefer einschnitten und die Ablagerungen der Kaltzeit an den Ufern als sogenannte »Terrasse« hinterließen. Darauf wird bei der Erörterung der Flußgeschichte noch einmal eingegangen. Für die Flußgeschichte wichtig ist auch die Tatsache, daß in den Kaltzeiten weltweit der Meeresspiegel sank, weil große Wassermengen als Eis auf dem Festland festgehalten wurden. Die Absenkung war beträchtlich, sie ist für die jüngste Kaltzeit, die Weichsel- oder Würm-Kaltzeit mit 125 m fixierbar! Infolgedessen konnte sich das Gefälle aller in das Meer

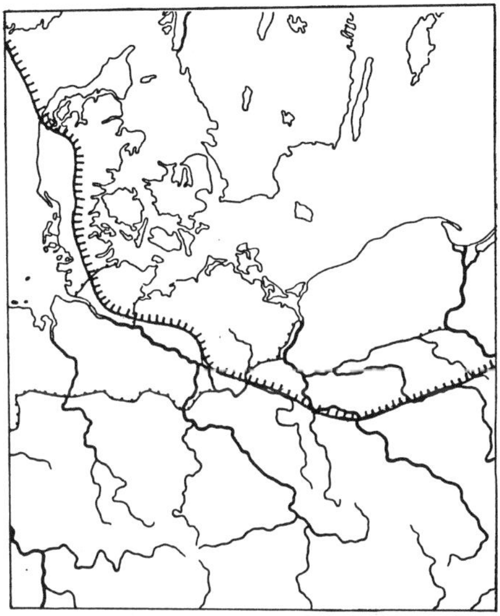

Abb. 85: Die Eisgrenze im Norden Deutschlands während der Weichsel-Kaltzeit.

mündenden Flüsse beträchtlich erhöhen. Auch darüber wird noch einmal unten berichtet.

Vor 297 000 Jahren kam es zu einer neuen, der Saale- bzw. Riß-Kaltzeit. Sie dauerte 169 000 Jahre und wies drei Hochglaziale auf: A vor 258 000, B vor 219 000 und C vor 159 000 Jahren. Sie endete vor 128 000 Jahren. Die Durchschnittstemperatur sank in dieser Zeit auf etwa minus drei Grad. Das hatte einen neuen Eisvorstoß zur Folge. Die Grenze zwischen den Eismassen und den eisfreien Gebieten wich zwar hier und da von der Eisgrenze der vorigen Kaltzeit ab, hatte im großen und ganzen aber einen ähnlichen Verlauf. Die nachfolgende Eem-Warmzeit dauerte nur 13 000 Jahre, sie ließ die mittlere Jahrestemperatur etwa auf den heutigen Stand ansteigen. Im hessischen Oberrheintal wuchsen Eichenwälder, am Rhein und seinen Nebenarmen Erlenwälder, in den Wäldern trompeteten Elefanten und in den Rheinarmen suhlten sich Nilpferde.

Vor 115 000 Jahren begann dann die Weichsel- oder Würm-Kaltzeit, in der die Jahresdurchschnittstemperatur bis zu minus 4° absank. Im Alpenvorland und in Norddeutschland stießen die Gletscher wieder vor, doch nicht so weit wie früher. In Norddeutschland lag die äußerste Eisgrenze noch nördlich von Hamburg, sie lief dann durch den Raum von Berlin. Die Abbildung 85 zeigt die Grenze der letzten Vereisung im Norden Europas. Von Hessen blieb das Eis rund 300 km entfernt.

Über die Pflanzen- und Tierwelt der Eiszeit in Mitteleuropa geben zahlreiche Funde Auskunft, immer wieder tauchen aus Kiesgruben neue Knochenreste auf. Eine besonders berühmte Fundstelle sind die Mosbacher

Sande (heute im Stadtbereich von Wiesbaden), wo man seit 1845 die Fossilien gesammelt und bis heute schon 61 Säugetierarten entdeckt hat. Fauna und Flora sind naturgemäß in Kalt- und Warmzeiten ganz verschieden: In den jüngeren Kaltzeiten lebten hier vor allem das wollhaarige Nashorn, das Ren, der Moschusochse und der Vielfraß, in den Warmzeiten andere Elefanten- und Nashornarten, dazu Wildpferde, Löwen, Affen und der Ur. Die Weichsel- bzw. Würm-Kaltzeit endete vor etwa 10 000 Jahren.

Eiszeiterscheinungen in Hessen

Die Spuren der Eiszeit in Hessen sind relativ gering, doch weit verbreitet. Es sind die Flußterrassen, auf denen große Gesteinsblöcke von Eisdrift zeugen, weil sie mit den Eisschollen zu Tal geflößt worden sind, ferner sind es Klimazeugnisse wie die Blockmeere, die durch Bodenfließen entstanden sind, und es ist der Löß. Weiter sind es Dünen- und Sandfelder, die während des Kaltklimas von Stürmen am Ende der letzten Kaltzeit zusammengeweht worden sind.

In dieser wie in der vorigen Warmzeit rutschten die während der Kaltzeiten durch Frostverwitterung zerstörten Gesteine auf dem noch gefrorenen Boden hangabwärts, und das schon bei einer nur geringen Bodenneigung von 2°. Diese Erscheinung nennt man Bodenfließen oder Solifluktion. Sie betraf in Hessen vor allem den Basalt, auf dem sich dadurch zahlreiche »Blockmeere« entwickelten, die oben bereits erwähnt worden sind und heute teilweise unter Naturschutz stehen.

Vor der Gletscherstirn des Inlandeises und Alpeneises lagen u. a. durch die Schwankungen der Gletscherfront immer viele Kilometer breite Landstreifen bloß, die ohne Pflanzenbewuchs blieben. Der durch den Gletscher- und Schmelzwassertransport feingemahlene Gesteinsstaub wurde durch die starken Fallwinde vom Eis her aufgewirbelt und teilweise in großer Entfernung abgesetzt oder sedimentiert. Dieser Flugstaub oder Löß ist stark kalkhaltig und überzog als Decke die ganze Landschaft des unvergletscherten Gebietes. Er ist durch die starken Eiszeitwinde über ganz Hessen geweht worden, und in jeder Warmzeit häufte sich neuer Löß auf. Dieser Lößmantel kann Mächtigkeiten von 20 und 30 Metern erreichen, allein die Weichselvereisung hat manchmal 10 Meter Löß geliefert. Während der Löß sich auf den Höhen meist nicht halten konnte, ist er in allen tieferliegenden Teilen von Hessen heute noch vorhanden. Die Abbildung 86 zeigt seine Verbreitung.

Der Löß ist ein sehr fruchtbarer Boden, deshalb begründen die Lößvorkommen die landwirtschaftlichen Kernräume in Hessen. Neben den Lößablagerungen der Oberrheinebene sind vor allem zu nennen das Reinheimer Hügelland östlich von Darmstadt und die südliche Dieburger Bucht, dann die Wetterau als das größte zusammenhängende Lößgebiet des Landes

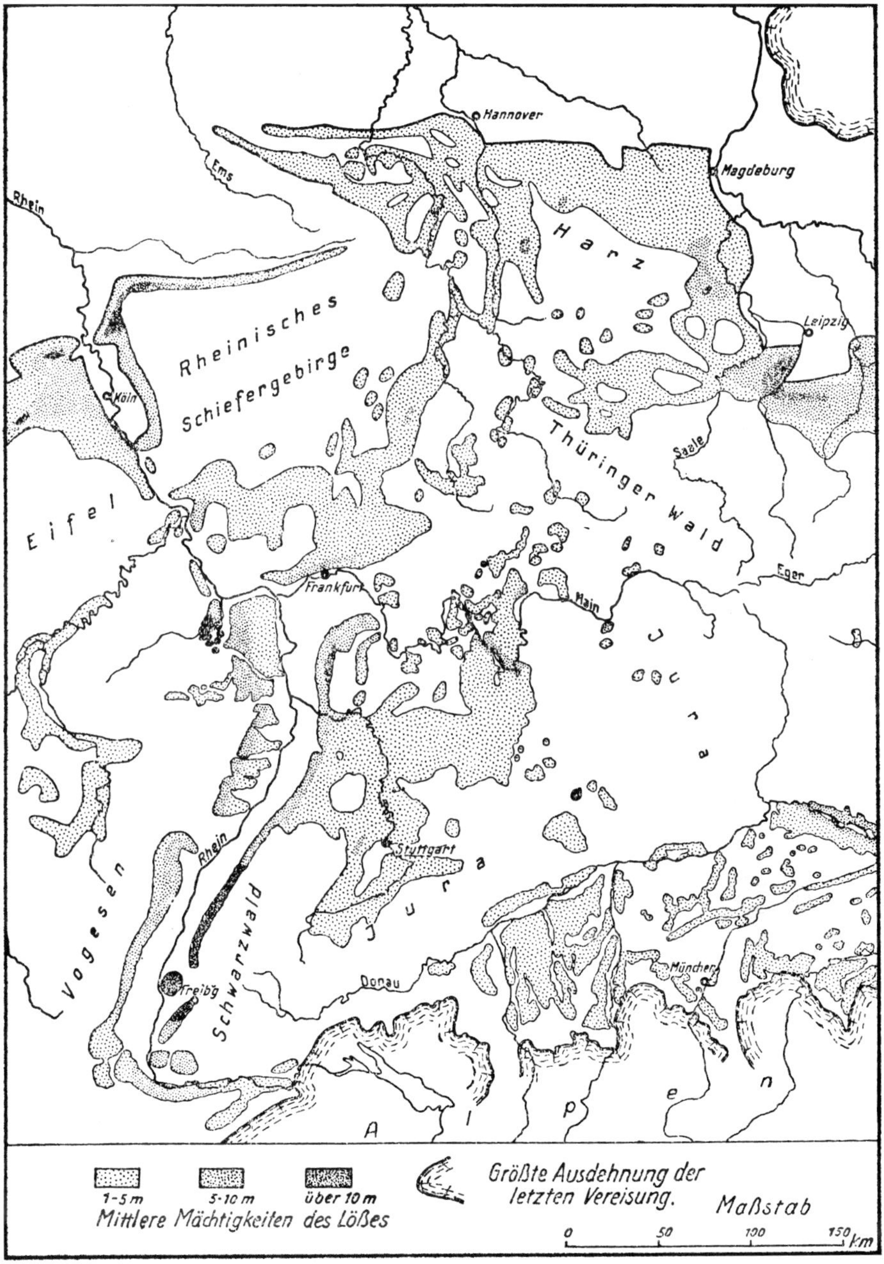

Abb. 86: Die Verbreitung des Lößes im westlichen Mitteleuropa.

Hessen sowie das Mainzer Becken. Teilweise befindet sich Löß auch im Idsteiner Grund und in den muldenförmigen Eintiefungen des Hintertaunus sowie des Unterwesterwaldes. In Nordhessen ist der Löß im wesentlichen in den Beckenlandschaften von Amöneburg, der Schwalm, von Fritzlar und von Kassel vorhanden. Auch im Fuldaer Becken und im Lauterbacher Graben liegt Löß, ebenfalls im Tal der Werra. Weil der Löß eine gewisse Festigkeit hat, bildet er an Einschnitten fast senkrechte Wände, so daß viele Hohlwege auf sein Vorhandensein hinweisen. In der Dieburger Bucht befinden sich unweit der Ortschaft Schaafheim zwei bemerkenswerte Schluchten im Löß. Die Lößschicht ist hier bis zu 30 m mächtig. Beide Schluchten sind ursprünglich als Hohlwege benutzt worden. Sie heißen Büchertsgräben und Schiffwegshohl. Die Schiffsweghohl ist die tiefste und engste Lößschlucht in Hessen. Sie ist 800 m lang, 25 m breit und bis zu 14 m tief!

Eiszeitzeugen sind auch Brodelboden-Erscheinungen und Eiskeile, die man in vielen Kies- und Tongruben beobachten kann. Das »Bodenbrodeln« (die Kryoturbation) entstand durch den Frost der Kaltzeiten, wenn der Boden oberflächlich auftaute: Dann verwirbelten die Bodenschichten ineinander zu Schlingen, Falten und Würgestrukturen seltsamster und bizarrster Art. Diese Froststrukturen gehen bei Gefälle in ein Bodenfließen (Solifluktuation) über. Eiskeile haben sich gebildet, wenn tiefgefrorene Bodenschichten durch den Frost platzten und von oben her die aufgerissenen Spalten wieder mit neuem Bodenmaterial gefüllt wurden, das die Frostspalten dann konservierte.

Die Kaltzeiten waren auch Zeiten der Dünenbildung vor allem auf den Flußterrassen, wo der Boden offen lag. Die starken Winde bliesen aus den Schotter-, Kies- und Sandbänken den Sand aus und häuften ihn zu Dünen auf, die mehrere Meter Höhe erreichten. Besonders in der Oberrheinischen Tiefebene sind diese Flugsandbildungen erhalten. Sie bilden dort oft kieferbestandene Hügel. Sie stammen überwiegend aus dem Endabschnitt der letzten Kaltzeit. Auf ihnen siedelte sich im Holozän, in der Jetztzeit, eine Steppenflora an.

Aus einer Warmzeit, in der die Temperaturen höher als heute lagen, stammt die Flora auf dem Flugsandgebiet von Gonsenheim, die den Charakter einer Schwarzmeerflora bis heute bewahrt hat und unter Naturschutz gestellt worden ist. Auch die Schwanheimer Düne nahe den Farbwerken Höchst ist eine solche endglaziale Flugsandbildung.

Zeugen der starken Winde in den Kaltzeiten sind auch die Großgerölle (etwa Flußgeschiebe) mit Windschliffen, die in den Sandfluggebieten gefunden werden. Der treibende Sand hat ihre Oberfläche geglättet und Kanten angeschliffen, an denen man auf die vorherrschende Windrichtung in der Entstehungszeit schließen kann, sofern sie noch im ursprünglichen Verband liegen.

Das Holozän

Die jüngste Epoche der Erdgeschichte ist die Gegenwart, das Holozän, auch Alluvium genannt. Sie beginnt nach dem Ende des Pleistozäns, das man neuerdings vor etwa 10 000 Jahren ansetzt. Damals ist das Skandinavien bedeckende Inlandeis allmählich zurückgeschmolzen und von den Schmelzwässern an vielen Stellen durchbrochen worden. Man kann heute die Natur bei ihrer Arbeit beim geologischen Geschehen beobachten. Das Holozän ist – wie schon einmal erwähnt – eine zur Zeit bestehende Warmzeit des Eiszeitalters, in der die gleichen geologischen Prozesse ablaufen: Die Verwitterung trägt die Erdoberfläche und besonders die aufragenden Gesteinskörper ab, was die Vegetation teilweise bremst. Erdrutsche und Bergstürze sind Höhepunkte dramatischer Art in diesem Vorgang, ebenso die Erdfälle und Dolinen, wo unterirdisch Salzlager oder Kalksteine im Grundwasser aufgelöst werden, so daß Hohlräume entstehen. Rinnsale, Bäche und Flüsse sedimentieren den Verwitterungsschutt wieder, und die Seen verlanden allmählich, oft auf dem Weg über die Bildung von Mooren. In Hessen gibt es nur ganz wenige Seen, sie sind ja in Mitteleuropa in erster Linie Produkte der Vergletscherungsvorgänge.

Hessens Boden enthält auch Zeugnisse des letzten großen Vulkanausbruchs in Mitteleuropa im Holozän: Man hat an einigen Stellen im Lößboden Vulkanasche gefunden, die aus dem Ausbruch des Laacher-See-Vulkans in der Eifel im Jahre 9080 v. Chr. stammt. Die Fundstelle z. B. in Amöneburg ist nur 130 km vom Laacher See entfernt, doch ist die Vulkanasche über 1000 km weit verweht worden.

Als neuer geologischer Faktor tritt im Holozän der Mensch auf, der allerdings auch schon in der Eiszeit in Hessen gelebt hat. Jetzt werden die Menschen zahlreich und dominierend. Sie erwerben durch die Nutzung von Fremdenergie zu technischen Maßnahmen auch das Potential zur Umgestaltung der Erdoberfläche. Die bedrohliche Zunahme der Erdbevölkerung hat auch in Hessen stattgefunden, seine Bevölkerung hat sich von 1890 mit 2,2 Millionen auf 1995 mit 6 Millionen auf das 2,7fache vergrößert. Des Menschen Straßenbaue, Flußumlenkungen, Kanalisierungen, Eingriffe in den Wasserhaushalt und in die Atmosphäre sowie seine Kunstbauten hinterlassen Spuren, die auch in kommenden geologischen Epochen – wenn es möglicherweise keine Menschen mehr gibt – dauernde Spuren hinterlassen werden!

Dolinen und Erdrutsche

Oben ist erwähnt worden, daß durch das Auflösen von Salzen und Kalksteinen im Untergrund durch das Grundwasser dort Hohlräume entstehen können. Falls der Druck der darüber lagernden Gesteine groß genug ist, bricht die Decke eines Hohlraumes zusammen, so daß die darüber lagernden Gesteine nachsacken. An der Erdoberfläche zeichnen sich solche Stellen dann durch Einsturztrichter oder Dolinen ab. Bei einem größeren Umfang entstehen Mulden oder Subrosionssenken, in einigen Fällen auch große Becken. Einige Beispiele seien genannt:

1 km östlich von Trendelburg befinden sich zwei Trichter von 75 bzw. 150 m Durchmesser mit Tiefen von 20 bzw. 48 m. Sie heißen Wolkenbrüche und sind durch den Einbruch in die Zechsteinsalze zustandegekommen, die hier unter dem 800 m bis 900 m mächtigen Buntsandstein lagern. Der größere Bruch heißt Nasser Wolkenbruch, weil sich an seinem Grund ein 9 m tiefer See gebildet hat. Dagegen hat der Trockene oder Kleine Wolkenbruch kein Gewässer. Es ist kaum vorstellbar, daß das Auslaugen der Zechsteinsalze ein unmittelbares Nachsacken einer so mächtigen Buntsandsteinplatte bewirken konnte. Hier müssen Bruchspalten die Buntsandsteinplatte durchsetzt und durchkreuzt haben, so daß hier eine markante Schwächezone entstanden war. In der Umgebung der Wolkenbrüche beweisen mehrere austretende Mineralwässer das Auslaugen der Zechsteinsalze.

Ähnliche Verhältnisse liegen wahrscheinlich am Südwesthang des Vogelsbergbasaltes in der Nähe von Ortenberg am Rodenberg vor, der 1 km osö von Bergheim eine Bergnase bildete. Hier hat der Basalt einen ovalen Schlot ausgefüllt, der etwa 450 m lang und 400 m breit ist. Der Basalt wird in einem großen Steinbruch abgebaut. In einer Wand des Steinbruchs hat man einen etwa 55 m langen und 35 m breiten hohen Hohlraum entdeckt, an dessen Grund sich ein 3 m tiefer See befindet. Neben dem basaltischen Schlot lagert etwa 300 m mächtiger Buntsandstein und unter diesem kalkhaltiger Zechstein. Wahrscheinlich haben unterirdische Wässer hier durch Auflösen des Kalks einen Hohlraum geschaffen, dessen Buntsandsteindecke später eingebrochen ist und den Basalt des Schlotrandes teilweise mitgerissen hat. Daß der Buntsandstein hier zerrüttet ist, beweist eine sich von NW nach SO erstreckende Verwerfung, die mitten durch den Schlot geht.

Im Richelsdorfer Gebirge hat sich in der Kreidezeit durch die Auslaugung von Gips unweit der Ortschaft Rockensüß bei Bebra eine 300 m lange und 100 m breite Doline entwickelt.

Nördlich von Hünfeld befinden sich kesselförmige Senken, die durch die Auflösung einer bis zu 60 m mächtigen Salzschicht entstanden sind.

Eine historisch bedeutsame Doline befindet sich östlich von Abtsroda am Hang der Wasserkuppe, welche die Abbildung 87 zeigt.

Durch Auslaugen von Zechsteinsalzen sind tertiäre Ablagerungen in die Triasgesteine eingesunken. Über dem tertiären Sand lagerte hier früher Kaolinton oder Prozellanerde. Im 18. Jahrhundert ließen die Fuldaer Fürstbischöfe sie abbauen und begründeten damit die Fuldaer Prozellanmanufaktur. Der Tagebau und der Stollen sind noch vorhanden.

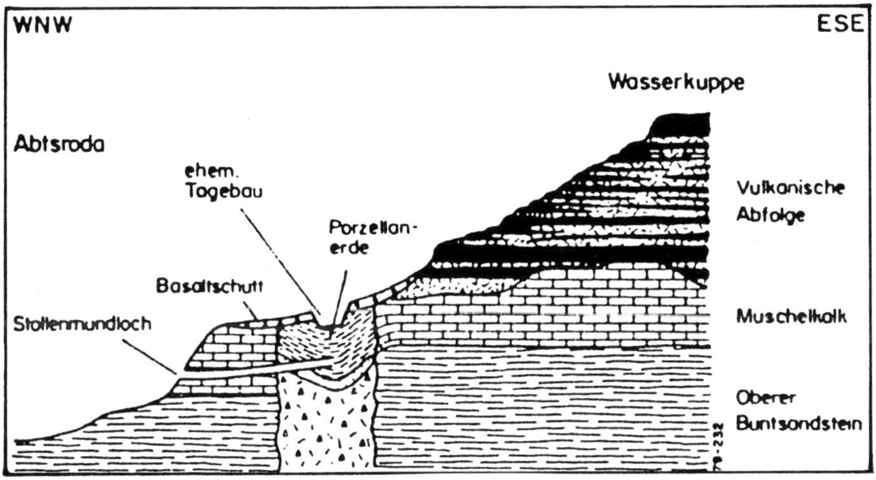

Abb. 87: Schematisiertes geologisches Profil durch das Porzellanerdervorkommen bei Abtsroda.

Das Schlüchterner Becken hat durch das Ausräumen einer 100 m mächtigen Salzschicht seine tiefe Lage erhalten, es ist etwa 30 km^2 groß. Zu ihm gehört auch noch die nördlich des Landrückens gelegene Tiefscholle von Flieden. Entsprechend ist bei der Entstehung des Eschweger Beckens, des Bebraer Beckens und wahrscheinlich auch des Kasseler Beckens die Salzauslaugung im Untergrund eine der Ursachen für die Einsenkung gewesen.

Daß Einsturztrichter oder Dolinen auch durch das Auflösen von Kalk im Untergrund entstehen können, ist bereits oben beim Muschelkalk erörtert worden. Falls im oberen Buntsandstein oder Röt Gips abgelagert worden ist, kann dieser durch spätere Auflösung ebenfalls Hohlräume erzeugen, so daß auch Dolinen gebildet werden. In Hessen scheinen solche Dolinen aber nicht zu existieren, weil hier im Röt kaum Ablagerungen von Gips zustandegekommen sind.

Außer den Dolinen können Erdrutsche die Erdoberfläche verändern. Eine wesentliche Voraussetzung dafür ist, daß an Hängen Gesteinsmassen auf einer schrägliegenden tonreichen Schicht lagern, die das von den Niederschlägen gespeiste Grundwasser nicht in noch größere Tiefen absinken, sondern hangabwärts fließen lassen, wodurch die Reibung zu den auflagernden Gesteinen verringert wird. Diese Voraussetzungen sind in Hessen hauptsächlich erfüllt bei dem auf tonreichem Röt lagernden unteren Muschelkalk und auch bei auf tertiären Tonen lagernden Basaltmassen. Im Werra-Bergland ist an mehreren Stellen der Muschelkalk über den Röt zu Tal gerutscht. Bei Wanfried an der Werra begrenzt die 60 m hohe Muschelkalkwand der Plesse das Eschweger Becken nach Osten. An ihr und dem benachbarten

Konstein sind Felswände an Steilhängen zum Werratal hin abgerutscht. Die meisten Abstürze haben sich in der Eiszeit ereignet. Ein Bergsturz am 24.1.1640 soll so starke Erschütterungen ausgelöst haben, daß im 1 km entfernten Wanfried die Tassen »eine Elle« hochsprangen. In historischer Zeit hat sich der jüngste Absturz 1755 ereignet. Etwa 8 km südlich von Eschwege steht die Graburg am Nordabfall des Ringgaus. Die an ihr und an den benachbarten Bergen abgerutschten Kalkmassen sind z. T. nach dem Überkippen von Schollen hangabwärts getragen worden. Der letzte Bergsturz erfolgte hier 1895.

Die Boyneburg bildet den nordwestlichen Eckpfeiler des Ringgaus. Auch hier haben sich zahlreiche Bergstürze ereignet, so daß große Schuttströme entstanden sind. Der letzte Absturz geschah an dem der Boyneburg südlich benachbarten Schickeberg im Jahre 1965.

Auch beim Schlüchterner Becken haben sich mehrere Rutschungen des Muschelkalks über dem Röt ereignet. So steht z. B. das Gut Ahlersbach auf einer Muschelkalkscholle, die annähernd kreisförmig mit einem Durchmesser von etwa 80 m ist. Sie ist aus 350 m Höhe um 45 m auf 305 m abgesunken und ist etwa 25 m mächtig. Die Abrißstelle ist am sw davon liegenden Muschelkalkhang in etwa 150 m Entfernung noch gut zu erkennen. Der Absturz geschah in der Eiszeit.

Die Basaltmassen des Vogelsberges üben einen großen Druck aus, so daß sie auf einem tonreichen Grund ebenfalls hangabwärts rutschen können. Im Schlüchterner Becken liegen die Gleise der Eisenbahn in ziemlich steilen Hängen. In einigen Jahren haben sich die Gleise durch den Druck des Basaltes des Vogelsberges und des Landrückens um bis zu 5 cm verschoben, was der Bundesbahn große Schwierigkeiten bereitet hat.

Im südlichen Vogelsberg entstanden durch Rutschungen im Winter 1981/82 in den Tälern der Bracht und des Reichenbachs mehrere hundert Meter lange und bis zu vier Meter breite und eineinhalb Meter tiefe Erdspalten. An einer anderen Stelle hat sich eine Basaltscholle wahrscheinlich schon in der Eiszeit in Bewegung gesetzt. An der Abrißstelle befindet sich ein 40 bis 70 m breiter und 5 m tiefer Graben. Dieses Abgleiten wird sich auch in der Zukunft fortsetzen. Gerade der Vogelsberg mit dem Gebiet von Brachtal und dem nach Birstein abzweigenden Reichenbachtal ist eine der kritischsten Rutschzonen von Hessen.

Moore

Eine Bildung vorwiegend des Holozäns sind die Moore. Es sind gewaltige Anhäufungen von pflanzlichen Stoffen, die sich in verlandenden Seen entwickelt haben. Die auf dem Boden eines Sees abgelagerten Pflanzenreste verfaulen dort unter Abschluß von Sauerstoff und werden dadurch zu

Torf umgewandelt. Das ist der Anfang der Inkohlung. Am Ende der Verlandung des Sees wird der schwammige Grund von Moosen überwachsen, die in der feuchten Mitte besser als am trockeneren Rande gedeihen, so daß sich das Moor in der Mitte wie ein Uhrglas aufwölbt, womit ein Hochmoor entsteht.

In Hessen gibt es mehrere Moore, viele sind unter Naturschutz gestellt worden. In der Rheinebene befindet sich etwa 2,5 km südlich von Pfungstadt ein Moor, das sich in einer eiszeitlichen Flußschlinge des Alt-Neckars gebildet hat und bis zu 4,2 m mächtig ist. Da man für die Bildung einer Schicht von 1 m rund 1200 Jahre veranschlagt, kann es 3000 Jahre alt sein. Der benachbarte Odenwald hat ein einziges Moor in der Nähe von Heppenheim, das Schannenbacher Moor. Auch der Spessart hat nur ein einziges Moor, das Wiesbüttmoor. Es liegt 4,5 km sö von Bieber und hat sich in einer 100 m breiten und 1200 m langen Mulde des Buntsandsteins gebildet. Der Wiesbüttsee ist 2 bis 3 m tief. Die Torfschichten sind meist nur 30 cm mächtig und 200 bis 300 Jahre alt. An einer Stelle ist die Torfschicht allerdings 1,5 m dick, ihr Alter wird auf rund 3000 Jahre geschätzt.

Sehr große Moore gibt es in der Rhön. Etwa 4 km nördlich von Gersfeld liegt das 40 ha große Rote Moor, das bis zu 7 m mächtig ist. Es hat sich auf wasserundurchlässigem Basaltlehm gebildet. Sein Alter wird auf 4000 bis 5000 Jahre geschätzt. Der Torf wurde früher für die Badeorte abgebaut, u. a. für Bad Kissingen. 1979 ist das Rote Moor zusammen mit seiner Umgebung unter Naturschutz gestellt worden. Etwa 5 km westlich von Fladungen liegt das 60 ha große Schwarze Moor mit einer über 5 m dicken Torfschicht und einem Alter von rund 6000 Jahren. Das Großenmoor liegt etwa 8 km nw von Hünfeld. Es hat sich in einer bis zu 90 m tiefen Subrosionssenke entwickelt. Durch Bohrungen hat man hier Torf bis zu 50 m Tiefe festgestellt, der also zum Teil schon in der letzten Eiszeit vor rund 60 000 Jahren entstanden sein kann. An der jetzigen Oberfläche ist der Torf hier 7,40 m mächtig und 9000 Jahre alt. Die jüngste Schicht bis zu 1,60 m Tiefe ist 2000 Jahre alt.

Auf dem Vogelsberg befindet sich das früher größere und gegenwärtig nur noch 12 ha große Moor der Breungeshainer Heide. Es liegt etwa 1,5 km nördlich des Taufsteins. In der Mitte wölbt es sich bis zu 5 m auf. Es ist bis zu 3,5 m mächtig. Eine Altersbestimmung ergab, daß ein im Moor lagerndes Stück Holz im Jahre 790 v. Chr. entstanden ist, so daß das Moor ein Alter von rund 2800 Jahren haben kann.

Östlich von Gladenbach – am Ostrand des Westerwaldes – befindet sich das Schweinsberger Moor. Im Westerwald gibt es in der Nähe von Weilburg an seinem Südhang das Rückershäuser Moor.

Man hat fast alle Moore unter Naturschutz gestellt, weil sie eine reiche Pflanzen- und Tierwelt beherbergen. Ihr Abbau zum Verfeuern und für Moorbäder ist damit unterbunden worden.

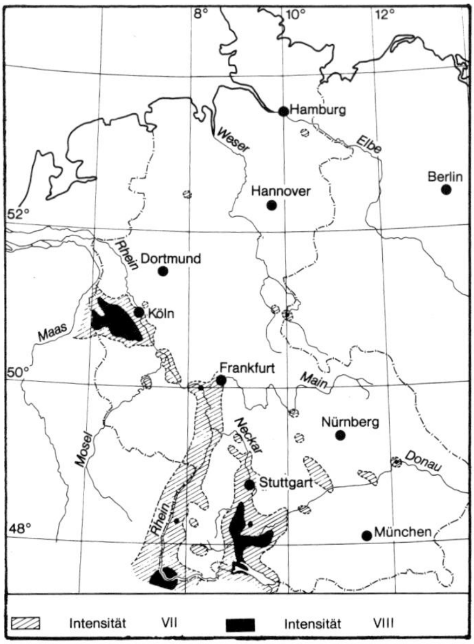

Abb. 88: Die Erdbeben-Zonen.

Erdbeben und Meteoritenfälle

Erdbeben und Meteoritenfälle sind geologische Prozesse, die sich vermutlich schon seit vielen Millionen Jahren abgespielt haben und die man nur in der geologischen Gegenwart beobachten kann. Darüber hinaus erlebt gerade Hessen immer wieder Erdbeben, die durch Eingriffe des Menschen in den geologischen Untergrund, nämlich durch den Bergbau ausgelöst werden.

Erdbeben

Die Abbildung 88 zeigt die Erdbeben-Zonen im westlichen Deutschland. In Hessen gibt es eine Zone im Salzgebiet an Fulda und Werra und als zweite Zone den Oberrheingraben. Die Entstehung der Erdbeben im Salzgebiet ist darauf zurückzuführen, daß bei den unterirdisch beim Bergbau geschaffenen Hohlräumen die darüber lagernden Gesteine hin und wieder plötzlich nachbrechen können.

Historische Berichte vom Jahre 1776 bezeugen ein Beben der Stärke 6 bis 7 der Mercalli-Skala in Rotenburg an der Fulda, das am Rande des Salzgebietes liegt. Die Mercalli-Skala reicht von 1 bis 12. Bei der Stärke 6 entstehen leichte Schäden am Verputz, und bei der Stärke 7 Risse im Mauerwerk und Schornsteinschäden. Die Mercalli-Skala mißt die Zerstörungskraft eines Bebens.

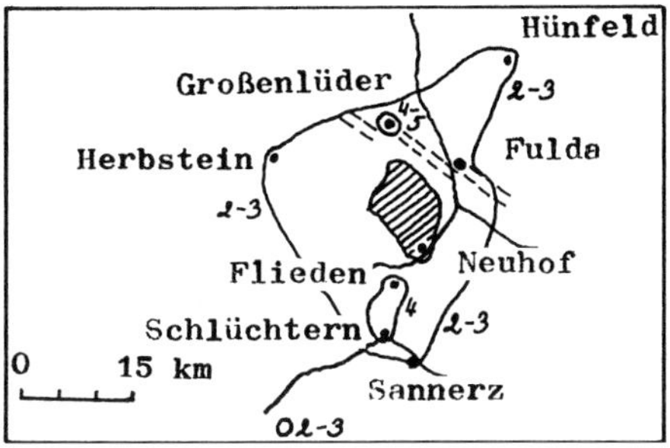

Abb. 89: Erdbeben im Fuldagebiet vom 15.1.1933.

Im Neuhofer Salzgebiet bei Fulda ereignete sich zuletzt am 15.1.1933 ein Erdbeben der Stärke 4 der Mercalli-Skala. Es ist in Abbildung 89 dargestellt. Es hat sich bis Hünfeld, Schlüchtern und Herbstein ausgewirkt. Die Stärke 4 ist durch das Klirren von Geschirr gekennzeichnet.

Am 22.2.1953 wurde im Werragebiet ein Einsturzbeben ausgelöst, das sich von dem an der Werra liegenden Ort Widdershausen aus bis zu einer Entfernung von 30 km bemerkbar machte. Es ist in Abbildung 90 dargestellt. Nach der ab 1935 üblichen Richter-Skala hatte es die Stärke 5,4.

6,5 km östlich von Vacha war die Ortschaft Merkers an der Werra das Zentrum eines Erdbebens der Stärke 5,2 am 8.7.1958. Am 23.6.1975 ereignete sich abermals im Kalisalzgebiet der Werra ein Erdbeben der gleichen Stärke. Das Zentrum lag bei Sünna in Thüringen in einer Tiefe von 300 bis 600 m. Es dauerte 5 Minuten. Sünna liegt 4 km südlich von Vacha. Seine Auswirkungen sind bis Hersfeld, Hünfeld und vereinzelt bis Mannheim, Frankfurt, Köln und Wolfsburg in den oberen Stockwerken der Häuser bemerkbar gewesen.

Am 13.3.1989 kam es wieder zu einem Erdbeben im Kalisalzgebiet der Werra. In einer auf dem Gebiet von Thüringen bei Merkers gelegenen Grube wurde es durch eine Sprengung ausgelöst. Das Deckgebirge über der Kaligrube brach zusammen. Das am stärksten betroffene Gebiet lag in einem Kreis mit dem Mittelpunkt in der Ortschaft Völkers und einem Halbmesser von 5 km, so daß noch die Ortschaften Martinrode, Oberzella Vacha, Pferdsdorf und Gehaus erheblich in Mitleidenschaft gezogen wurden. In Völkershausen wurden 4/5 aller Gebäude beschädigt, hier hatte das Beben die Stärke 7 auf der zwölfteiligen Mercalli-Skala. Auf der Richter-Skala hatte es die Stärke 5,7. Die Richter-Skala mißt die Energieleistung eines Erdbebens nach »Magnituden«. Man bemerkte es noch in den Hochhäusern von Frankfurt am Main. Es wurde sogar noch in den USA registriert. Es war 20mal stärker als das Einsturzbeben von 1975, womit es der weltweit größte Gebirgsschlag war, der jemals registriert worden ist!

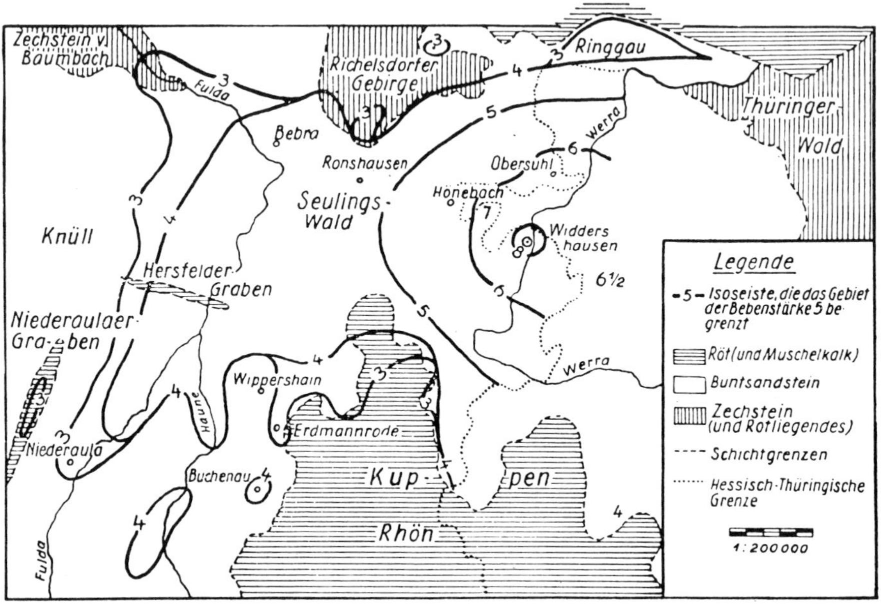

Abb. 90: Isoseistenkarte des Einsturzbebens vom 22.2.1953 im Werragebiet.

Das waren innerhalb von 36 Jahren immerhin 4 Beben im Werragebiet. Die Wahrscheinlichkeit weiterer Beben ist hier also ziemlich groß.

Der zweite Erdbebenherd ist der Oberrheingraben. Das stärkste Zentrum ist hier Groß-Gerau im Mainzer Becken. Es liegt in der Kreuzung der alten hessischen Senke mit dem jüngeren Oberrheingraben. In historischer Zeit ist dort im Jahre 1869 innerhalb von drei Tagen viermal ein Beben der Stärke 4,2 bis 4,7 der Richter-Skala aufgetreten. Auch in der Folgezeit ist hier kaum ein Jahr ohne Beben vergangen, so daß sich die Zahl der registrierten Beben mit dem Zentrum Groß-Gerau auf mehrere Hundert beläuft! Allerdings haben sie alle keine große Stärke mehr gehabt. Aber auch von anderen Orten des Rheingrabens sind Beben ausgegangen, z B. Lorsch. Am Rande des Grabens sind auch Beben beobachtet worden, so z. B. bei Darmstadt im nördlichen Odenwald und bei Eppstein am Südrand des Taunus.

Die Ebene um das untere Kinziggebiet ist auch von Erdbeben erfaßt worden. So berichtet eine an der Marienkirche in Gelnhausen angebrachte Inschrift von einem am 16.11.1911 geschehenen »großen Beben«. Es hatte die Stärke 4 bis 5 auf der Mercalli-Skala. Am 21.9.1981 geschah im Kinzigtal ein weiteres Erdbeben, das im Zentrum bei Niederrodenbach eine Stärke von 5 auf der Richter-Skala gehabt hat. Es ist auf Abbildung 91 mit seinen Linien gleicher Intensität dargestellt.

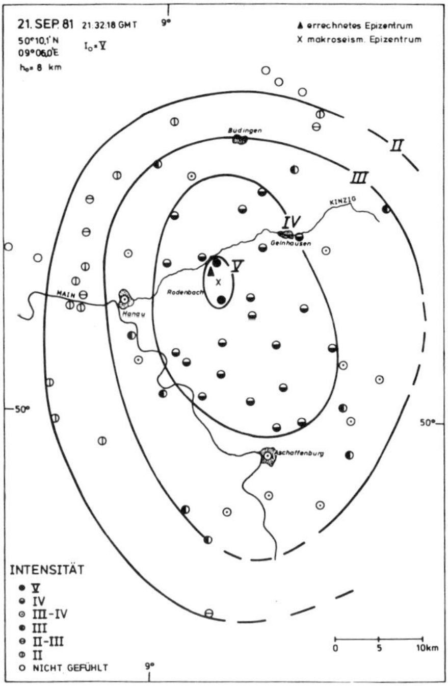

Abb. 91: Isoseistenkarte des Bebens vom 21.9.1981 bei Hanau.

Am 26.5.1990 erfolgte in Frankfurt ein Beben der Stärke 3,8 auf der Richter-Skala. Sein Zentrum lag 5 bis 10 km tief unter dem Frankfurter Stadtgebiet. Auch der Taunus ist nicht erdbebenfrei. Hier ereigneten sich in der Idsteiner Senke und besonders bei Gerolstein unweit von Bad Schwalbach mehrere Beben, z. B. allein 1977 drei Erdbeben bis zur Stärke 4 der Richter-Skala.

Im Vogelsberg, in der Wetterau und im Westerwald treten Beben nur selten auf. Immerhin hatte aber das letzte Beben im Westerwald am 28.6.1982 eine Stärke von 4 auf der Mercalli-Skala und von 4,8 auf der Richter-Skala.

Nordhessen scheint erdbebenfrei zu sein. Die Abbildung 92 zeigt noch einmal die deutschen Erdbebengebiete mit Angaben der Stärke und der Herdtiefen.

Die Erdbeben beweisen, daß die Erde nicht ruht. Soweit ihre Entstehung auf den Einsturz von Hohlräumen zurückgeführt werden kann, ist das – geologisch gesehen – nicht außergewöhnlich. Wenn aber die Entstehung der meisten Erdbeben auf Schollenbewegungen zurückgeführt werden muß, ist das ein Zeichen dafür, daß die scheinbar ruhige Erdkruste großräumige Veränderungen erfährt. Auf sie wird weiter unten der Blick gerichtet.

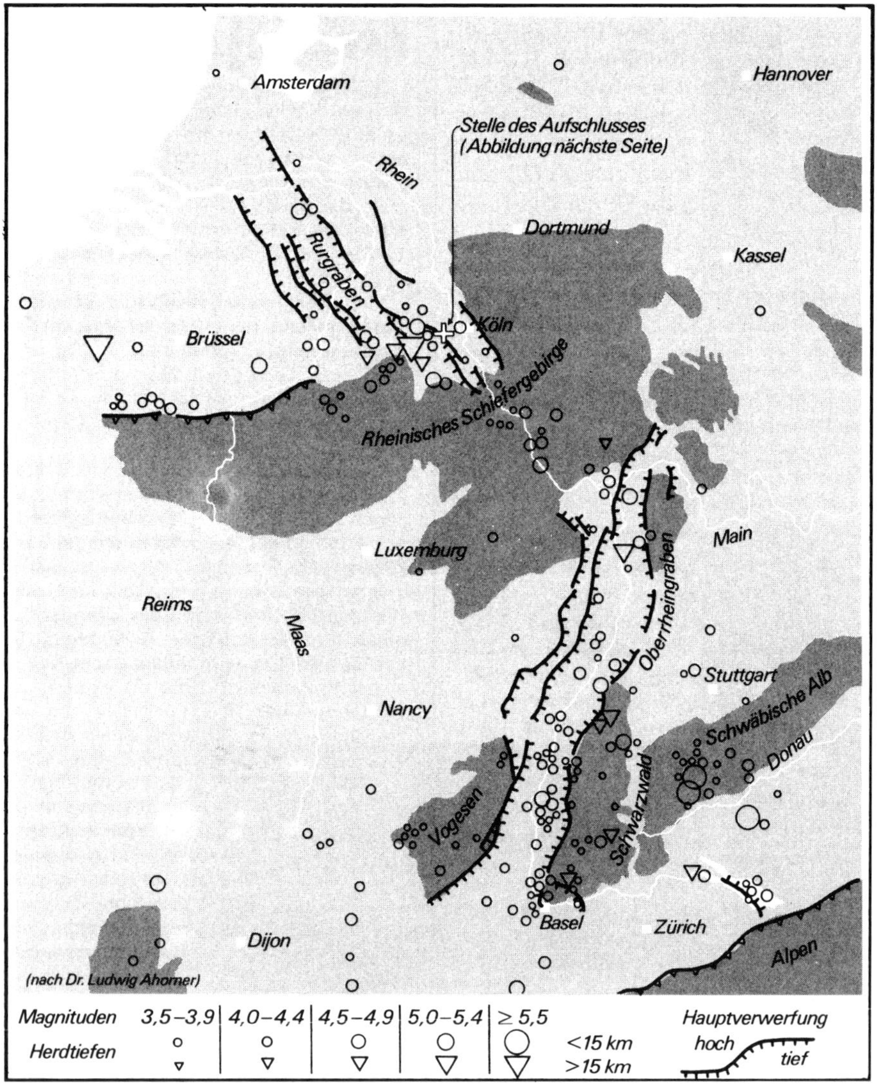

Abb. 92: Die Karte zeigt die Herde aller direkt spürbar gewesenen Erdbeben zwischen 1750 und 1967 in Westdeutschland. Sie konzentrieren sich, mit Ausnahme der starken Bebenherde auf der Schwäbischen Alb, entlang den Bruchzonen, denen auch der Rhein folgt.

Meteoritenfälle

Zu all den seither genannten Gesteinen der Erde kommen in sehr seltenen Fällen auch Steine hinzu, die buchstäblich vom Himmel fallen, die Meteorite. Wahrscheinlich sind im Laufe der Erdgeschichte in Hessen zahlreiche Meteoriten niedergegangen, aber man hat keine Spuren mehr davon gefunden. Die aus Steinen zusammengesetzten Meteorite können längst verwittert sein, und nur die aus Eisen bestehenden Meteorite könnten noch vorhanden sein.

Als Spuren kommen auch Aufschlagkrater in Frage, aber in Hessen sind keine bekannt.

Aus geschichtlicher Zeit sind einige Meteoritenfälle in Hessen bekannt. So ist vor 1804 ein bei Darmstadt gefallener kleiner Meteorit von etwa 100 g gefunden worden. 1850 fand man bei Mainz einen $1^{3}/_{4}$ kg schweren Stein. Am 17.3.1877 fielen in der Nähe der oberhessischen Ortschaft Hungen – 10 km nw Nidda – zwei Steine von 26 und 86 g. Der jüngste Meteoritenfall in Hessen ereignete sich am 3.4.1916 bei Treysa an der Schwalm, wo nach dem Erscheinen einer Feuerkugel und nach Detonationen ein großer Eisenmeteorit von etwa 63 kg auf die Erde stürzte.

Die Flußgeschichte

Das gegenwärtige Flußnetz ergänzt die geologische Geschichte des Hessenlandes. Seit es – wenigstens größtenteils – Festland ist, gibt es Flüsse und Bäche, deren Wege durch die geologischen Ereignisse wie Alpenfaltung, Grabenbildung, Hebung und Senkung von Teilen der Erdkruste und auch durch Klimaveränderungen gesteuert worden sind. Das Flußnetz ist das Ergebnis einer rund 100 Millionen Jahre umfassenden Vergangenheit. Die Abbildung 93 gibt einen Überblick über die hessischen Flüsse.

Der Rhein

Der Rhein ist aus früher voneinander unabhängigen Quellflüssen gebildet worden, und zwar sind es deren drei: 1) der Rhein im Graben, der Oberrhein, 2) die Aare und 3) der Alpenrhein. In Abbildung 94 sind diese drei Quellflüsse zu sehen.

Der Oberrhein konnte erst nach dem Einsinken des Grabens entstehen. Er entwickelte sich in ihm als Vorfluter der von den Randgebirgen herabfließenden Gewässer am Ende des Eozäns – der Zeit des stärksten Grabeneinbruchs – vielleicht vor 38 Mio. J. Wahrscheinlich floß er anfangs von N nach S in das schweizerische Molasse-Meer, da ihm der Weg nach Norden durch das Schiefergebirge versperrt war.

Es folgte die Zeit der Meereseinbrüche im Oberrheingraben vor 36 bis 25 Mio. J., welche die Existenz des Ur-Rheins zunächst beendeten. Nach dem Rückzug des Meeres blieb in der Oberrheinebene ein großer See zurück, der allmählich aussüßte und zusammenschrumpfte.

Vor 18 bis 16 Mio. J. entstand dann im südlichen Teil des Grabens nw von Freiburg der Vulkan des Kaiserstuhls. Er unterbrach die Verbindung der im Raum von Mainz bis zum Nordhang des Kaiserstuhls befindlichen Gewässer mit dem schweizerischen Süden.

Am Nordhang des Kaiserstuhls entwickelte sich nun ein Abfluß, der zusammen mit den von den Hängen der Randgebirge kommenden Gewässern einen neuen Oberrhein bildete, der von S nach N floß und nach einem etwa 100 km langen Lauf bei Karlsruhe in den sich bis an den Taunus erstreckenden See mündete.

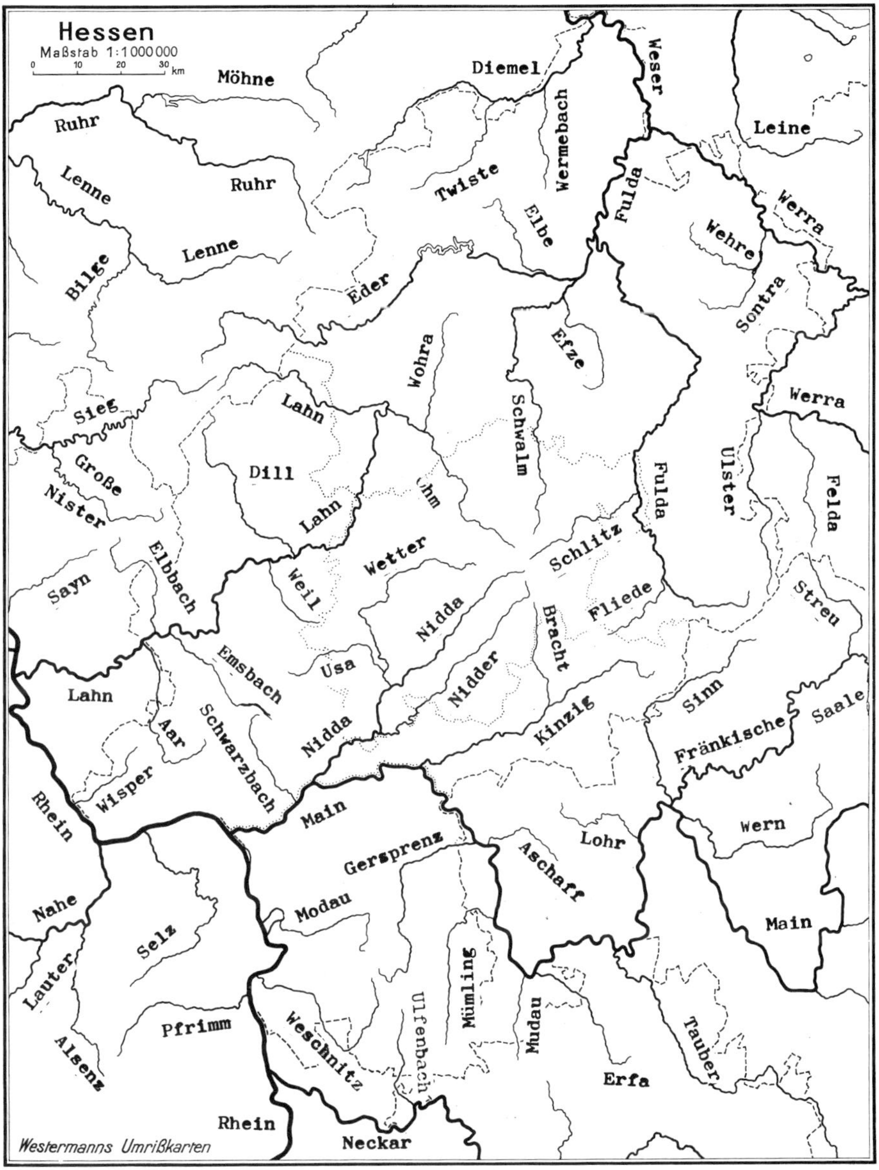

Abb. 93: Die hessischen Flüsse.

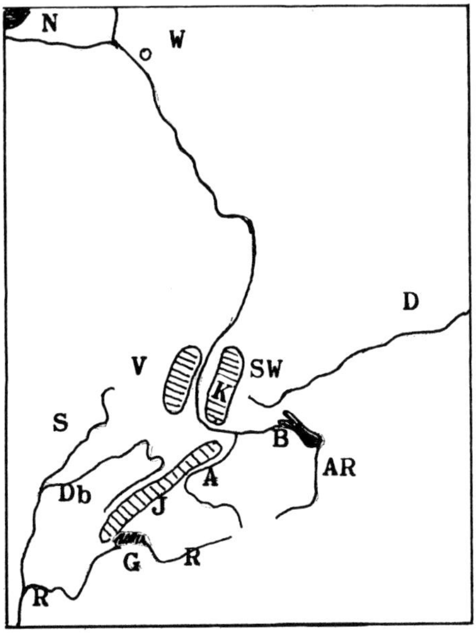

Abb. 94: Der gegenwärtige Rhein. A= Aare, AR= Alpenrhein, B= Bodensee, D= Donau, Db= Doubs, G= Genfer See, J= Jura, K= Kaiserstuhl, N= Nordsee, R= Rhone, S= Saône, SW= Schwarzwald, V= Vogesen, W= Wesel.

Dieser See schrumpfte in der Folgezeit, so daß er sich vor ca. 9 Mio. J. nur noch von Worms bis zum Taunus erstreckte und schließlich ganz verschwand.

Der Rhein durchfloß die Ebene wegen des geringen Gefälles in großen Bogen und Schlingen (Mäandern), wobei er im Süden eine Breite von 8 km und im Norden von 4 km einnahm. Soweit zunächst die Entwicklung des Oberrheins.

Abbildung 95 zeigt die Verhältnisse im Unterpliozän vor rund 5,1 bis 3,8 Mio. J.

Die Aare floß in dieser Zeit am Südrand des Juragebirges entlang nach NO und behielt – dem damaligen Gefälle folgend – diese Richtung bei, so daß sie in den Lauf der Donau überging. Der Alpenrhein floß nach dem Austritt aus dem Gebirge ebenfalls zur Donau, wobei er (den späteren Bodensee links liegen lassend) ungefähr nach Norden vorstieß. Die Vogesen und der Schwarzwald bildeten ein noch zusammenhängendes Gebirge mit dem Scheitel über dem späteren Rheintal.

Im Oberpliozän – vor rund 3,8 bis 2,5 Mio. J. – trat ein entscheidendes Ereignis ein.

Bewegungen in der Erdkruste hoben das Gebiet um den südöstlichen Schwarzwald. Der Aare wurde damit der Weg nach NO zur Donau versperrt. Sie wurde bei Waldshut zu einem scharfen Umbiegen nach Westen gezwungen, floß durch die Burgundische Pforte zwischen dem Juragebirge und den Vogesen und ging in den Lauf des Doubs über, der in die Rhone mündete.

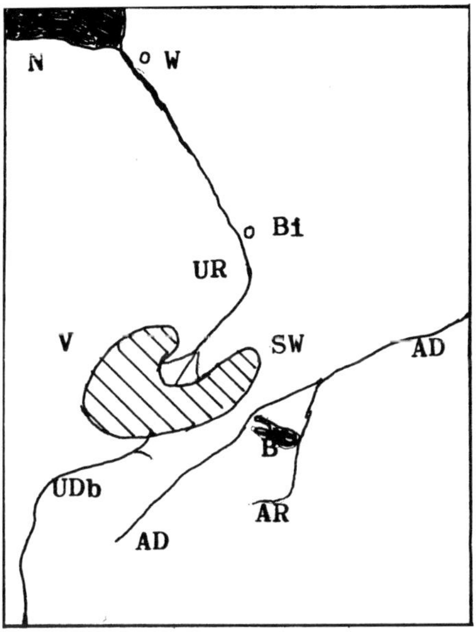

Abb. 95: Der Rhein im Unterpliozän. AR= Alpenrhein, AD= Aare-Donau, B= (späterer) Bodensee, Bi= Bingen, N= Nordsee, UDb= Ur-Doubs, UR= Ur-Rhein, V= Vogesen, SW= Schwarzwald, W= Wesel.

Dagegen konnte der Alpenrhein seinen Fließweg zur Donau noch beibehalten. Das zeigt Abbildung 96.

Die Absenkung im Oberrheingraben setzte sich fort. Da sie im S stärker als im N war, wurde der Abfluß des Oberrheins nach N gehemmt. Wahrscheinlich haben Hunsrück und Taunus ihn zeitweise ganz verhindert, so daß sich die Wasser des Oberrheins erneut davor stauen mußten. Außerdem sank die Tiefebene im Osten stärker als im Westen ein, so daß sich das Bett des Oberrheins von der früheren Linie Worms-Bingen allmählich zum heutigen Verlauf verlagerte. Das bezeugen gleichalte Ablagerungen, die heute im Westen 260 m hoch und im Osten nur 225 m hoch liegen.

Da der Hunsrück und der Taunus damals noch nicht so hoch lagen wie in der Gegenwart, fanden die Rheinwasser schließlich über das Schicfergebirge führende Rinnen, die den Weg nach Norden freigaben. Das bezeugen bis zu 50 km breit liegende Terrassen zwischen St. Goar und Boppard in ungefähr 300 m (gegenwärtiger) Höhe. Im Mainzer Becken liegt die entsprechende Terrasse rund 170 m hoch, was den späteren Aufstieg des Rheinischen Gebirges um mindestens weitere 130 m bezeugt.

Vor rund 2 bis 1,5 Mio. J. führten Bewegungen im südlichen Oberrheingraben zu einer wesentlichen Veränderung. Südlich der Vogesen hob sich die Burgundische Pforte. Dem durch den Sundgau fließenden Aare-Fluß wurde der Weg nach Westen dadurch versperrt, so daß er sich ab Basel nach Norden wenden mußte und die Wasserscheide am Kaiserstuhl überwindend

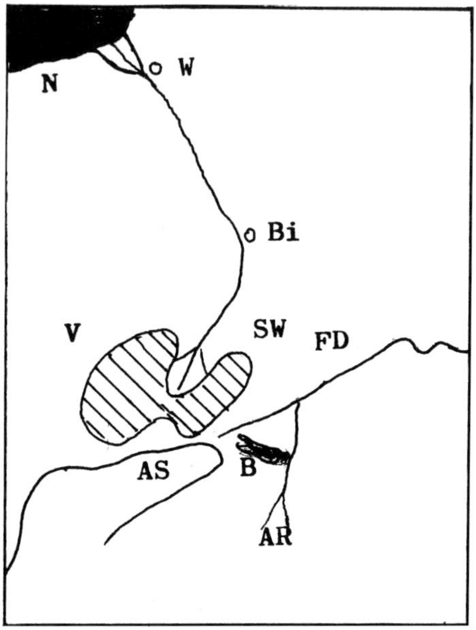

Abb. 96: Der Rhein im Oberpliozän. AR= Alpenrhein, AS= Aare-Sundgau-Strom, B= (späterer) Bodensee, Bi= Bingen, FD= Feldberg-Donau, N= Nordsee, SW= Schwarzwald, V= Vogesen, W= Wesel.

in die oberrheinische Ebene floß, wo er den Oberrhein erreichte und dessen Wassermenge verdoppelte. Das zeigt Abbildung 97.

Die doppelte Wassermenge erleichterte es dem Oberrhein, sich in den allmählich aufsteigenden Wall des Hunsrücks bzw. des Taunus zwischen Bingen und Koblenz einzuschneiden. Der Rhein floß nach Norden weiter und mündete ungefähr bei Wesel in die Nordsee, die damals noch die ganzen Niederlande bedeckte.

Vor rund 1,3 Mio. J. brachte die am Ende der Donau-Kaltzeit einsetzende Waal-Warmzeit dann eine weitere Veränderung. Das Abschmelzen der Alpengletscher ließ den Alpenrhein wieder fließen. Da ihm die von den Gletschern abgelagerten Moränen nach dem Austritt aus dem Gebirge den früheren Weg zur Donau versperrten, mußte er sich am Gletscherrand einen neuen Weg nach NW bahnen, wobei er die von den Gletschern ausgehobelte Rinne des Bodensees benutzte und nach NW fließend bei Waldshut in den Aare-Rhein mündete. Die Wassermenge des Rheins vergrößerte sich abermals. Das war die Geburt des Rheinstroms. Sie erfolgte während der Waal-Warmzeit, die vor 1,3 Mio. J. begann und vor 950 000 Jahren endete. Wahrscheinlich fällt die Geburt des Rheinstroms damit ungefähr mit dem ersten Wärmemaximum vor rund 1,2 Mio. J. zusammen oder spätestens mit dem zweiten Wärmemaximum vor rund 1 Mio. J.

Im Mündungsgebiet waren die Niederlande landfest geworden, und die Doggerbank hob sich heraus, so daß der nach NW fließende Rhein, die

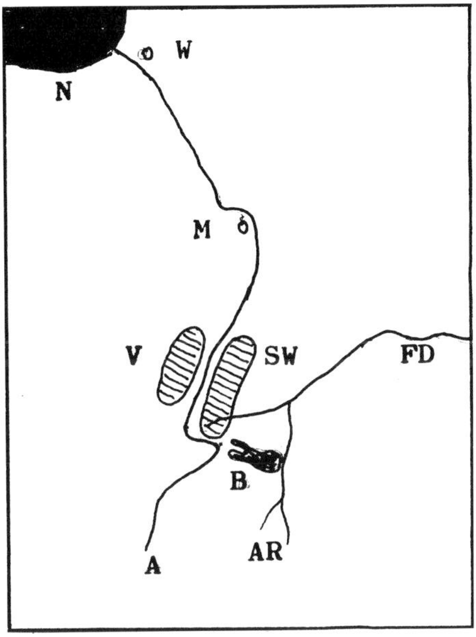

*Abb. 97: Der Rhein im Ältest-Pleistozän.
A= Aare, AR= Alpenrhein, B= (späterer) Bodensee, FD= Feldberg-Donau, M= Mainz, N= Nordsee, SW= Schwarzwald, V= Vogesen, W= Wesel.*

Themse als Nebenfluß aufnehmend, etwa 80 km östlich der Humbermündung in die 110 m tiefer liegende Nordsee einmündete. Erst nach dem Ende der zweiten großen Eiszeit, der Saale-Riß-Kaltzeit vor 130 000 Jahren, drängten die von Norden kommenden Schmelzwassermassen den Rhein nach Süden, so daß er schließlich durch den Ärmelkanal einen Weg nach Westen fand und zwischen Brest und Cornwall in den Atlantik mündete. Vor rund 100 000 Jahren hatte er damit sein heutiges Bett gefunden.

Der Geologe Thews hat überlegt, was wohl aus dem Rheinstrom geworden wäre, wenn er sich den Weg durch das heutige Mittel-Rhein-Gebiet von Bingen bis Koblenz hätte nicht bahnen können. Er sieht drei Möglichkeiten: 1) Der Rhein hätte sich am Südrand des Hunsrücks einen Weg zur Saar und Mosel verschafft. 2) Er hätte den Taunus an einer anderen Stelle durchbrochen und etwa über den Paß von Niedernhausen bei Limburg die Lahn erreicht. 3) Er wäre durch die Wetterau und die niederhessische Senke zur Fulda und Weser geflossen.

Welche der drei Möglichkeiten wäre nach den gegenwärtigen Höhenverhältnissen die wahrscheinlichste gewesen?

Die Quelle der Nahe liegt 366 mNN hoch und die Wasserscheide zur Prims, die zur Saar und mit ihr zur Mosel überleitet, liegt noch darüber.

Im Taunus liegt die Wasserscheide zwischen dem Main und der Lahn zwischen Eppstein und Idstein auf dem Paß bei Niederseelbach 351 mNN hoch.

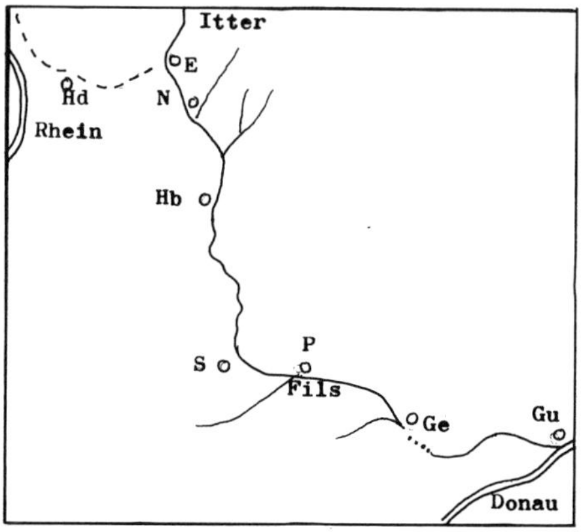

Abb. 98: Das Entwässerungssystem des Ur-Neckars.
E= Eberbach, Ge= Geißlingen, Gu= Gundelfingen, Hb= Heilbronn, Hd=Heidelberg, N=Nekkarelz, P= Plochingen, S= Stuttgart.

Dagegen ist der Neustädter Sattel, die Wasserscheide zwischen Main und Weser, nur 281 mNN hoch, so daß der Weiterfluß durch die Wetterau und die niederhessische Senke zur Weser die wahrscheinlichste Entwicklung gewesen wäre.

Der Neckar

Der Ur-Neckar entstand in der Zeit der unteren Kreide vor rund 140 bis 100 Mio. J. auf der nach Süden und Südosten gerichteten Abdachung der mitteldeutschen Schwelle, zu der als damals nur geringe Aufwölbung auch der Odenwald gehörte. Seine Quellen lagen im südlichen Buntsandstein des Odenwaldes. Heute fließen dort der Gammelsbach, Sensbach und die Itter, die alle zwischen Heidelberg und Eberbach in den Neckar münden. Vielleicht ist eine von ihnen eine auf die Gegenwart »durchgepauste« Zuflußrinne des Ur-Neckars, wahrscheinlich die Itter. In Abbildung 98 ist sie ganz oben zu sehen. Der Ur-Neckar floß von Eberbach über Heilbronn, Stuttgart und Plochingen über die heutige Fils nach Geislingen. Er durchfloß dann ein 9 km langes gegenwärtiges Trockental und erreichte an dessen anderem Ende die heutige Lone, die bei Gundelfingen in die Donau mündet. In der Zeit der Entstehung des Ur-Neckars bestand die Donau noch nicht. An ihrer Stelle befand sich dort das Helvetische Meer. Die Donau entstand erst im vor 5 Mio. J. begonnenen Pliozän. Der Ur-Neckar und einige kleinere Zuflüsse, die die Abbildung 98 auch zeigt, bestanden bis zum Ende des Tertiärs und darüber hinaus bis in die Zeit des Pleistozäns.

Bis dahin hatten in seiner Umgebung große Veränderungen stattgefunden. Der Oberrheingraben war eingebrochen, und in ihm hatte sich der Rhein entwickelt. Außerdem war der Odenwald kräftig herausgehoben worden.

Im oberen Pliozän, vor rund 3,5 bis 2,5 Mio. J., entstand neben dem Ur-Neckar ein kleiner Zufluß des Rheins, der in der Nähe von Hirschhorn entsprang und nach Westen floß. Er ist in Abbildung 98 gestrichelt gezeichnet. Er war stark genug, durch rückschreitende Erosion sein Quellgebiet um Hirschhorn nach Osten zu erweitern. Darunter versteht man, daß ein Gewässer seinen Quellbereich rückwärts vergrößert, indem es das die Quelle umgebende Erdreich allmählich abtransportiert, so daß die eigentliche Quelle immer weiter zurückwandert, was schließlich auch zu einer Abtragung der rückwärtigen Wasserscheide führen kann. Wenn auf deren anderen Seite auch ein Bach oder Fluß vorhanden ist, können dessen Wasser schließlich angezapft und in den Fließweg des Gewässers gelenkt werden, das die Wasserscheide »erobert« hat. Es gelang dem kleinen Zufluß des Rheins, den Ur-Neckar bei Eberbach anzuzapfen. Dessen von Norden kommende Wasser wurden dadurch nach Westen umgelenkt. Das frühere Fließbett des Ur-Neckars von Eberbach nach Süden fiel danach wahrscheinlich zeitweise trocken, zum mindesten auf der rund 28 km langen Fließstrecke von Eberbach bis zur Einmündung des Mosbachs bei Neckarelz. Der weitere Lauf des Ur-Neckars konnte jedoch – gespeist durch den Mosbach und andere südlicher gelegene Zuflüsse – zunächst noch bestehen bleiben.

Als weiteres entscheidendes Ereignis in der Geschichte des Neckars wirkte sich nun allmählich die Hebung der Schwäbischen Alb aus. Sie stoppte den Abfluß des Ur-Neckars nach Süden, so daß seine Wasser zeitweise zum Stillstand kamen und bei der sich fortsetzenden Hebung der Alb schließlich nach Norden umgelenkt wurden. Dabei wurde der trockengefallene Talabschnitt von Neckarelz bis Eberbach wieder mit Wasser belebt. Die Wasser flossen nun von Eberbach nach Westen zum Rhein. Das Gefälle in dem nach Norden umgelenkten Neckar war anfangs naturgemäß äußerst gering. Nur in dem Abschnitt Eberbach-Heidelberg war es infolge der tiefliegenden Erosionsbasis des Oberrheingrabens groß. Infolgedessen vergrößerte der Neckar, von Eberbach ausgehend, das Gefälle rückwärtsschreitend immer mehr nach Süden, indem er sich tiefer einschnitt.

In der Günz- und Mindel-Eiszeit hatte er sich bis in den Raum um Stuttgart zurückgearbeitet, d. h. den von Süden kommenden Wassern ein größeres Gefälle verschafft. Wie dieses Rückwärtseinschneiden vor sich gegangen sein kann, veranschaulicht Abbildung 99.

Sie zeigt schematisch den Lauf des Neckars (mit Luftlinien-Entfernungen der Städte) bei fünfzigfacher Überhöhung. Rechts erhebt sich der Lonestrunkpaß, der nach rechts zum Donautal bei Gundelfingen abfällt. Nach links fließt der Neckar. Die untere Linie stellt seinen heutigen Fließweg dar. Vor mehreren hunderttausend Jahren kann die oberste Linie sein Fließweg gewesen sein. Ein größeres Gefälle bestand erst ab Stuttgart. Vom Lo-

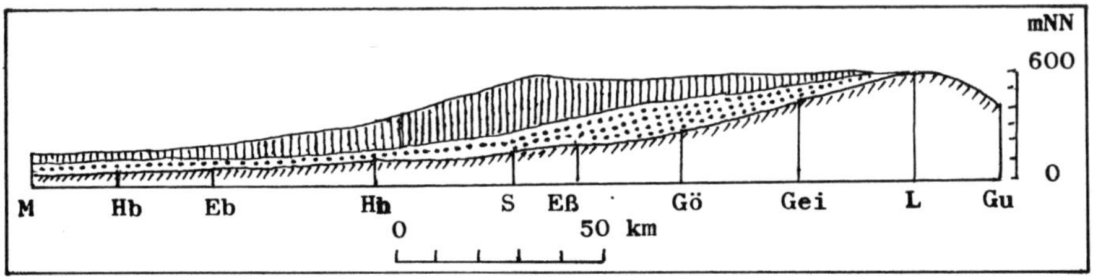

Abb. 99: Das Rückwärtseinschneiden des Neckars.
Eb= Eberbach, Eß= Eßlingen, Gei= Geißlingen, Gö= Göppingen, Gu= Gundelfingen, Hb= Heidelberg, Hn= Heilbronn, L= Lonestrunkpaß, M= Mannheim, S= Stuttgart.

nestrunkpaß bis Stuttgart bestand – wenn überhaupt – ein nur ganz geringes Gefälle. Bei Stuttgart hatte sich dementsprechend eine Geländestufe entwickelt. Im Laufe der folgenden hunderttausend Jahre hat der Neckar dann das senkrecht schraffierte Gelände abgetragen. In einem späteren Stadium bildete sich eine Geländestufe bei Göppingen. In der Folgezeit räumten die Fils und der Neckar das punktiert gezeichnete Gelände ab. In dieser Weise kann sich der Neckar entwickelt haben.

Die gleichzeitige Hebung des Schwarzwaldes führte dazu, daß von seinem Osthang kommende Bäche bei Plochingen in den Neckar einmündeten, so daß man heute als eigentliche Quelle des Neckars eine bei Schwenningen im Schwarzwald als solche bezeichnet. Dieser Anschluß der Schwarzwaldbäche bei Plochingen soll vor rund 300 000 Jahren erfolgt sein. Auf der Schwäbischen Alb fiel ein Teil des Lonetals trocken. Es ist in Abbildung 98 gepunktet gezeichnet. Der Lonestrunkpaß liegt heute 580 m hoch. Es liegen dort Höhenschotter. Die gleichalten Höhenschotter des mittleren Neckars liegen heute höchstens 300 m hoch. Auf die frühere Fließrichtung des Neckars deuten heute noch die gegenläufigen Einmündungen von seinen Nebenflüssen hin. Die Erosionskraft des Neckars wurde durch den Aufstieg der Schwäbischen Alb schließlich so groß, daß er den allmählichen Aufstieg des Odenwaldes durch starke Ausräumung ausgleichen konnte, er hat sich bis zur Gegenwart über 300 m tief in ihn eingeschnitten. Wäre der Neckar nicht so stark gewesen, hätte er sich einen neuen Lauf südlich des Odenwaldes durch den tieferliegenden Kraichgau schaffen müssen und können.

Diese Vorstellung über die Entwicklung des Neckars hat Professor Beurlen in seinen Schriften und Vorträgen gegeben.

Die früher im Unterlauf bei Eberbach und vor allem bei Neckargemünd vorhanden gewesenen Mäander deuten darauf hin, daß sich der wesentlich aus kristallinen Gesteinen bestehende Odenwald zeitweise schneller als der östliche Buntsandstein-Odenwald hob, so daß er den Neckar oberhalb von Neckargemünd hemmte und staute. Die Mäander sind in Abbildung 100 zu sehen.

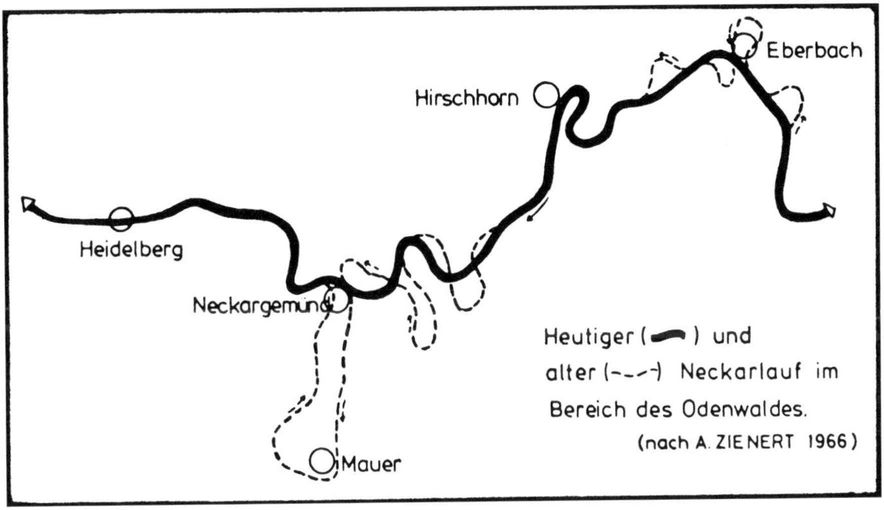

Abb. 100: Neckarlauf im Bereich des Odenwaldes.

5 km westlich von Neckargemünd erhebt sich im N der 550 m hohe Weiße Stein und südlich des Neckars der 566 m hohe Königsstuhl. Die Gipfel der beiden Berge sind nur 7 km voneinander entfernt, und der Neckar hat sich hier fast 400 m einschneiden müssen. Dies tiefe Einschneiden hat lange Zeit gebraucht, etwa hunderttausend Jahre. Die frühere Mäanderschlinge des Neckars ist berühmt geworden durch den Fund des Unterkiefers eines urzeitlichen Menschen, des »Heidelberger Menschen« (Homo heidelbergensis). Man fand ihn 1907 im Löß des alten Neckarlaufs bei Mauer. Das Alter des Fundes kann etwa 500 000 Jahre betragen. Er ist das älteste menschliche Fossil in Europa.

Nach dem Austritt aus den Bergen durchfloß der Neckar die Rheinebene. Die Abbildung 101 zeigt sie von Mannheim bis Mainz, wie sie sich auf der geologischen Übersichtskarte darstellt. Altwässer, verlandete Flußläufe und Moore kennzeichnen die früheren Fließwege vom Rhein und Neckar. Der Neckar floß früher am Rand der Bergstraße, wo seine Mäander ein 5 km breites Band bildeten. Er mündete bei Trebur in den Rhein bzw. Main.

Auch der Rhein hat in einem 10 km breiten Band zahlreiche Flußschlingen gebildet. Unter Naturschutz gestellt worden sind die Altrheinschlinge von Lampertheim (1) und die des Kühkopfs (2) wegen ihres Reichtums an Pflanzen und Tieren. Die heutige Insel des Kühkopfs entstand 1828/29, als man mit einem 3625 m langen Durchstich den Lauf des Rheins um 10,7 km verkürzte.

Erst nach dem Ende der letzten Kaltzeit gelang dem Neckar der Durchbruch zu seiner gegenwärtigen Mündung bei Mannheim-Ludwigshafen.

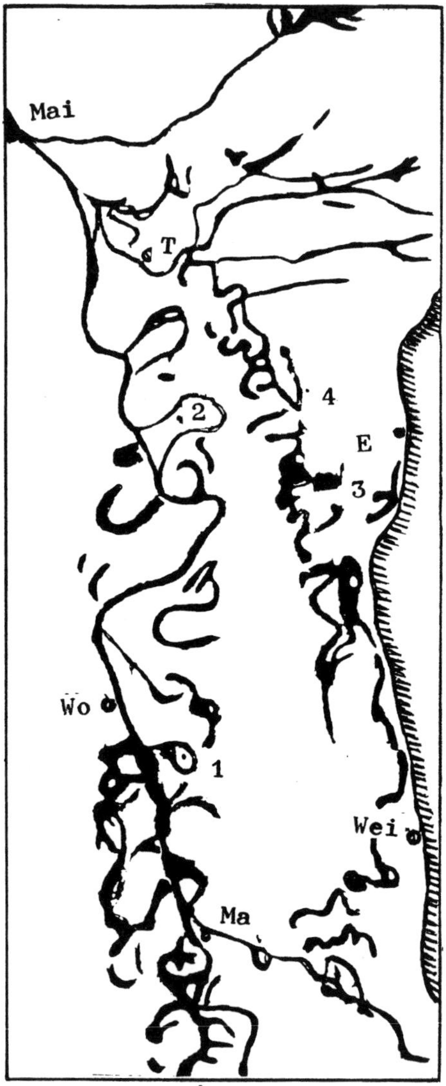

Abb. 101: Die Altwässer von Rhein und Neckar.
Mai= Mainz, T= Trebur, E= Eberstadt, Wo= Worms, Wei= Weinheim, Ma= Mannheim.
1= Lampertheimer Altrheinschlinge, 2= Kühkopf, 3= Pfungstädter Moor, 4= Griesheimer Düne.

Durch einen Vergleich der in den Flußablagerungen enthaltenen Pflanzenpollen konnte man ermitteln, daß dieser Durchbruch spätestens vor 8000 Jahren stattgefunden hat.

Die Odenwald-Flüsse

Die ersten vom Scheitel des Odenwaldes nach W fließenden Flüsse können schon am Ende des Eozäns vor rund 38 Mio. J. entstanden sein, allerdings in einem sehr viel höheren Niveau als heute, weil über den kristallinen Gesteinen und dem Buntsandstein noch die Schichten des Muschelkalks, Keupers und z. T. auch des Jura lagerten. Wahrscheinlich pausen sich die alten Flußläufe beim Abtrag dieser Gesteine auf die Gegenwart durch, weil ein Fluß sein einmal geschaffenes Bett fast immer beibehält. Aber geologische Zeugnisse – etwa Ablagerungen im Flußbett oder Terrassen an den Ufern – aus einer so weit zurückliegenden Zeit sind in der Regel nicht mehr vorhanden, so daß die Zeit der Entstehung der Flüsse meist nicht mehr festgestellt werden kann.

Das betrifft die Vorläufer der Weschnitz und der Mudau. Es waren anfangs wahrscheinlich nur schwache Rinnsale. Erst mit der Heraushebung des Odenwaldes vor rund 3,5 bis 2 Mio. J. nahmen sie an Stärke zu.

In der rheinischen Richtung von N nach S entsendet der Odenwald die Steinach, den Ulfenbach, Finkenbach und die Itter. Auch ihre Vorgänger können schon vor vielen Mio. J. angelegt worden sein, aber eine nennenswerte Stärke erreichten sie erst vor rund 2 Mio. J.

Nach Norden fließen die Gersprenz und die Mümling, ebenfalls in rheinisch ausgerichteten Schwächezonen. Sie sind im Zusammenhang mit der schon vor 35 bis 40 Mio. J. einsetzenden Absenkung der Hanau-Seligenstädter Senke mitsamt der Reinheimer Bucht wahrscheinlich schon in dieser Zeit in einem freilich sehr viel höheren Niveau angelegt worden. Erst mit der stärkeren Heraushebung des Odenwaldes erhielten sie eine größere Wasserkraft. Das gilt auch für die vom Sprendlinger Horst nach Norden fließende Rodau.

Der Main

Der Main ist wahrscheinlich aus vier ursprünglich voneinander unabhängigen Flüssen entstanden, dem jüngeren Unter-Main, dem unteren und oberen Mittel-Main und dem Ober-Main. Die Abbildungen 102 und 103 zeigen die Vorstellungen von Beurlen und Rutte über die frühesten Flußsysteme.

Sie weichen in Einzelheiten zwar voneinander ab, stimmen im großen und ganzen aber überein.

Der ältere Unter-Main

Der ältere Unter-Main floß ungefähr von Norden nach Süden. Rutte vermutet – ohne nähere Begründung –, daß seine Quelle bei Wölfersheim in der Wetterau gelegen hat. Von Hanau bis Miltenberg hatte er eine gegenüber

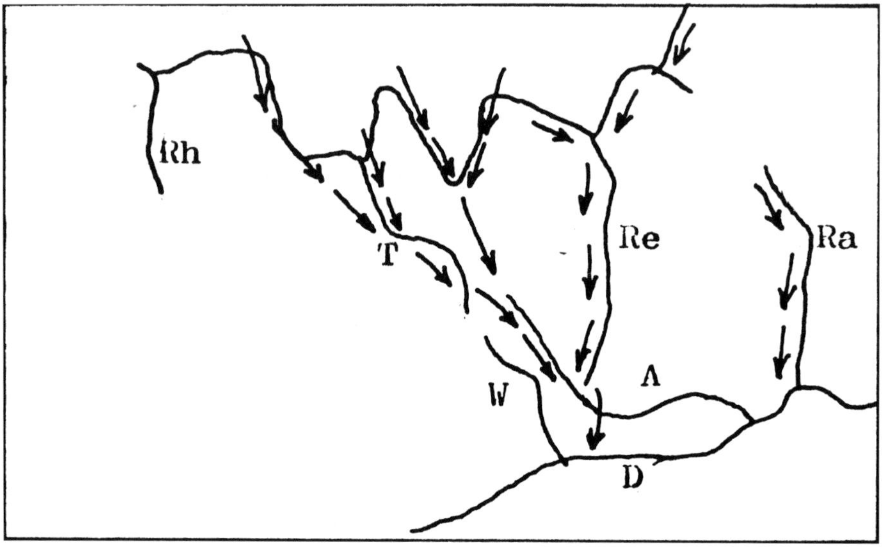

Abb. 102: Flußsystem nach Beurlen.
A= Altmühl, D= Donau, Ra= Raab, Re= Regnitz, Rh= Rhein, T= Tauber, W= Wörnitz.

heute entgegengesetzte Fließrichtung. Von Miltenberg an läßt Rutte seinen weiteren Fließweg offen, Beurlen läßt ihn über die Tauber zur Wörnitz und Altmühl fließen. Der ältere Unter-Main kann in dieser Form nur vor der Entstehung der Hanau-Seligenstädter Senke bestanden haben. Er könnte sich nach dem Ende der Jurazeit – vor 144 Mio. J. – auf der sich allmählich nach S und SO neigenden Juratafel entwickelt haben.

Spätestens mit dem Einbruch des Oberrheingrabens mitsamt der Hanau-Seligenstädter Senke in der Zeit von vor 42 bis 18 Mio. J. kann aber von Hanau bis Miltenberg kein Gefälle von N nach S mehr bestanden haben, so daß der ältere Unter-Main hier nicht mehr existiert haben kann.

Gibt es überhaupt ein geologisches Zeugnis für ihn? Rutte führt ein Zeugnis dafür an, es ist der Klingenberger Zufluß des älteren Unter-Mains.

Der Klingenberger Zufluß

In den älteren Unter-Main mündete nach Rutte bei Klingenberg ein von Norden kommender Nebenfluß, dessen heutige Spur in der Nähe von Klingenberg die Abbildung 104 zeigt.

Von Schippach bis fast nach Mechenhard erstreckt sich ein 400 bis 500 m breiter Graben, der dem Nebenfluß als Fließweg gedient haben kann. Die

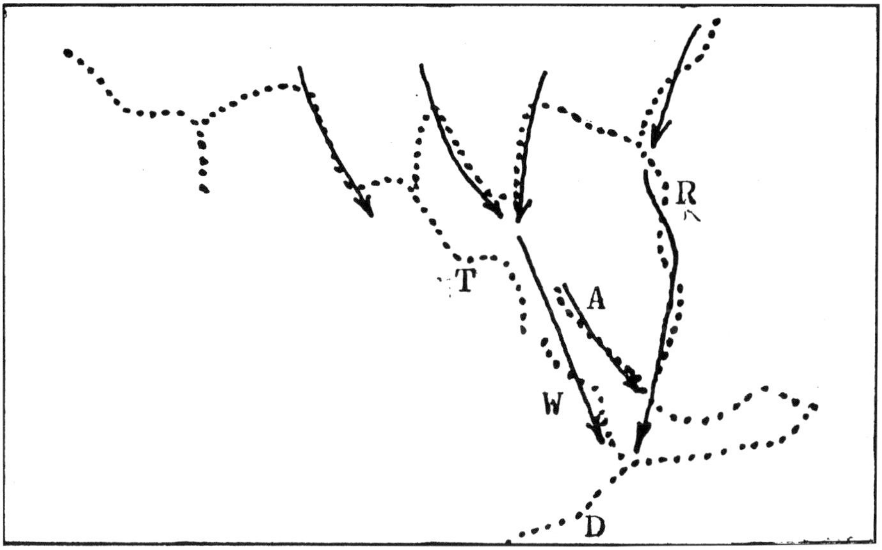

Abb. 103: Flußsystem nach Rutte.
A= Altmühl, D= Donau, R= Regnitz, T= Tauber, W= Wörnitz.

Ablagerungen des Klingenberger Flusses liegen in Höhen von 180 bis 200 mNN etwa 70 m über dem heutigen Main. Sie umfassen Muschelkalk und Quarzporphyr aus dem Spessart, Kieselschiefer und Diabas aus dem Thüringer Wald sowie Basalt. Als Herkunftsgebiet für den Basalt nimmt Rutte den Vogelsberg an. Es stellte sich für den Verfasser die Frage, ob es weitere Zeugnisse für einen aus dem Thüringer Wald gekommenen Fluß gibt. Den Quarzporhyr findet man bei Sailauf im Spessart. In der Nähe von Schlüchtern liegen bei Weiperz und am Habertshof Gerölle mit Gesteinen, die wahrscheinlich aus dem Thüringer Wald stammen. Es sind die aus der geologischen Literatur unter dem Namen »Weiperz-Schotter« bekanntgewordenen Gesteine Kieselschiefer und Diabas. G. Diederich beschrieb sie in den Erläuterungen zum geologischen Blatt 1: 25 000 Schlüchtern, äußerte aber keine Vermutungen über ihren Ursprung. H. Schneider bemerkte dazu jedoch, »gewisse Indizien verweisen auf den Raum des heutigen Thüringer Waldes«. Als ein weiteres Zeugnis für einen aus dem Thüringer Wald gekommenen Zufluß können die 3,5 km nö von Hünfeld bei Großenbach liegenden Gerölle gelten, die ebenfalls nur im Thüringer Wald vorkommende Gesteine enthalten. Jedenfalls nimmt die Bearbeiterin Renate Motzka des geologischen Blattes 1: 25 000 Hünfeld das als die wahrscheinlichste Deutung an. Eine Rekonstruktion des Klingenberger Flusses ergibt somit ungefähr den in Abbildung 105 gezeichneten Verlauf.

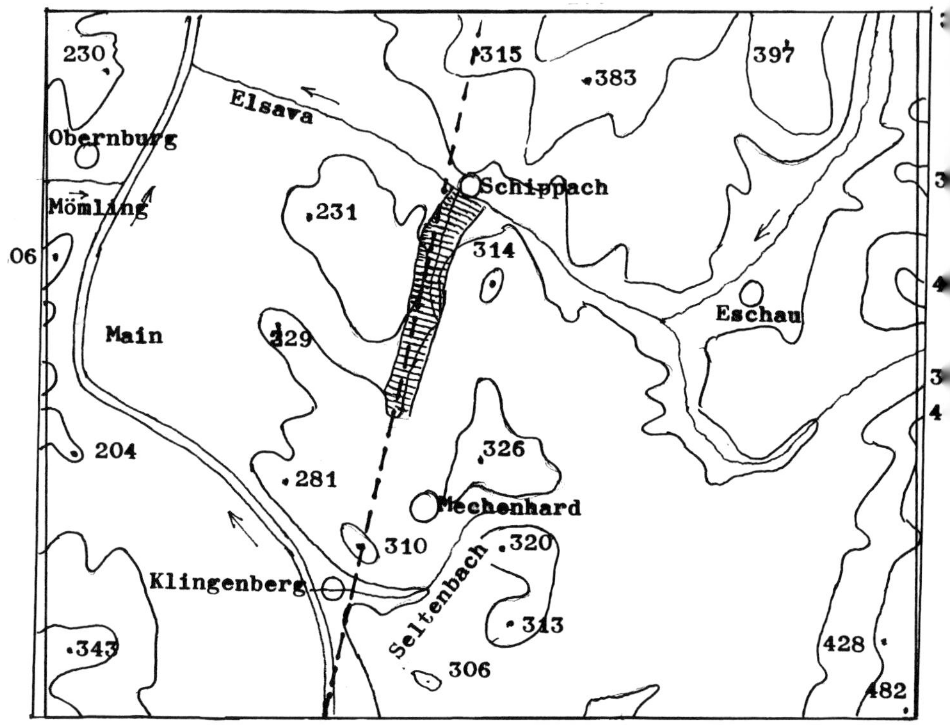

Abb. 104: Der Klingenberger Graben.

Man kann den Klingenberger Zufluß auch als die Ur-Werra bezeichnen, falls er denn existiert hat. Die Werra kann schon nach dem Ende der Jurazeit vor 144 Mio. J. entstanden sein. Ihre Quelle liegt heute im Thüringer Wald bei 767 mNN, sie hat früher wahrscheinlich noch höher gelegen, weil der Thüringer Wald gegenwärtig absinkt. Am Fuß des Thüringer Waldes verläßt sie seine kristallinen Gesteine und gelangt in den Muschelkalk. In ihm durchfließt sie heute bei Meiningen eine tiefe Stelle in 290 mNN, während sie früher in einem höheren Niveau von dort nach WNW fließend nach Großenbach in der Nähe von Hünfeld gelangt ist, wo Gesteine aus dem Thüringer Wald heute in Höhen von 340 bis 320 mNN lagern. Freilich hat die Hebung der Rhön dieses hohe Niveau mitverursacht.

Entsprechend der Neigung der von der Mitteldeutschen Schwelle hier nach Süden gerichteten Schichttafel der Jura- und Triasgesteine bog die Ur-Werra bei Großenbach nach SWS um. Sie verließ hier den Muschelkalk, um dann meist im Buntsandstein zu fließen. Der dort früher auflagernde Muschelkalk ist der Verwitterung zum Opfer gefallen. Erst auf dem Landrücken am Habertshof nnö von Schlüchtern befinden sich im Muschel-

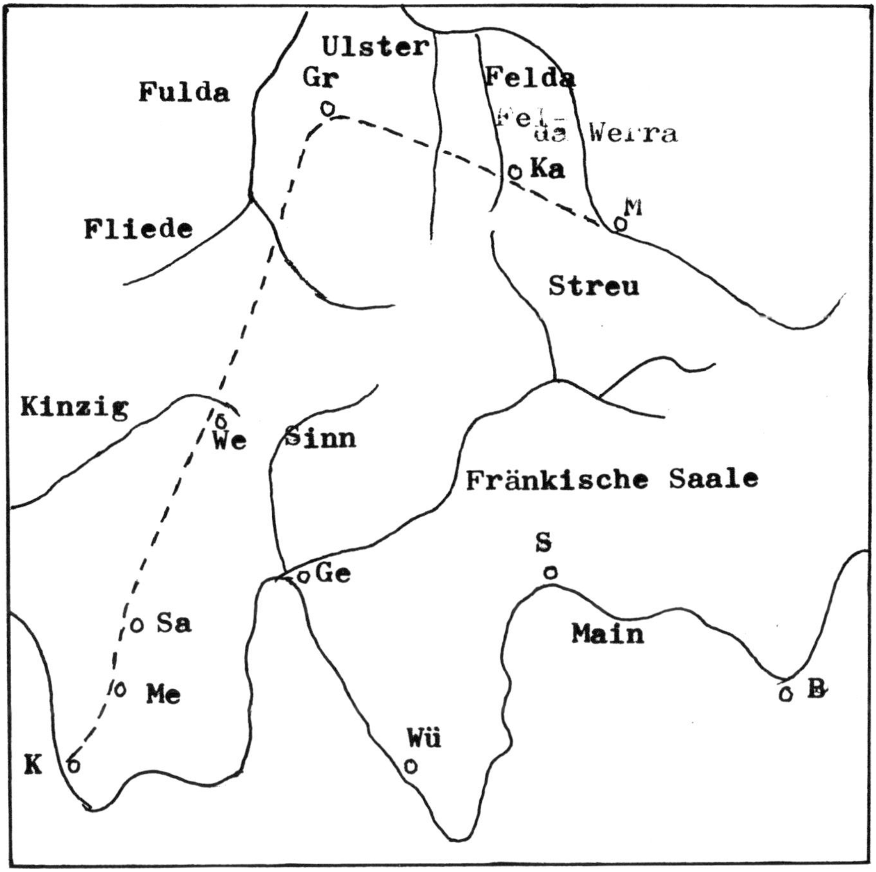

Abb. 105: Der Klingenberger Zufluß.
B= Bamberg, Ge= Gemünden, Gr= Großenbach, K= Klingenberg, Ka= Kaltensundheim, M= Meiningen, Me= Mespelbrunn, S= Schweinfurt, Sa= Sailauf, We= Weiperz, Wü= Würzburg.

kalk in 407 m Höhe einige Gesteine aus dem Thüringer Wald. Der vermutliche Flußlauf hat das früher noch nicht vorhandene Schlüchterner Becken in südlicher Richtung überquert und seine Spuren bei Weiperz in 465 bis 445 m Höhe in Muschelkalk-Dolinen hinterlassen. Sein weiterer Weg in ssw Richtung liegt heute fast durchweg im unteren Buntsandstein. Bei Sailauf, etwa nw von Aschaffenburg, erreichte er in 280 m Höhe den Ursprungsort der Quarzporphyre. Sein weiterer Weg nach Süden verläuft heute wieder im Buntsandstein. Über Mespelbrunn kann er das Tal der heutigen Elsava erreicht haben, dem sich dann, allerdings um 3 km nach Westen versetzt, der 3 km lange Graben von Schippach bis Mechenhard anschließt.

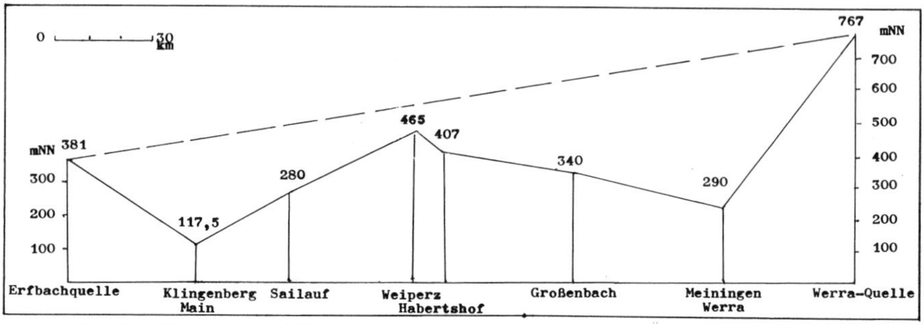

Abb. 106: Die Spuren des Klingenberger Zuflusses (5fach überhöht).

Wahrscheinlich ist der Klingenberger Zufluß früher von Klingenberg in gegenüber heute entgegengesetzter Fließrichtung im Tal des Mains nach Miltenberg und dann im Tal des dort mündenden Erfbachs weitergeflossen. In 300 m Höhe erreichte er den Muschelkalk und in 360 m Höhe den bis zu 30 m mächtigen Keuper. Eine der Quellen des Erfbachs liegt 381 m hoch und die Wasserscheide zur Tauber einige Meter höher. Über die Tauber gelangte er wahrscheinlich zur Altmühl und zur Donau. Abbildung 106 zeigt die Höhenlagen der Spuren des Klingenberger Zuflusses (mit 5facher Überhöhung).

Die in Frage kommenden Orte sind durch Luftlinien miteinander verbunden. Die direkte Verbindung der Werraquelle mit der Erfbachquelle entspricht vielleicht einem früheren Niveau des Zuflusses.

Gegenwärtig liegen tiefer: a) die Werra bei Meiningen etwa 400 m, b) Großenbach 280 m, c) der Habertshof 140 m, d) Weiperz 80 m, e) Sailauf 110 m, f) der Main bei Klingenberg 320 m.

Hebungen, Senkungen und Abtragungen seit der Entstehung des Klingenberger Zuflusses haben das frühere Niveau erheblich verändert. Die hohen Differenzen von 400 m bei der Werra und 320 m beim Main sind wesentlich durch das Einschneiden der Flüsse verursacht worden. Die übrigen Höhendifferenzen von 80 bis 280 m liegen in einem durchaus wahrscheinlichen Rahmen. Damit ist die zeitliche Entwicklung des Zuflusses angesprochen, den man auch als Ur-Werra bezeichnen könnte. Sie muß etwa vor 50 Mio. J. aufgehört haben zu bestehen. Denn gegen Ende des Eozäns und im anschließenden Oligozän (38 bis 24,6 Mio. J.) traten wesentliche Veränderungen ein. In dieser Zeit erfolgte der Einbruch des Oberrheingrabens, was zur Folge hatte, daß die ganze Hessische Senke zeitweise vom Meer überflutet wurde. Das geschah in der Zeit von vor 36 bis 31 Mio. J. Zu dem vom Meer bedeckten Gebiet gehörte auch die in Abbildung 50 dargestellte bis in die Rhön reichende Meeresbucht südlich und östlich von Fulda. In sie mündete die Ur-Werra bei dem 18 km von Meiningen entfernten Kaltensundheim,

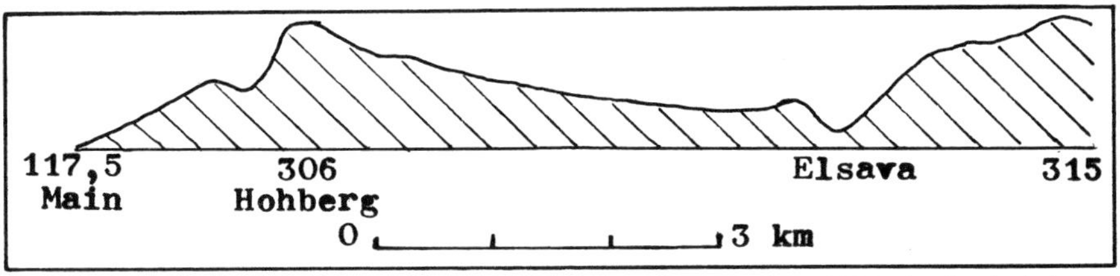

Abb. 107: Die Höhenverhältnisse beim Klingenberger Graben (10fach überhöht).

das in Abbildung 105 eingezeichnet ist. Damit endete die Existenz der Ur-Werra. Der Raum um Großenbach versank freilich nicht im Meere, aber das Gebiet um Weiperz wurde auch überflutet. Wahrscheinlich war fortan nur die Elsava noch ein Überbleibsel der früheren Ur-Werra. Noch nicht geklärt ist die Frage, woher der von der Ur-Werra nach Süden transportierte Basalt stammt. Den vermutlichen Fließweg von Meiningen nach Großenbach begleiten zahlreiche Basaltvorkommen, aber das Alter der Rhön-Basalte ist mit 26 bis 11 Mio. J. wesentlich jünger als die Ur-Werra. Ein mit 33 bis 32 Mio. J. älteres Basaltvorkommen in der Rhön existiert freilich als Ausnahme. Es kann also nicht ausgeschlossen werden, daß auch schon vor über 50 Mio. J. vereinzelte Basaltausbrüche erfolgt sind. Die Basalte auf dem Landrücken, bei Weiperz und bei Bad Orb, welche heute auf der vermutlichen Route der Ur-Werra liegen, sind mit rund 15 Mio. J. zu jung, um als Ursprung in Frage zu kommen. Das gilt auch für den von Rutte vermuteten Basalt des Vogelsberges. Es besteht aber noch eine weitere Möglichkeit für die Herkunft des Basalts, nämlich der Raum um Aschaffenburg. In der Abbildung 45 (siehe Seite 93) sind nw von Aschaffenburg 83, 70 und 50 Mio. J. alte Basaltvorkommen eingezeichnet worden. Eines liegt etwa 10 km vom vermutlichen Lauf bei Sailauf entfernt und könnte vielleicht als Ursprung in Frage kommen. Ein Nebenbach hätte dann den Basalt zur Ur-Werra transportiert. Die Frage ist noch offen. Die Bewegungen in der Erdkruste, welche die Existenz der Ur-Werra beendet haben, haben bis in die Zeit des Pliozäns angehalten. Gegenwärtig steigt der Spessart auf. Die Geländeverhältnisse beim Graben von Schippach bis Mechenhard bezeugen starke Veränderungen in den Höhenverhältnissen.

Die Abbildung 107 zeigt mit 5facher Überhöhung die Höhenlagen im Graben auf einer in Abbildung 104 gestrichelt eingezeichneten Strecke, die bei Klingenberg am Main beginnt und bis zur Höhe 315 m nördlich von Schippach geht. Das Gefälle im Graben geht heute entgegen dem ursprünglichen Gefälle von S nach N und ist mit über 3% sehr kräftig. Im Graben ist Ton abgelagert worden. Er gehört zu einer im Tertiär entstandenen Terrasse des Mains. Sein Alter ist als »jung-pliozän« bestimmt worden. Dementsprechend ist er vor 3,8 bis 2,5 Mio. J. dort abgelagert worden. Der Graben

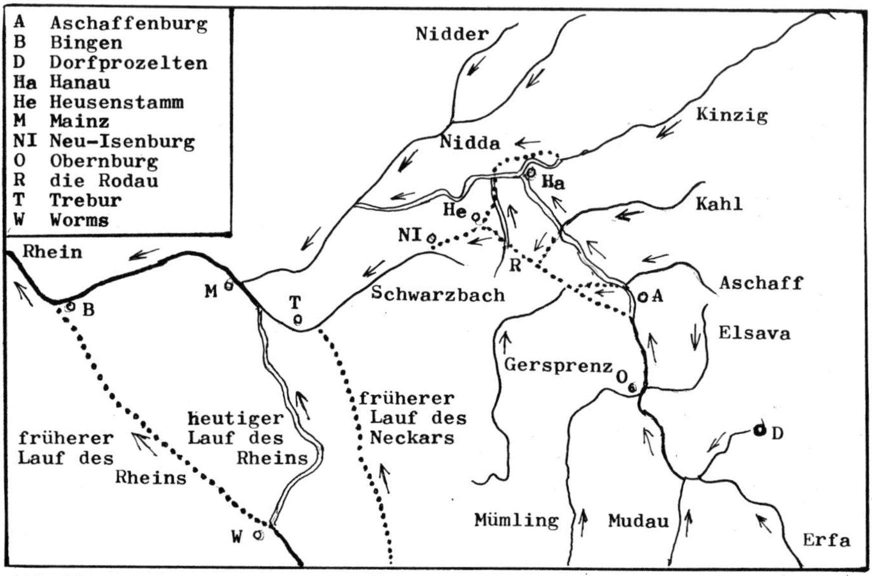

Abb. 108: Der jüngere Unter-Main.
Früher nicht existierende, aber gegenwärtige Flußläufe ═══
Frühere und gegenwärtige Flußläufe ———
Nur früher existierende Flußläufe ••••••••

schließt heute vor dem 306 m hohen Hohberg, während der Main auf dessen anderer Seite in einer Höhe von 117,5 mNN fließt, also 188,5 m tiefer. Bei Mechenhard liegt die Schwelle zwischen dem Graben und dem in den Main mündenden Seltenbach nur 270 m hoch, also 36 m tiefer.

Die Elsava hat sich, durch die Entstehung der Hanau-Seligenstädter Senke bedingt, von Schippach an einen kürzeren Weg nach Westen zum Main verschaffen können, so daß sie von dem Graben zwischen Schippach und Mechenhard ganz abgekoppelt worden ist.

Der Einbruch des Oberrheingrabens mitsamt der Hanau-Seligenstädter Senke hat die Existenz des älteren Unter-Mains beendet. An seine Stelle trat der jüngere Unter-Main, der von Miltenberg bis Hanau bereits die gegenwärtige Fließrichtung besaß, so daß die bei Klingenberg noch zufließenden Wasser nunmehr statt nach Süden jetzt nach Norden umgelenkt wurden.

Der jüngere Unter-Main

Nach der Entstehung der Hanau-Seligenstädter Senke hat sich der jüngere Unter-Main entwickelt. Ihn zeigt Abbildung 108. Als Zuflüsse hatte er links die Erfa, Mudau, Mümling, Gersprenz und Rodau. Von rechts flossen ihm

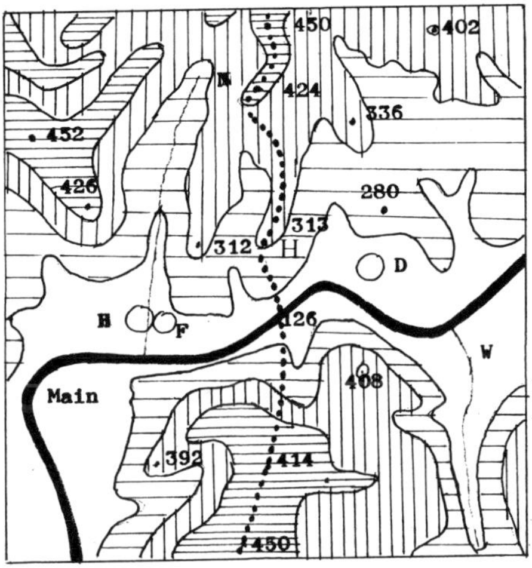

Abb. 109: Die Wasserscheide bei Dorfprozelten.
D= Dorfprozelten, F= Fechenbach, H= Heidenberg, N= Nollberg, R= Reichenhausen, W= Wildbach.

zu die Elsava, Aschaff, Kahl und Kinzig. An der Elsava-Mündung erreichte er die Senke. Er floß von dort zunächst nach Norden, dann in nordwestlicher Richtung bis Heusenstamm, während er gegenwärtig nördlicher fließt. Von Heusenstamm floß er nach Neu-Isenburg und folgte dann dem heutigen Lauf des Schwarzbachs bis zu seiner Mündung bei Trebur in den früher dort fließenden Neckar. Der Rhein floß früher weiter westlich in gerader Strecke von Worms nach Bingen. Die Aschaff und Kahl mündeten mit um ein paar Kilometer verlängerten Läufen in den früheren Lauf des Mains. Die Kinzig floß indessen früher nördlich von Hanau in westlicher Richtung bis Hochstadt, bog dort nach Süden um und mündete bei Heusenstamm in den früheren Mainlauf.

Der Unter-Main war ein nur schwaches Gewässer, weil sein Einzugsgebiet nur ein Siebentel des Einzuggebietes des späteren vollendeten Mains umfaßte. Nun muß der Unter-Main noch einen weiteren Zufluß gehabt haben, der einem Teil seines heutigen Bettes oberhalb von Miltenberg entspricht, weil sich der Unter-Main hier später dem unteren Mittel-Main angeschlossen hat. Seine Quelle kann nur in dem Abschnitt von Miltenberg bis Wertheim, wo die Tauber mündet, gelegen haben. Geologische Zeugnisse dafür gibt es nicht, aber nach den Geländeverhältnissen hat diese Quelle wahrscheinlich in der Gegend von Dorf- und Stadtprozelten gelegen. Durch rückschreitende Erosion muß der Unter-Main Anschluß an den unteren Mittel-Main erreicht haben. Der Zeitpunkt ist unbekannt.

Die Absenkung des Rheingrabens und mit ihm der Hanau-Seligenstädter Senke ist vor 18 Mio. J. zu Ende gegangen. Der jüngere Unter-Main kann also erst danach entstanden sein. Im vor 24,6 Mio. J. begonnenen Miozän hatte sich die Niederschlagsmenge vor rund 23 Mio. J. in den folgenden

6 Mio. J. auf das Doppelte gesteigert, und sie behielt dieses hohe Maß noch weitere 3 Mio. J. lang bei. Damit könnte der jüngere Unter-Main in der Zeit von vor 18 bis 14 Mio. J. entstanden sein und vielleicht vor etwa 14 Mio. J. die Dorfprozeltener Wasserscheide durchbrochen haben. Büdel vermutet eine solche in dieser Gegend.

Die Abbildung 109 zeigt das Gelände bei Dorfprozelten, wo die Uferhöhen nahe an das Bett des Mains herantreten und der Main sich etwa 300 m tief eingeschnitten hat.

Nach der Überwindung der Wasserscheide flossen der Tauber keine Wasser des unteren Mittel-Mains mehr zu, ihre »Quelle« versiegte. Daß es dann auch noch zu einer Umkehr der Fließrichtung in dem abgekoppelten Bett der Tauber gekommen ist, kann nur durch Hebungs- und Senkungs-Vorgänge in dem Raum südöstlich von Wertheim erklärt werden. Wahrscheinlich hob sich der heutige Quellbereich der Tauber etwas, während der Bereich zwischen der heutigen Tauberquelle und dem nördlich davon fließenden Main teilweise nicht an dieser Hebung teilnahm. Beurlen gibt Hinweise darauf, daß die Einsenkung des Kraichgaus (zwischen Schwarzwald und Odenwald) sich auch nach Ost-Nord-Osten »bis in den Bereich des Taubertals« fortgesetzt hat, womit die Umkehr der Fließrichtung der Tauber erklärt werden kann.

Der untere Mittel-Main

Der untere Mittel-Main entspricht dem größten Teil der östlichen, rechten Seite des Main-Vierecks, etwa dem Abschnitt von Lohr bis Wertheim. Zwischen Wertheim und Gemünden müßte eine Wasserscheide bestanden haben. Geologische Zeugnisse dafür fehlen. Büdel vermutete sie in der Gegend von Lohr. Nach den Geländeverhältnissen der Gegenwart zu urteilen, lag sie wahrscheinlich oberhalb von Lohr. Die Abbildung 110 zeigt die dortigen Verhältnisse. Zweifellos gehört die Lohr mit ihrem von NW nach SO gehenden Lauf zum *unteren* Mittel-Main. Dagegen muß der Sindersbach mit seinem von W nach O gehenden Lauf zum *oberen* Mittel-Main gehört haben. Er mündet bei Stadtprozelten in den Main. Der obere Mittel-Main hatte als Quellfluß die Sinn, die mit der fränkischen Saale zusammen bei Gemünden in den früher von Gemünden – entgegen seiner heutigen Fließrichtung – nach Süden weiterfließenden oberen Mittel-Main mündete. Die Mündung der Sinn und der Saale ist in der Abbildung 111 noch zu sehen. Die Wasserscheide zwischen der Lohr und dem Sindersbach verläuft vom 466 m hohen Heegküppel über den 536 m hohen Sackenbacher zum Herrnberg und erreicht den (heutigen) Main bei Sackenbach. Auf der anderen Seite des Mains muß die Wasserscheide von N nach S über den 338 m hohen Buchberg verlaufen sein, denn östlich davon fließen der Buchbach und der Ziegelbach von SSO nach NNW, so daß sie dem oberen Mittel-Main zuge-

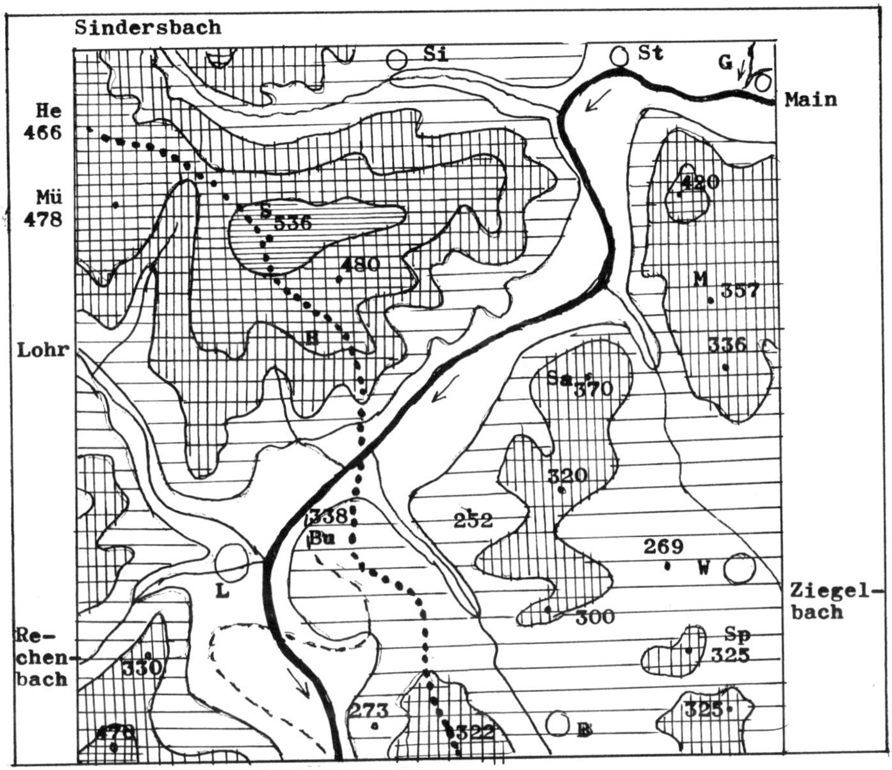

Abb. 110: Die Wasserscheide bei Lohr.
B= Buchenbach, Bu= Buchberg, H= Herrnberg, He= Heegküppel, M= Mühlberg, Mü= Müsselberg, G= Gemünden, S= Sackenbacher, Sa= Salzberg, Si= Sindersbach, Sp= Sperbühl, St= Stadtprozelten, W= Wiesenfeld.

flossen sein müssen. Der Main hat sich etwa 217 m tief eingeschnitten. Er floß früher bei Lohr in großen Mäanderbogen, die in Abbildung 110 durch die gestrichelten Linien gekennzeichnet worden sind. Oberhalb der Wasserscheide muß ein kleiner, von SW nach NO gerichteter Nebenbach des Sinderbaches existiert haben, welcher dem heutigen Bett des Mains nördlich von Sackenbach bis zum Sindersbach entsprochen hat. Durch rückschreitende Erosion hat der untere Mittel-Main die Sackenbacher Wasserscheide wahrscheinlich überwunden. Er zwang die Wasser des Mainabschnitts nördlich von Sackenbach mitsamt denen des Sinderbachs sowie der Sinn und der Saale zum Abfluß nach Südwesten. Das hatte ferner auch noch die Fließumkehr im linken Schenkel des Main-Dreiecks von Gemünden bis Marktbreit zur Folge. Der Main floß hier früher von NW nach SO, während er heute in umgekehrter Richtung fließt.

Der obere Mittel-Main

Der obere Mittel-Main umfaßte das sogenannte Main-Dreieck. Sein westlicher Arm hatte als Quelle die in der Rhön entspringende Sinn, die bei Gemünden den Main erreicht. Auf dem Abschnitt Gemünden-Ochsenfurt floß er in gegenüber heute umgekehrter Richtung. Der östliche Arm des Main-Dreiecks war der Abschnitt Schweinfurt-Marktbreit, wo er wie heute in südlicher Richtung floß. Die von Ochsenfurt und Marktbreit nach Süden weiterfließenden Wasser gelangten über die Aisch oder Altmühl schließlich zur Donau. Nachdem sich der untere Mittel-Main durch rückschreitende Erosion an den oberen Mittel-Main angeschlossen hatte, brach die Verbindung des oberen Mittel-Mains mit der Aisch oder Altmühl ab, und die Wasser des östlichen Armes flossen nunmehr von Marktbreit weiter nach Ochsenfurt und von dort in der heutigen Fließrichtung über Gemünden zum unteren Mittel-Main. Der Main erreichte damit seine halbe Wasserkraft.

Im Zusammenhang mit der Fließumkehr des Mains zwischen Gemünden und Marktbreit sowie auch zwischen Dorfprozelten und Wertheim stellt sich die Frage, ob die heutigen Gefälle in diesen Mainabschnitten noch die Fließumkehr bestätigen. Normalerweise nimmt das Gefälle eines Flusses von der Quelle bis zur Mündung immer mehr ab. In Abschnitten mit Fließumkehr müßte es zum mindesten in dem auf den Durchbruch der Wasserscheide folgenden Flußabschnitt oberhalb der Wasserscheide aber kleiner als unterhalb gewesen sein. Betrachtet man die heutigen Gefälle, so kann eine Fließumkehr freilich nicht bestätigt werden. Das Gefälle in dem 16,3 km langen Abschnitt Wertheim-Dorfprozelten beträgt 0,43 Promille und im mit 14,4 km etwa gleichlangen Abschnitt von Dorfprozelten bis Miltenberg nur 0,28 Promille. Es ist hier also wesentlich geringer!

Das Gefälle von Marktbreit bis Lohr beträgt in dem 77 km langen Abschnitt 0,38 Promille und in dem mit 74,5 km etwa gleichlangen Abschnitt von Lohr bis zur Erfa-Mündung bei Miltenberg nur 0,34 Promille. Es ist im unteren Abschnitt also auch etwas geringer!

Zweifellos hat die lange – sicher nach Millionen Jahren zählende – Zeit, die seit der Überwindung der Wasserscheiden vergangen ist, die ursprünglichen Gefälle verändert und das normale Bild eines zur Mündung hin immer mehr abnehmenden Gefälles herbeigeführt. Außerdem können auch Hebungen und Senkungen die ursprünglichen Höhenverhältnisse verändert haben. Daß der Spessart gehoben worden ist, steht zum Beispiel fest. Deshalb sprechen die neuen Gefälle nicht gegen die Möglichkeit einer weit zurückliegenden Fließumkehr. Die Umkehr der Fließrichtung im Abschnitt Gemünden-Marktbreit hatte Büdel schon 1957 behauptet. Andere Geologen sahen sie dagegen als sehr unwahrscheinlich an und glaubten nicht an die Möglichkeit einer Rekonstruierung. Von 1968 an sahen die Geologen die

Fließumkehr jedoch als wahrscheinlich an, und 1977 nahm Schwarzmeyer bei der Bearbeitung der geologischen Blätter Karlstadt und Remlingen die Fließumkehr sogar als gesichert an.

Der Ober-Main

Zur Vollendung des Mains gehörte noch der Anschluß des Ober-Mains von seinen Quellen bis Bamberg. Die Hauptquelle des Mains ist die des Weißen Mains im Fichtelgebirge am Osthang des Ochsenkopfs in 890 m Höhe. Nach seiner Vereinigung mit dem kleineren Roten Main fließt der Main nach Bamberg. Hier wendet er sich heute nach Westen. Früher war das jedoch anders. Früher floß er über die Regnitz, Rednitz und schwäbische Rezat nach Süden zur Donau. Ein von Westen nach Bamberg im Osten fließender kleiner Quellfluß hatte seine Quelle wahrscheinlich an einer flachen Talwasserscheide bei Eltmann. Diese Wasserscheide lag im Zuge des Kellerwaldsattels, der sich in der Richtung über Fulda und Kissingen bis in die Gegend von Haßfurt erstreckte. Es wird von den Geologen angenommen, daß der Mittel-Main die Eltmanner Wasserscheide durch rückschreitende Erosion überwinden konnte. Wahrscheinlich müssen aber Hebungen im Gebiet des Bamberger Kessels mitgewirkt haben, dem Ober-Main das Umlenken bei Bamberg nach Westen zu ermöglichen. Die Luftlinie zwischen Eltmann und der Einmündung der Regnitz bei Bamberg ist 14 km lang, und der 15,5 km lange Fließweg des gegenwärtigen Mains auf der Strecke Bamberg- Eltmann hat hier das nur geringe Gefälle von 0,5 Promille. Auf der folgenden Strecke bis Haßfurt ist es allerdings noch geringer. Der Main hat sich bei Eltmann etwa 155 m tief eingeschnitten. Der Zeitraum für die Überwindung der Eltmanner Wasserscheide wird von den Geologen auf die Zeit des älteren Pleistozäns vor 2,5 bis 1,25 Mio. J. angenommen.

Mit der Angliederung des Ober-Mains verdoppelte sich die Größe seines seitherigen Einzugsgebietes, so daß der Main nunmehr rund neun Zehntel seines späteren endgültigen Einzugsgebietes besaß.

Rutte nimmt in seinem 1987 erschienenen Werk »Rhein, Main, Donau« an, daß eine nach Süden gerichtete Entwässerung beim Unter-Main, Klingenberger Fluß sowie beim unteren und oberen Mittel-Main noch in der Übergangszeit vom Pliozän zum Pleistozän vorhanden gewesen ist. Dieser, von ihm als Arvernensiszeit bezeichnete Zeitraum liegt rund 3 bis 2 Millionen Jahre zurück. Dongus stellt in seiner Kritik jedoch fest, daß eine so späte Südentwässerung unwahrscheinlich ist, weil die Main-Schotter dieser Zeit beim Main nur etwa 250 bis 300 mNN hoch liegen, während gleichalte Gerölle bei Ulm 500 bis 600 mNN hoch liegen, und eine so späte Hebung der Alb nicht angenommen werden kann. Die Hebung der Alb erfolgte im oberen Miozän schon vor rund 11 bis 5 Mio. J.

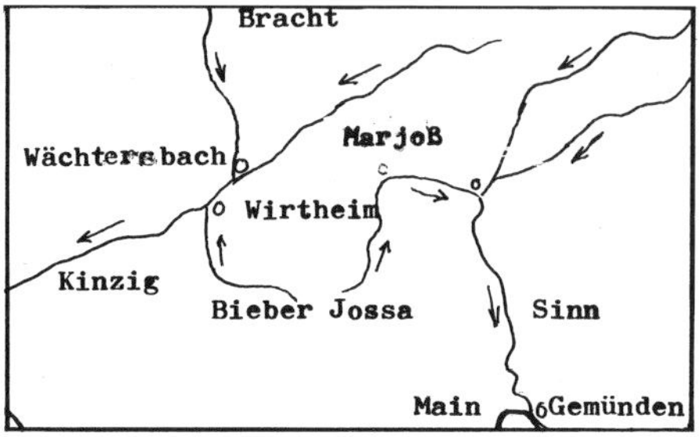

Abb. 111: Bieber, Jossa und Sinn in der Gegenwart.

Rutte stellt zudem fest, daß der Main oberhalb von Kitzingen auf dem westlichen Ufer Terrassen hat und die ihnen entsprechenden Terrassen auf dem östlichen Ufer fehlen. Ob Salzauslaugungen in dem auf dem östlichen Ufer liegenden Muschelkalk ein Absinken der früheren Uferhöhen mitsamt ihren Terrassen bewirkt haben können, ist eine noch offene Frage.

Rechte Nebenflüsse des Mains

Die Sinn wurde oben erwähnt als Quellfluß des westlichen Arms des Main-Dreiecks. Sie ist in Abbildung 111 zu sehen. Diese Abbildung zeigt den heutigen Zustand.

Es ist nicht mehr feststellbar, ob sie mit gegenüber heute umgekehrter Fließrichtung schon im Oligozän und Miozän existiert hat und in die im Gebiet der heutigen Rhön damals vorhandene Meeresbucht eingemündet ist. Geologische Zeugnisse dafür gibt es nicht. Immerhin spricht das in rheinischer Richtung angelegte Tal eher für ein hohes als für ein junges Alter. Den vermutlich früheren Lauf zeigt Abbildung 112.

Spätestens seit dem im Pliozän vor rund 5 Mio. J. begonnenen Aufstieg der Rhön ist die Sinn jedoch als ein das Gebirge nach Süden entwässernder Fluß entstanden. Miozäne Ablagerungen liegen heute am Rande der Basaltdecke des höchsten Rhönberges, der 950 m hohen Wasserkuppe, bis in 878 mNN Höhe. Vor 5 Mio. J. lagen sie noch im Meeresniveau, das damals allerdings wahrscheinlich bei 65 mNN lag. Für die Hebung der Rhön in 5 Mio. J. um 800 m errechnet sich eine Hebungsrate von 16 Millimeter in 100 Jahren. Die Quelle der Sinn liegt heute 800 m hoch und ihre Mündung in den Main 152 m.

Die Sinn hat als Zufluß die bei der Ortschaft Jossa in sie einmündende Jossa. Auf den Abbildungen 111 und 112 ist sie eingezeichnet. Es fällt auf, daß ihr anfänglicher Lauf von Pfaffenhausen bis Mernes oder Marjoß von S nach N, also in rheinischer Richtung angelegt ist. Das spricht dafür, daß sie

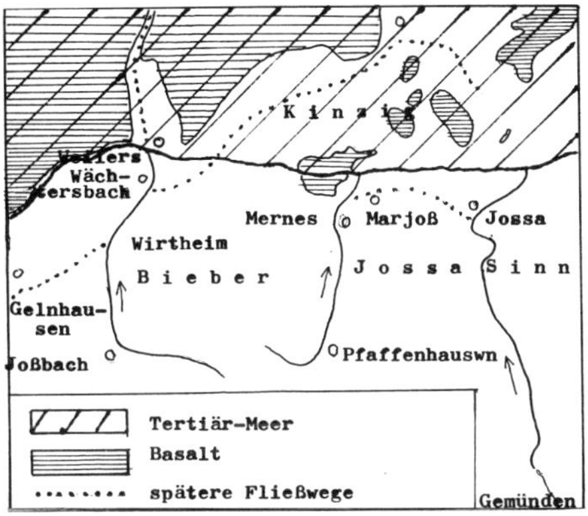

Abb. 112: Bieber, Jossa und Sinn im Alt-Tertiär.

früher von Mernes / Marjoß weiter nach Norden geflossen ist, wo sie schon nach wenigen Kilometern in die oligozäne und miozäne Meeresbucht einmünden konnte. Heute biegt die Jossa bei Marjoß scharf nach Osten um und erreicht bei der Ortschaft Jossa die nach Süden fließende Sinn. Allerdings sprechen die heutigen Höhenverhältnisse nicht gerade für die Möglichkeit eines früheren Weiterfließens nach Norden oder Nordosten. Sie sind in Abbildung 113 dargestellt.

Die Quelle der Jossa liegt 454 m hoch, und an der Umlenkung nach Osten fließt sie bei Mernes noch in einer Höhe von 260 m. Den Weg nach Norden versperrt ihr heute eine bis zu 470 m aufragende Höhe, wo auf dem Buntsandstein noch eine Basaltdecke liegt. Die von Basaltausbrüchen begleitete Hebung des Spessarts hat der Jossa den Weg nach Norden und Nordwesten versperrt und sie an einer von Westen nach Osten streichenden Verwerfung zum Abbiegen nach Osten gezwungen. Südlich dieser Verwerfung ist das Gelände später dann noch gehoben worden.

Etwa 15 km westlich der Jossa fließt die Bieber. Sie ist heute ein Zufluß der Kinzig. Auch sie ist in Abbildung 111 dargestellt. Bei ihr ist die Annahme, daß sie früher einmal nach Norden fließend in die oligozäne Meeresbucht mündete, gut begründet. Die Kinzig bestand im Oligozän noch nicht. Ihr Lauf ist in Abbildung 112 gepunktet gezeichnet. Die Bieber floß von Roßbach über Wirtheim, wo sie heute in die Kinzig mündet, in deren heutigem Tal noch etwa 4,5 km weiter nach Norden bis Wächtersbach und im Tal der heutigen Bracht in gleichfalls umgekehrter Fließrichtung noch etwa 2,5 km nach Norden, bis sie bei Weilers in das tertiäre Meer mündete. Die Bracht existierte damals auch noch nicht.

Die Bieber hat ihre Quelle heute in einer Höhe von 319 m. An ihrer Biegung bei Roßbach fließt sie in 190 m Höhe und bei Wirtheim in 134 m Höhe. Sie kann von dort mit gleichmäßigem Gefälle bei Weilers die Meeresbucht erreicht haben.

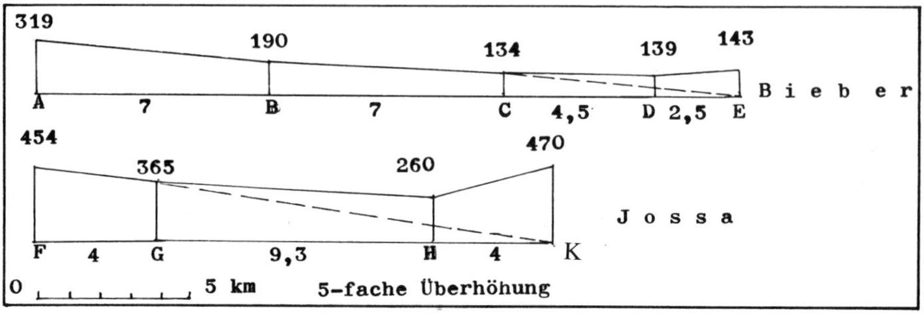

Abb. 113: Die Entfernungen und Höhen bei der Bieber und Jossa. A= Quelle, B= Biegung bei Roßbach, C= Wirtheim, D= Wächtersbach, E= Weilers, F= Quelle, G= Biegung bei Pfaffenhausen, H= Mernes, K= Meeres-Ufer im Tertiär.

Erst mit der Entstehung des Vogelsberges entwickelten sich die Kinzig und die Bracht, wodurch schließlich die heutigen Verhältnisse herbeigeführt wurden.

Ebenso wie die Rhön ist auch der Spessart im Pliozän gehoben worden. In dieser Zeit haben sich seine Entwässerungsrinnen entwickelt. Dazu gehören die nach SO fließende Lohr und die Hafenlohr. Der Main muß schon genügend Kraft gehabt haben, die Hebung des Spessarts durch Eintiefen und Ausräumen des Flußbettes auszugleichen. Die Mäander des Mains vor Wertheim bezeugen einen zeitweiligen Stau des Mains vor der sich von Wertheim bis Miltenberg erstreckenden Buntsandsteintafel des Spessarts, in die sich der Main bis zu 170 m tief einschneiden mußte.

Im Pliozän entstanden auch die den Spessart nach Westen entwässernden Nebenflüsse des Mains: die Elsava, Aschaff und Kahl.

Die Kinzig entstand nach dem Ende der vulkanischen Ergüsse des Vogelsberges spätestens vor rund 5 Mio. J. als Vorfluter der den basaltisch aufgewölbten Vogelsberg von Norden nach Süden entwässernden Bäche, u. a. der Salz und der Bracht. Diesen Bächen wurde der weitere Weg nach Süden durch den Riegel des von SW nach NO streichenden Spessart-Gebirges verlegt, so daß die Kinzig von NO nach SW zum Main fließen mußte.

In der Hanau-Seligenstädter Senke lagerten der Main und die Kinzig sowie die Gersprenz und die Rodau den größten Teil ihrer Fracht an Sand, Ton, Lehm und Geröllen ab. Infolgedessen bildete sich in der Senke ein großer Ablagerungsraum, zumal sie nach Westen hin durch eine flache Schwelle vom Mainzer Becken fast ganz abgeriegelt war. Diese Schwelle war die Verlängerung des Sprendlinger Horsts, der über den Sachsenhäuser Berg bei Frankfurt in die nördlich des Mains gelegene Hohe Straße überging. Die Abbildung 114 zeigt die Schwelle mit 40facher Überhöhung.

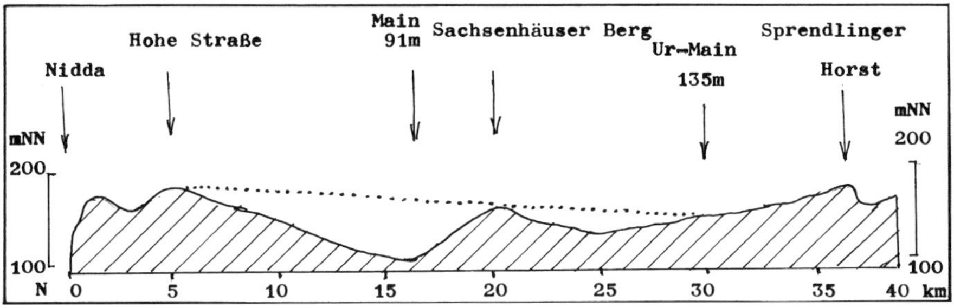

Abb. 114: Querschnitt von Norden nach Süden durch die Isenburger Pforte mit 40-facher Überhöhung.

Der Main querte die Schwelle in einer anfangs nur schmalen Rinne an der Neu-Isenburger Pforte. Sie liegt heute bei 135 mNN Höhe und ist 7,5 km vom Main entfernt, der in 91 mNN Höhe durch Frankfurt fließt.

Westlich der Isenburger Pforte floß der Main nach Trebur, wo er in den damals dort fließenden Neckar mündete.

Schon am Ende der Tertiärzeit sind Ablagerungen zustandegekommen, was sich in den Resten einer ersten Terrasse erkennen läßt, die bis zu 65 m über dem heutigen Mainspiegel liegt.

In der Eiszeit kam es dann zu einer Talverschüttung. Insgesamt wurden sieben weitere Terrassen gebildet. Die erste davon liegt 30 bis 40 m über dem Main. Ihre Grenzen sind in Abbildung 115 zu sehen.

Das schraffierte Gebiet umfaßt 530 bis 540 Quadratkilometer und ist damit so groß wie der Bodensee. Es ist jedoch kein See gewesen, sondern ein weitflächiges Bett des in ihm umherpendelnden Mains, der meist in mehrere Fließwege aufgespalten war, sich die Rinnen zum Teil verstopfte und dann neue Fließwege bahnen mußte.

Während der Kaltzeiten war die Geröllfracht am größten. In den darauffolgenden Warmzeiten wurde das Geröll bei einer Eintiefung des Mains zum Teil abgeräumt, so daß eine Terrasse zurückblieb. Daß der Main sein Bett allmählich von einem anfangs mehr südlichen Lauf nach Norden verlagerte, ist auf den Schwemmkegel der Rodau zurückzuführen; er hat den Main nach Norden gedrängt. Der Main gab dementsprechend den Weg durch die Isenburger Pforte allmählich auf zugunsten eines nördlich bei Frankfurt gelegenen Durchflusses. Wahrscheinlich benutzte er seit rund 350 000 Jahren nur noch den nördlichen Weg. Die in Frankfurt ursprünglich vorhandene Schwelle hat den Franken das Durchqueren des Flusses in einer Furt ermöglicht, was den Namen der Stadt erklärt. Noch im Mittelalter hatte der Main in Frankfurt zwei Arme. Der südliche Arm oder Lange Bruch in Sachsenhausen besteht nicht mehr.

Zu den rechten Nebenflüssen des Mains gehört auch die Nidda, die

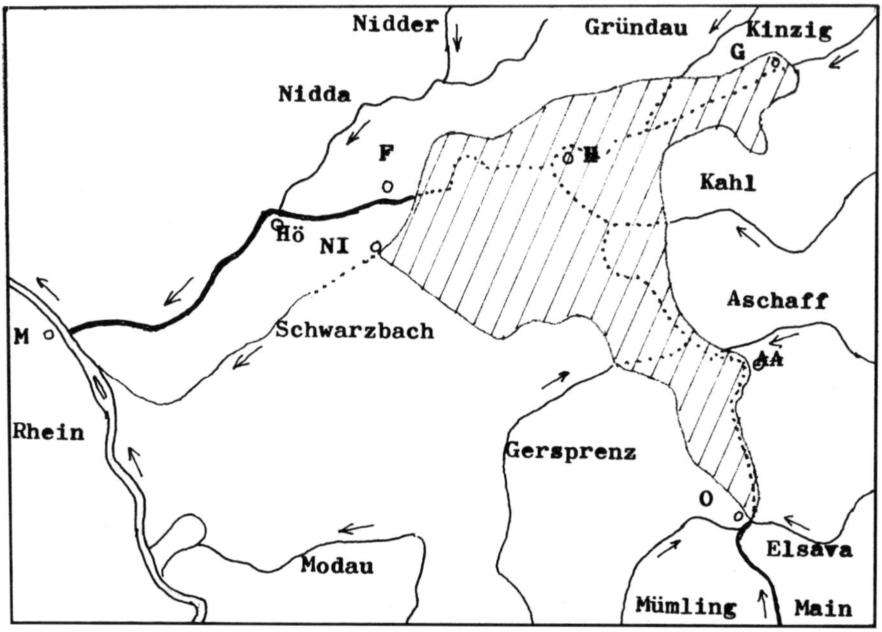

Abb. 115: Die Aufschüttungsebene.
A= Aschaffenburg, F= Frankfurt, G= Gelnhausen, H= Hanau, H= Höchst, M= Mainz, NI= Neu-Isenburg, O= Obernburg.

westlich von Frankfurt bei Höchst in den Main mündet. Das mit ihr verbundene Flußsystem ist in Abbildung 116 zu sehen.

Sie ist ebenso wie die Kinzig nach dem Erlöschen des Vogelsberg-Vulkanismus spätestens vor 5 Mio. J. entstanden und entwässert den Vogelsberg nach SW. Als Zufluß nimmt sie unweit von Bad Vilbel die gleichalte Nidder auf, die fast immer parallel zur Nidda fließend gleichfalls den Vogelsberg nach SW entwässert. Auf den in sie in der Nähe von Altenstadt mündenden Seemenbach wurde bereits eingegangen. In der Nähe von Nieder-Florstadt nimmt die Nidda noch die Wasser der Horloff auf. Sie fließt vom Vogelsberg zunächst in westlicher Richtung und biegt dann auffälligerweise nach Süden um, so daß sie von Hungen an genau von N nach S fließt.

Das war nicht immer so. Früher floß sie von Hungen nach Westen weiter, so daß sie bei Muschenheim die Wetter erreichte. In Abbildung 116 ist die frühere Verbindung gepunktet eingezeichnet. In Abbildung 117 sind die Verhältnisse noch einmal in einem größeren Maßstab dargestellt.

Die Höhen über 170 m sind kreuzweise schraffiert. Nun brach nach den Eruptionen des Vogelsberges in rheinischer Richtung der Horloff-Graben ein. Er ist in Abbildung 117 gekennzeichnet.

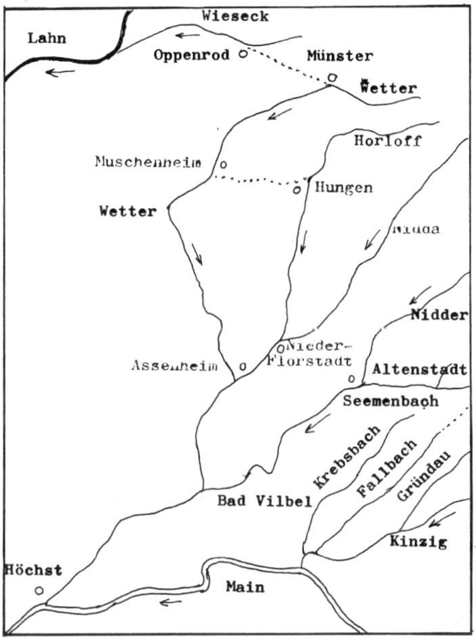

Abb. 116: Das Flußsystem der Nidda.

Er ist durch die Höhenlinie 150 m begrenzt dargestellt. Infolge des Grabeneinbruchs gab die Horloff ihren Lauf nach Westen auf und floß von Hungen an im Graben nach Süden. Die Verbindung zur Wetter riß ab.

Die den Vogelsberg zunächst nach Westen entwässernde Wetter soll früher von Münster an nach Oppenrod geflossen sein, wo sie in den Lauf der Wieseck mündete, die nach Westen fließend bei Gießen die Lahn erreicht. Erst durch rückschreitende Erosion eines zwischen Münster und dem 15 km davon entfernten Muschenheim entspringenden zweiten Abschnittes der späteren Wetter soll sie den ersten Abschnitt bei Münster angezapft haben, so daß die Verbindung zur Wieseck abriß und zwischen Oppenrod und Münster eine Fließumkehr stattfand. Nach den weiter unten folgenden Ausführungen über die Flußgeschichte der Lahn ist diese komplizierte Flußgeschichte der Wetter jedoch unwahrscheinlich. Sie kann auch schon früher von Münster an nach Südwesten weitergeflossen sein.

Die Nidda hatte also mit ihren zahlreichen Zuflüssen ein großes Einzugsgebiet. Sie floß im Unterlauf früher auch unabhängig vom Main, der anfangs viel südlicher als heute floß. Der frühere Lauf des Mains ist in Abbildung 108 eingezeichnet. Erst nach der Verlagerung des Mainbettes nach Norden ging der Main bei Höchst in das hier schon von der Nidda durchflossene heutige Bett über, so daß der Main nunmehr noch etwa ein Zehntel seines endgültigen Einzugsgebietes hinzugewann.

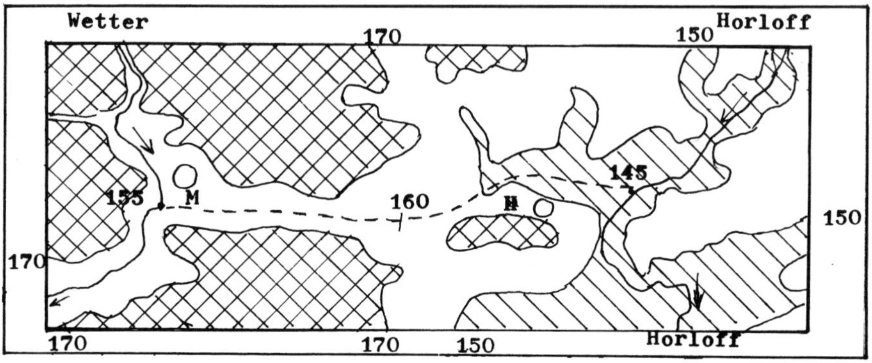

Abb. 117: Der frühere Lauf der Horloff.
H= Hungen, M= Muschenheim.

Die Gewässer im Taunus

Zwischen dem Hunsrück und Taunus hat sich der Rhein eingegraben. Es ist bereits ausgeführt worden, daß dieser Prozeß vor rund 1,5 Mio. J. begonnen hat. Damit kann die Hebungsrate ermittelt werden. Zwischen Aßmannshausen und Lorch hat der Rhein bei Trechtlingshausen den Taunus-Kamm durchbrochen. Zwischen dem linksrheinischen 618 m hohen Franzosenkopf und dem 5,7 km davon entfernten rechtsrheinischen 538 m hohen Jägerhorn hat er sich um rund 584 m eingetieft. Die Abbildung 118 zeigt die Abmessungen, wobei die Höhen 2,5fach überhöht gezeichnet sind.

Mit diesen Werten errechnet sich eine Hebungsrate von 39 mm in 100 Jahren. Sie stimmt mit einer in der Literatur angegebenen Hebungsrate von 30 bis 50 mm in 100 Jahren überein. Nach ihr beträgt der Durchschnitt 40 mm in 100 Jahren. Diese Hebungsrate setzt allerdings einen gleichmäßigen Aufstieg des Taunus voraus, weil sie ein Durchschnittswert ist. Vor kurzem hat man aber für den Südrand des Taunus bei Eppstein eine Hebungsrate von nur 10 mm in 100 Jahren ermittelt, also einen sehr viel kleineren Wert. Es ist anzunehmen, daß die Hebung vor 1,5 Mio. J. nur langsam begann, vor 0,75 Mio. J. ihren größten Wert erreichte und vor 0,4 Mio. J. bis auf 618 m gelangt war, so daß sich für die letzten 400 000 Jahre gerade die kleinere Hebungsrate ergibt.

Die Kenntnis der Hebungsraten ermöglicht eine überschlägige Ermittlung des Alters von mehreren Taunus-Gewässern. Man kann dabei von der Feststellung ausgehen, daß die den Taunus nach Süden entwässernden Bäche schon während der Hebung des Taunus-Gebirges existiert haben, weil ihre Quellen nördlich des Taunus-Kamms liegen und sie ihre ursprüngliche Fließrichtung nach Süden oder Südosten während des Taunus-Auf-

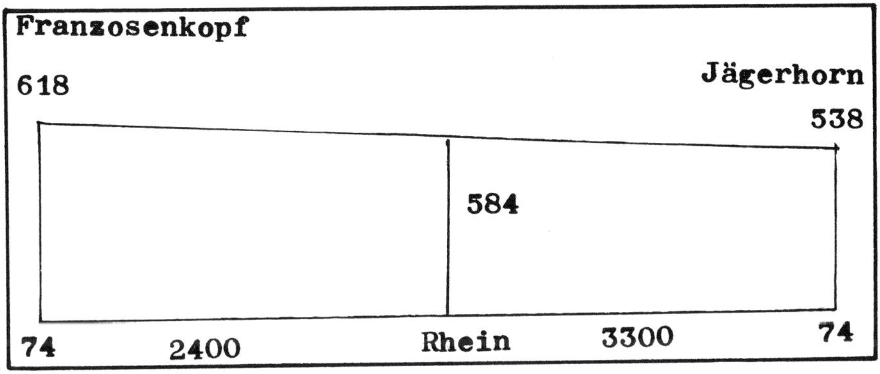

Abb. 118: Die Höhenverhältnisse beim Rhein.

stiegs nur durch ein allmähliches Eintiefen in den Kamm beibehalten konnten. Dann entspricht – ungefähr gleiche Wasserkraft vorausgesetzt – ihr Alter etwa der Größe der Eintiefung. Das gilt für die Walluf, die bei Schlangenbad den Taunus-Kamm passiert, den Daisbach, der bei Niedernhausen den Paß durchfließt, ferner den Dattenbach, der sich oberhalb von Eppstein in den Kamm eingesägt hat, und den Erlenbach, der im Goldnen Grund entspringt und nach einem nur 9 km langen Lauf den Quarzitzug des Taunus in der Nähe der Saalburg passiert, sowie die nach Osten fließende Usa. Man erhält dann Werte zwischen 780 000 und 710 000 Jahren. Im Osten ist das Alter am größten, und nach Westen hin wird es immer geringer.

Die anderen Gewässer im Taunus brauchten seinen Kamm nicht zu durchbrechen und können ein sehr hohes Alter haben. Die im westlichen Taunus zum Rhein fließende Wisper und die im östlichen Taunus zur Wetter fließende Usa haben sich in Täler eingetieft, die parallel zum Taunus-Kamm angelegt sind. Viele andere Gewässer fließen alle auf dem nur schwach nach Nordwesten einfallenden Hang des Taunus, wo sie schließlich in die Lahn münden.

Der Taunus wird im Norden von dem Abschnitt der Lahn Gießen-Niederlahnstein begrenzt. Die Geologen nehmen an, daß die heutige Lahn dort ursprünglich aus zwei Fließwegen bestanden hat, die durch eine Wasserscheide an der Kirschhofener Pforte bei Odersbach unweit von Weilburg getrennt gewesen sind. Westlich davon floß und fließt die Lahn, aber östlich davon war die Fließrichtung entgegengesetzt, nämlich west-östlich nach Gießen hin gerichtet! Die Annahme einer früheren Wasserscheide in der Kirschhofener Pforte ist geologisch gut begründet. Die Abbildung 119 zeigt die mittlere Lahn und schematisch ihre Zuflüsse, die von ihrer Quelle bis zur Mündung durch Linien gekennzeichnet worden sind.

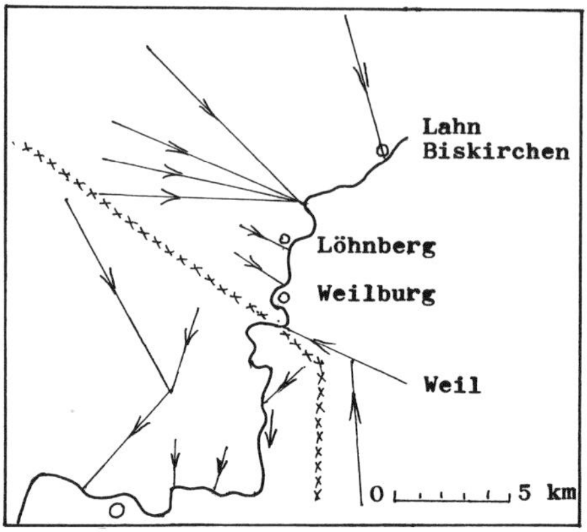

Abb. 119: Die Zuflüsse der Lahn bei Weilburg.

Die Wasserscheide ist durch gerade kleine Kreuze gekennzeichnet worden. Die Gewässer nördlich von Weilburg kommen vorwiegend von NW und fließen alle in östlicher Richtung zur Lahn. Dagegen fließen südlich von Weilburg die Gewässer vorwiegend von N nach S zur Lahn, als einzige Ausnahme kommt die Weil von SO und fließt nach NW. Offensichtlich war der heutige Lahnabschnitt nördlich von Weilburg früher die Fortsetzung der Weil! Sie floß schließlich ostwärts nach Gießen. Die Wasserscheide der Kirschhofener Pforte ist aufgrund der Abbildung 120 leicht festzulegen.

Die Lahn hat sich hier etwa 82 m tief eingeschnitten. Es stellt sich die Frage, wo die »Weil« nach ihrer »Ankunft« in Gießen geblieben ist. Wahrscheinlich mündete sie nach dem Verlassen des Schiefergebirges im Raum Gießen in den dort vor 36 bis 25 Millionen Jahren existierenden oligozänen Meeresarm, der in Abbildung 50 auf Seite 99 dargestellt worden ist. Etwa 33 Kilometer nördlich der Mündung der »Weil« in den Meeresarm mündete in diesen die ebenfalls aus dem Schiefergebirge kommende Lahn.

Durch rückschreitende Erosion gelang es der untersten Lahn, die Kirschhofener Wasserscheide zu durchbrechen und zunächst die Wasser der Weil in ihr Bett abzuleiten. Damit versiegte die »Quelle« des Lahnabschnitts von Weilburg bis Gießen. Das Lahntal nördlich von Weilburg fiel bis Löhnberg auf einige Kilometer wahrscheinlich trocken. Bei Löhnberg fließen der Lahn aber noch mehrere von NW kommende Bäche zu, die den Lahnabschnitt bis Gießen vielleicht auch weiterhin mit Wasser versorgen konnten. Daß sich die Fließrichtung von Löhnberg bis Gießen schließlich umgekehrt hat, kann nur auf eine Hebung des Ostrandes des Schiefergebirges zurückgeführt werden. Jedenfalls hat sich die am Ostrand des Schiefergebirges vom Raum Marburg nach Süden in den Raum Gießen fließende Lahn später den Fließweg Gießen-Weilburg erobert und den Anschluß an

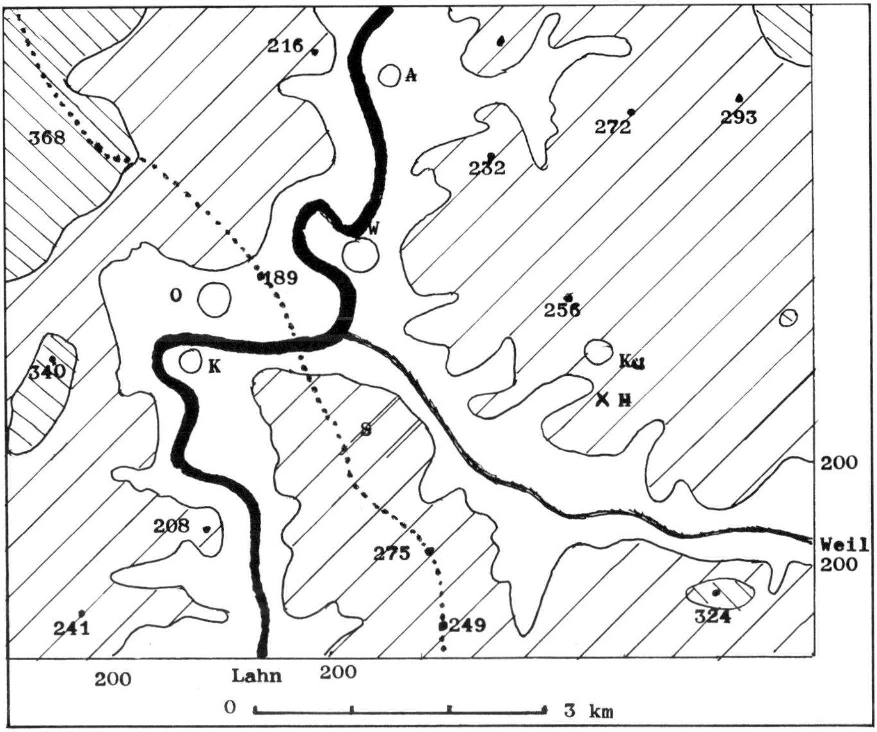

Abb. 120: Die Kirschhofener Pforte.
A= Ahausen, K= Kirschhofen, Ku= Kubach, H= Kubacher Höhle, O= Odersbach, W= Weilburg.

die unterste Lahn Weilburg-Niederlahnstein hergestellt. Darauf wird bei der Flußgeschichte der Lahn noch einmal eingegangen.

Die Lahn

Die Abbildung 121 zeigt das gegenwärtige Flußnetz der mittleren Lahn. Die Lahn entspringt im Rothaargebirge in 602 m Höhe. Sie ist in der langen Festlandzeit nach der vor 213 Mio. J. ausklingenden Trias-Periode entstanden, und zwar wahrscheinlich am Ende der Kreidezeit vor etwa 70 Mio. J., weil sich das Rheinische Schiefergebirge damals aufzuwölben begann. Der Zeitpunkt ist nicht feststellbar. Die ersten Zeugnisse stammen erst aus dem Tertiär. Sie floß damals in die westhessische Senke und bog nach dem Austritt aus dem Gebirge nicht – wie heute – bei Cölbe nach Süden um, sondern sie floß, dem heutigen Unterlauf der Ohm entgegen deren gegen-

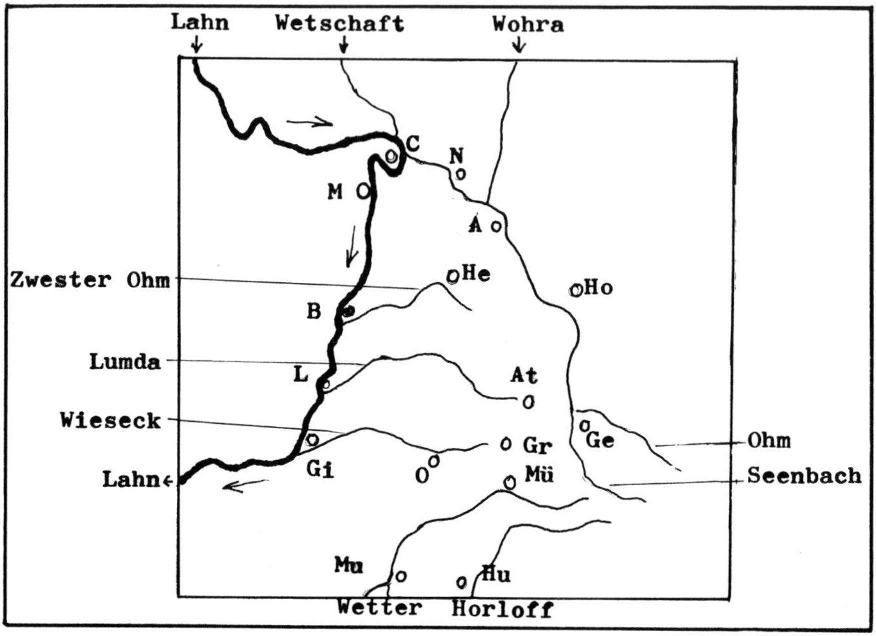

Abb. 121: Das gegenwärtige Flußnetz der Lahn.
A= Amöneburg, B= Bellnhausen, Ge= Gemünden, Gr= Grünberg, Ho= Homburg, At= Atzenhain, C= Cölbe, Gi= Gießen, He= Heskem, Hu= Hungen, L= Lollar, M= Marburg, Mü= Münster, Mu= Muschenheim, N= Niederwald, O= Oppenrod.

wärtigen Fließrichtung folgend, bis in die Gegend von dem etwa 12 km entfernten Amöneburg, wo sie im Oligozän und Miozän in den dort vorhandenen Meeresarm mündete. Ihr Fließweg führte dabei nach dem Verlassen des Gebirges nördlich von Cölbe über den heute 265,3 m hohen Sattel zwischen dem Reddehäuser Berg (314 m) und dem Eulenhard (302 m) nach Osten. Das zeigt Abbildung 122.

Der frühere Fließweg ist gestrichelt gekennzeichnet. Die Höhen über 300 m sind stark schraffiert und die Höhen über 250 m nur schwach. Von den dort liegenden Ortschaften ist nur Cölbe eingezeichnet. Nach dem Rückzug des Meeres – spätestens vor 25 Mio. J. – und nach dem Ausbruch der Vulkane des Vogelsbergs – frühestens vor 18 Mio. J. – mußte sich die Lahn nach dem Verlassen des Schiefergebirges einen neuen Fließweg suchen. Er mußte zur Umgehung des Vogelsbergs entweder nach Norden oder nach Süden führen. Nach Norden könnte die Lahn etwa das heutige Flußbett der Wohra in gegenüber heute umgekehrter Fließrichtung benutzt haben. Die Geologen sehen das als sehr unwahrscheinlich an. Es bleibt dann nur

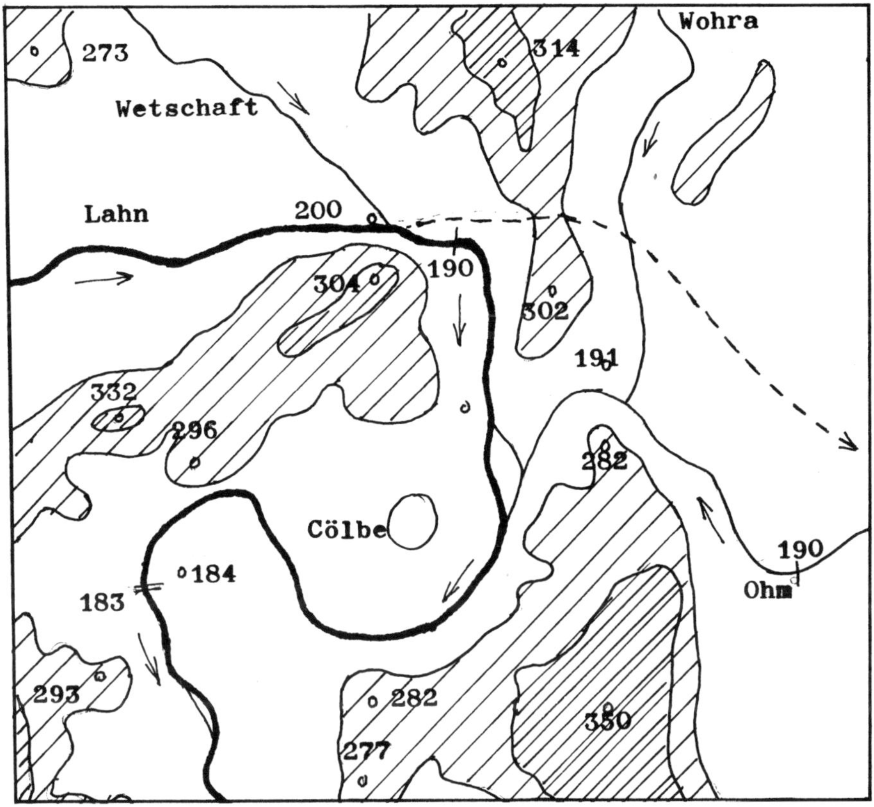

Abb. 122: Der frühere Fließweg der Lahn.

die Möglichkeit eines Ausweichens in entgegengesetzter Richtung. Die Lahn müßte dann von Amöneburg aus nach Südwesten geflossen sein. Das zeigt Abbildung 123.

Sie erreichte bei Heskem das Tal der heutigen Zwester Ohm im Ebsdorfer Grund und in ihm weiterfließend bei Bellnhausen das heutige Tal der mittleren Lahn. Die Lahn hat diesen Fließweg später aufgeben müssen. Die Ursache dafür können Bewegungen in der Erdkruste gewesen sein, die z. B. im Raum Amöneburg vor 18,4 Mio. J. auch zu vulkanischen Ergüssen geführt haben. Die Umlenkung der Lahn im Raum Cölbe (Abb. 122) wurde ihr durch die am Rande des Schiefergebirges im Buntsandstein entstandenen Bruchzonen erleichtert, die von Norden nach Süden laufen und das gegenwärtige Tal der mittleren Lahn begleiten. Sie entstanden im Zusammenhang mit dem Einbruch des Oberrheingrabens. Einige Vulkanite deuten ebenfalls auf den Einbruch hin, z. B. der Basalt des Stempels bei Marburg, der vor

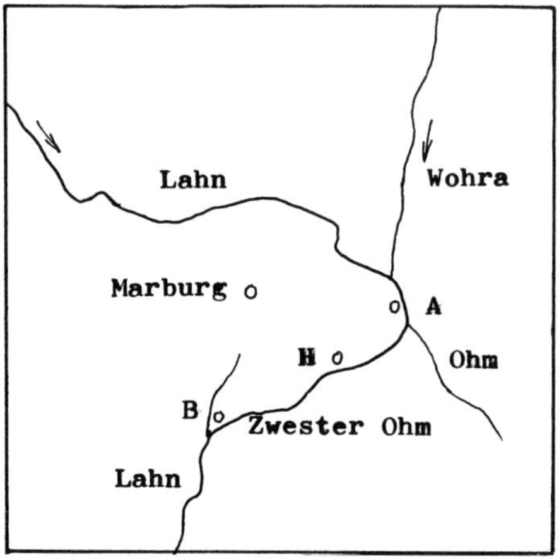

Abb. 123: Der frühere Fließweg der Lahn. A= Amöneburg, B= Bellnhausen, H= Heskem.

15,3 Mio. J. entstanden und oben bereits erwähnt worden ist. Beim Punkt 190 mNN beginnt in der Mitte des Grabens der eigenartige S-förmige Lauf der Lahn. Wahrscheinlich ist der S-förmige Lauf kein durch einen Stau entstandener Mäander, sondern durch das ursprüngliche Relief der Oberfläche des hier eingesunkenen Grabens bedingt. Ein sich eintiefender Fluß behält in der Regel sein ursprüngliches Bett bei. Die Lahn floß hier früher in einem mindestens 75 m höheren Niveau. Vom Punkt 183 mNN an (Abb. 122) floß die Lahn dann dem Graben folgend nach Süden, erreichte bei Bellnhausen ihren früheren Lauf und gelangte nach Gießen. Der Zeitpunkt der Umlenkung ist unbestimmt, er könnte im Miozän liegen, vielleicht auch erst im Pliozän. Im Pleistozän tiefte sich die Lahn dann bis zu 60 m ein und gelangte bis vor rund 1 Mio. J. in ein etwa 40 m über der heutigen Talsohle liegendes Niveau. Wie ist sie dann von Gießen an weitergeflossen? Es liegt nahe, zu vermuten, daß sie weiter nach Süden geflossen ist. Sie könnte dabei die Wetter erreicht haben und mit ihr zur Nidda geflossen sein. Das zeigt Abbildung 124.

Die geologischen Befunde sprechen jedoch eindeutig dagegen. Die von der Lahn in der Eiszeit gebildeten Terrassen bei Gießen beweisen, daß sie in diesem Raum zwar umhergependelt, aber nie nach Süden durchgebrochen ist. Die Ränder der Lahnterrassen beim Gießener Lahn-Knie erstrecken sich über 3 km nach Osten und nur fast 2 km nach Süden. Die Lahn kann also nicht nach Süden weitergeflossen sein. Das Umlenken der Lahn bei Gießen nach Südwesten ist durch eine verhältnismäßig tief liegende Furche ermöglicht worden, die zwischen dem Taunus und dem Westerwald als ursprünglich nur flache Mulde schon seit der Entstehung des Rheinischen Schiefergebirges dort vorhanden war. Als das die neue Laufrichtung bestimmende Landschaftselement ist das Limburger Becken anzusehen, das trotz aller Auf-

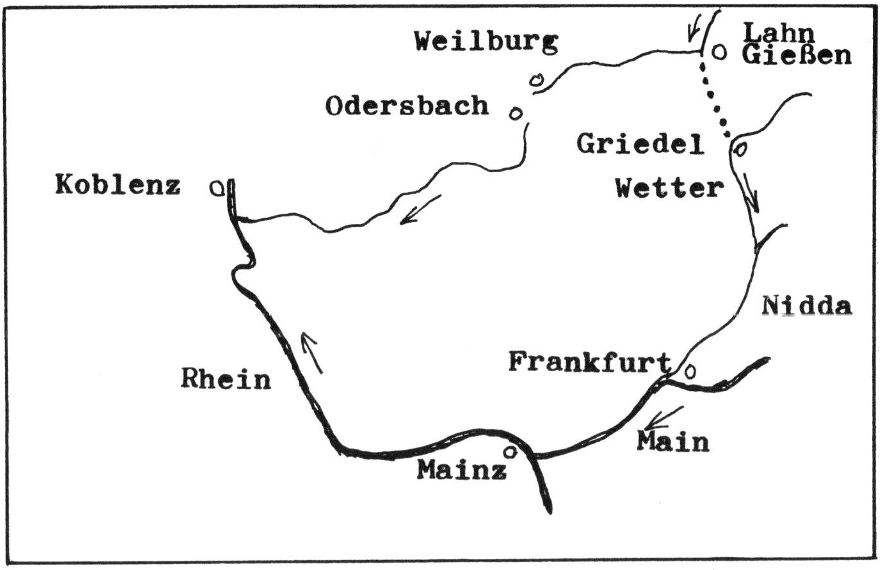

Abb. 124: Die Verbindung der Lahn mit der Wetter.

stiegstendenzen der beiden Gebirge immer seine relativ tiefe Lage beibehalten hat. Die vielen Mäander der Lahn zwischen Gießen und Limburg bezeugen, daß es der Lahn nur mit Mühe gelungen ist, ihren Weg durch die sich hebenden Gebirge fortzusetzen. Auch die an vielen Stellen nur engen Taleinschnitte sprechen dafür. Beide Erscheinungen sind auch in dem Abschnitt der Lahn vom Limburger Becken bis zur Einmündung in den Rhein bei Niederlahnstein festzustellen. Als wesentliches Landschaftselement ist hier das Becken von Neuwied zu nennen, das ebenso wie das Limburger Becken immer relativ tief gelegen hat und seit dem Beginn des Pleistozäns vor rund 2 Mio. J. noch um 100 m abgesunken ist.

Ebenso wie beim Main stellt sich bei der Lahn die Frage, ob sich die Fließumkehr zwischen Gießen und Odersbach noch im heutigen Gefälle ausprägt. Beim Main war das nicht der Fall, wahrscheinlich wegen späterer Krustenbewegungen. Bei der Lahn ist das jedoch anders! 10 bis 11 Kilometer vor der früheren Wasserscheide beträgt das Gefälle nur 0,46 Promille, dagegen steigt es auf dem 10 bis 11 Kilometer langen Fließweg nach der Wasserscheide auf 0,88 Promille, also fast auf das Doppelte. Ebenso ist das Gefälle der Lahn von Gießen bis Kirschhofen etwa 0,6 Promille groß, wohingegen das Gefälle von Kirschhofen bis zur Mündung in den Rhein bei Niederlahnstein etwa 1 Promille beträgt. Diese Tatsachen sprechen dafür, daß nach der Überwindung der Wasserscheide in diesem Raum keine unterschiedlichen Bodenbewegungen mehr stattgefunden haben. Der Zeitpunkt der Überwin-

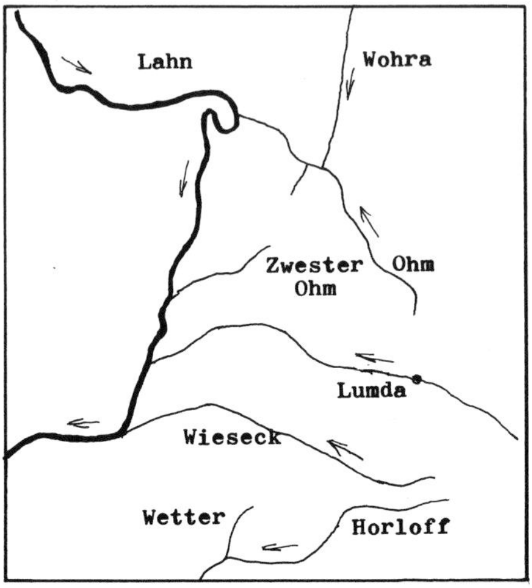

Abb. 125: Das Gewässernetz bei der Lahn.

dung der Wasserscheide ist unbestimmt, er dürfte nach den obigen Ausführungen mindestens 20 bis 15 Millionen Jahre zurückliegen.

Vom Taunus fließen der Lahn die Weil, Ems und Aar zu. Vom Westerwald empfängt sie die Dill und Geldach.

Was hat sich nun nach der bei Cölbe eingetretenen Umlenkung der Lahn bei den anderen Gewässern ereignet? Die Verbindung der Wohra mit der Zwester Ohm riß wahrscheinlich noch im Pliozän ab. Die Unterbrechung ist möglicherweise durch eine vorübergehende Hebung des Ebsdorfer Grundes verursacht worden. Die Ohm floß daraufhin – wie heute – von Amöneburg nach Cölbe zur Lahn.

Parallel zur Zwester Ohm hat die Lahn als Nebenfluß noch die Lumda. Sie ist in Abbildung 125 eingezeichnet. Ihr Oberlauf wurde der spätere Oberlauf der Ohm. Die gegenwärtige Quelle der Lumda ist in Abbildung 125 durch einen schwarzen Punkt markiert. Die Abbildung 126 zeigt das Gebiet, in dem dieser Oberlauf früher in die Lumda überging.

Es ist die Strecke von Merlau über Atzenhain nach der Ortschaft Lumda. Die Höhen über 300 m sind schraffiert. Die Höhenunterschiede sind gering. Durch eine allmähliche Absenkung des Amöneburger Beckens verursacht, vergrößerte sich das Gefälle der Ohm, so daß sie durch rückschreitende Erosion den früheren Lauf der Lumda bei Merlau anzapfen und damit den früheren Oberlauf der Lumda erobern konnte.

Das Absinken des Amöneburger Beckens begann vor rund 2 Mio. J. und endete etwa vor 1 Mio. J. Es stand wahrscheinlich im Zusammenhang mit dem Druck der den Vogelsberg bildenden Basaltmassen, die sich noch weit in das Amöneburger Becken als Decken erstreckten. Erst nach dem Ende der basaltischen Ergüsse konnte sich deren Druck voll auswirken.

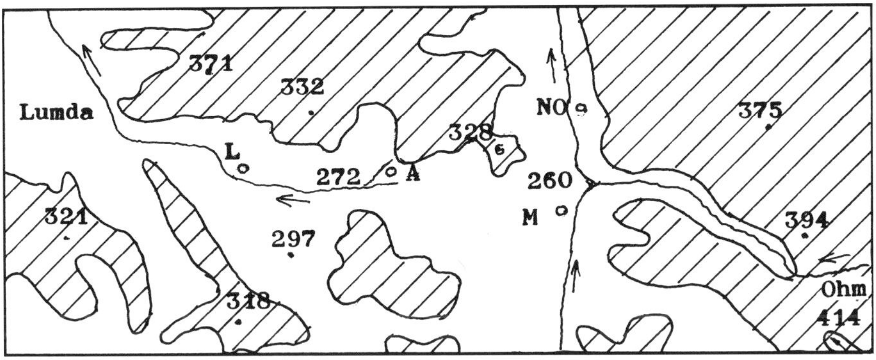

Abb. 126: Ohm und Lumda.
A= Atzenhain, L= Lumda, NO= Nieder-Ohmen, M= Merlau.

Die Lumda und die Ohm können erst nach dem Ende der vulkanischen Ausbrüche des Vogelsberges entstanden sein, also im vor rund 5 Mio. J. begonnenen Pliozän. Dagegen kann die Wohra älter sein. Sie entspringt am Südhang des Kellerwaldes, und dieser ist seit dem Ende der Lias-Zeit vor 188 Mio. J. immer Festland gewesen. Sie mündete zeitweise in den Meeresarm der Hessischen Straße. Erst nach der Aufwölbung des Vogelsberges wurde sie ein Nebenfluß der Ohm.

Schwalm, Eder und Diemel

Die Schwalm entwässert den Vogelsberg nach Norden und kann auch erst im Pliozän entstanden sein. Ihre Entwässerungsrinne entspricht einer von S nach N verlaufenden Schwächezone der rheinischen Richtung. Sie mündet bei Felsberg in die Eder. Etwa 5 km vor ihrer Mündung nimmt sie die aus dem Knüllgebirge kommende und gleichfalls von S nach N fließende Efze auf. Ihr Lauf liegt vollständig im Bereich des früheren Hessischen Meeresarmes.

Das Knüllgebirge ist im Zusammenhang mit der Entstehung der Hessischen Straße an deren Rand vulkanisch entstanden und ist ebenfalls so alt wie der Vogelsberg. Die ursprünglich nach Osten fließende Efze ist zu der tieferliegenden Hessischen Straße nach Norden umgelenkt worden. Sie mündet bei Wabern in die Schwalm.

Das westlich des Kellerwaldes gelegene Rothaargebirge ist seit 188 Mio. J. Festland gewesen. Infolgedessen können seine Flüsse ein hohes Alter haben. Am 676 m hohen Ederkopf entspringt die Eder, die das Rothaargebirge nach Osten entwässert. In der Zeit des Oligozäns mündete sie bei Fritzlar in den Meeresarm der Hessischen Straße. Nach dem Rückzug des Meeres mündet

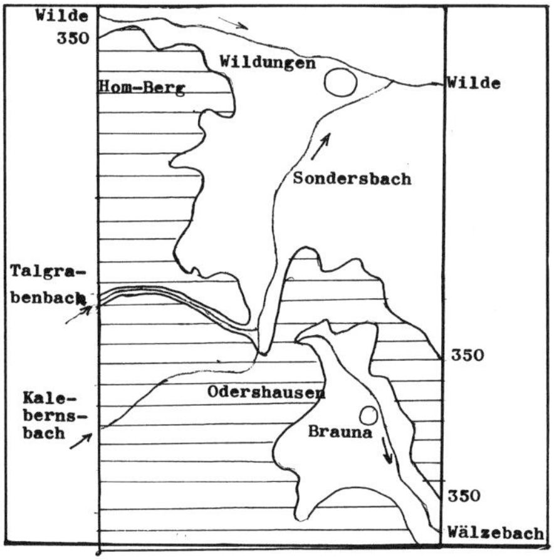

Abb. 127: Wälzebach, Sondersbach und Wilde.

sie bei Grifte in die in der Mitte des früheren Meeresarmes entstandene Entwässerungsrinne der Fulda.

Zwischen der Eder und der Schwalm hat ein Kampf um Zuflüsse stattgefunden. Im östlichen Kellerwald hat nämlich der bei Bad Wildungen in die Wilde fließende Sondersbach durch rückschreitende Erosion den Wälzebach seines früheren Einzugsgebietes beraubt. Das zeigt Abbildung 127.

Der Wälzebach hatte früher als Quellbäche den Talgrabenbach und den Kaltebornsbach. Entsprechend der Ostabdachung des Kellerwaldes flossen sie nach Osten zum Wälzebach, der nach SO fließend in die Schwalm mündet. Der Sondersbach konnte sich aber durch rückschreitende Erosion nach S vorarbeiten und den Wälzebach von seinen beiden Quellbächen trennen, indem er sie nacheinander anzapfte. Als Ursache gilt die Hebung des Kellerwaldes. Die Erosionsbasis der Eder ist die Wabernsche Ebene. Sie wurde dadurch relativ tiefer gelegt, so daß das Gefälle der Nebenbäche der Eder größer wurde. Die den Sondersbach aufnehmende Wilde ist ein Nebenbach der Eder. Die Eder hat also den Kampf gewonnen. Sie hat auch noch zwei weitere Konkurrenzen gewonnen.

Östlich von Ippinghausen biegt die von SW kommende Elbe bei der Weidelsburg sonderbarerweise nach S um. Die Abbildung 128 zeigt das Gelände. Der Oberlauf der Elbe hatte früher von Ippinghausen an als Fortsetzung das Wolfhagener Mühlenwasser, das schließlich zur Diemel gelangt. Der Einbruch des rheinisch streichenden Volkmarsen-Naumburger Grabens hat die Umlenkung der Elbe bewirkt, weil der südliche Teil des Grabens stärker als der nördliche Teil absank. In dem südlichen Teil des Grabens fließt die Elbe nunmehr zur Eder.

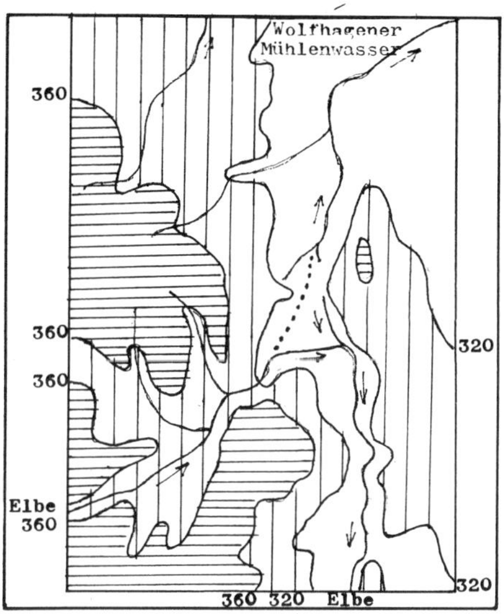

Abb. 128: Das Gebiet der oberen Elbe.

Wahrscheinlich hat die Diemel noch in einem zweiten Fall einen Teil ihres früheren Einzugsgebiets verloren. Die Abbildung 129 zeigt das Gelände im Waldecker Upland. Die Höhenlinie 400 mNN ist eingezeichnet, höher gelegene Teile sind schraffiert. Die von Westen kommende Neerdar floß früher wahrscheinlich über die Rhena – in gegenüber heute umgekehrter Rhena-Richtung – weiter nach Osten, um nördlich von Korbach die zur Diemel fließende Twiste zu erreichen. Heute fließt die Neerdar vom Punkt 398 an dagegen nach Süden, wo ihre Wasser schließlich zur Eder gelangen. Der untere Lauf der Neerdar war früher kürzer. Durch rückschreitende Erosion zapfte sie beim Punkt 398 das dort von W nach O fließende Gewässer an, so daß sich ihr Einzugsgebiet vergrößerte. Die Verbindung der Rhena mit der Twiste riß ab. Da die Höhenlinie 400 m etwa dem Ostrand des Rothaargebirges entspricht, das hier durch Verwerfungen in rheinischer Richtung von der Korbacher Ebene mit Gesteinen des Zechsteins abgegrenzt ist, müssen Hebungen und Senkungen die Veränderungen des Gewässersystems bewirkt haben. Der Punkt 398 liegt heute tiefer als der nur 3 km östlich davon liegende Paß mit 462 m Höhe, so daß hier heute ein umgekehrtes Gefälle besteht. Das Flußbett der oberen Neerdar muß also früher höher gelegen haben. Dafür spricht auch die Tatsache, daß die Quellen der Neerdar in Höhen über 700 m liegen und vom Paß 462 m auch nur 10 km entfernt sind. Die relativ tiefe Lage der Korbacher Ebene ist durch den Aufstieg des Rothaargebirges entstanden. Wahrscheinlich hat die Neerdar früher mit der Twiste einen variskisch ausgerichteten Fließweg der Ur-Twiste gebildet.

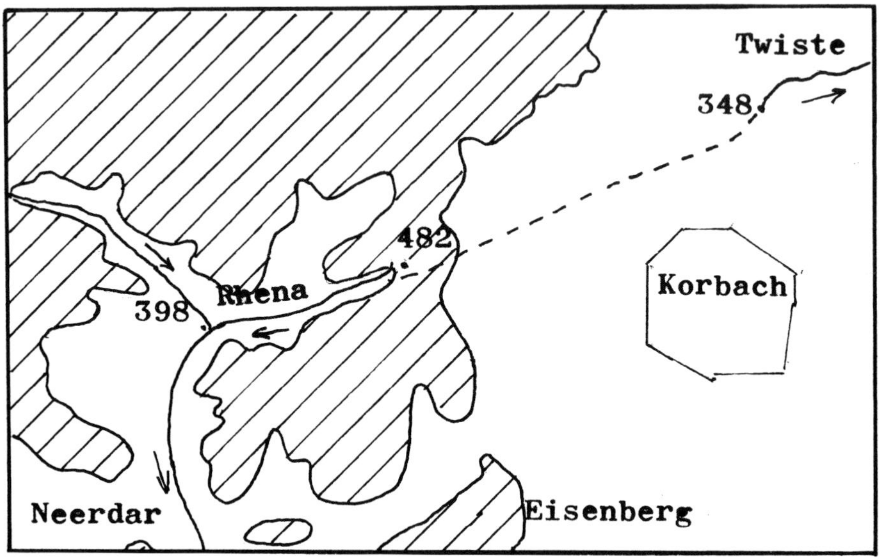

Abb. 129: Neerdar, Rhena und Twiste.

Die Diemel entspringt an den östlichen Ausläufern des Rothaargebirges im Waldecker Upland südlich von Usseln am Nordhang des 551 m hohen Hopper Kopfs in den Tonschiefergesteinen des Devons. Die Hebung des Rheinischen Schiefergebirges hat die Diemel zu tief eingeschnittenen Talabschnitten gezwungen. Das hat auch die Anlage einer kleinen, 20 Millionen Kubikmeter fassenden Talsperre bei Herlinghausen ermöglicht.

Die Diemel streift den Südrand des aus Gesteinen der Kreidezeit aufgebauten Egge-Gebirges und fließt dann in die Ebene der Warburger Börde. Durch die dort lagernden Gesteine der Triaszeit bahnt sie sich ihren Weg nach NO mit zahlreichen Mäandern am Buntsandsteinsaum des Reinhardswaldes entlang nach Karlshafen, wo sie in die Weser mündet. Bei Warburg nimmt sie die aus der Korbacher Buntsandsteintafel kommende Twiste auf und bei Liebenau den vom Habichtswald in rheinischer Richtung nach Norden fließenden Warmebach. Südwestlich von Arolsen trifft gegenwärtig die Twiste im Bereich der Ortschaft Twiste auf den sich in ungefähr nördlicher Richtung erstreckenden Graben, der parallel zum Volkmarser Graben läuft und die Diemel bei Wrexen erreicht. Die Abbildung 130 zeigt das Gebiet.

Im nördlichen Teil des bis zu 70 m tief eingeschnittenen Grabens befindet sich Röt. Man vermutet, daß die Twiste früher in diesem heute wasserlosen, aber als Verkehrsweg benutzten Graben zur Diemel geflossen ist, während sie heute erst etwa 8 km östlicher bei Warburg in die Diemel mündet. Die gegenwärtig den Graben kreuzende Twiste fließt an der vermutlich früheren

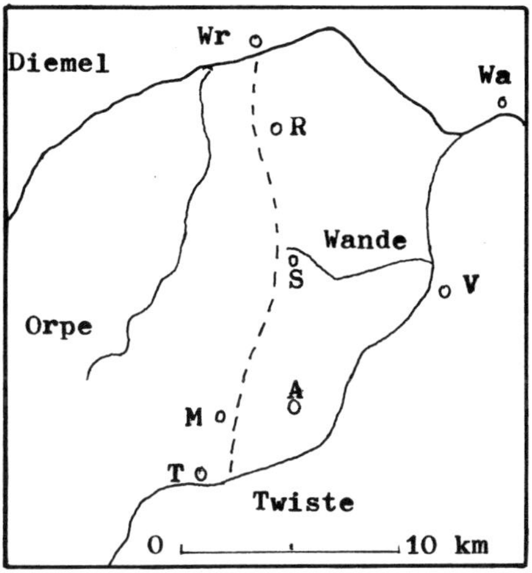

Abb. 130: Der Lauf der Twiste. A= Arolsen, M= Mengeringhausen, R= Rhoden, S= Schmittlingshausen, T= Twiste, V= Volkmarsen, Wa= Warburg, Wr= Wrexen

Umlenkung nach Norden in 239 m Höhe. Die dem vermutlich früheren Fließweg der Twiste etwa folgende heutige Bundesstraße erreicht in einer Entfernung von etwa 2,5 km davon ihren Scheitel bei 304 m, so daß die Twiste heute 65 m tiefer unter der Höhe 304 m fließt.

Wahrscheinlich haben Hebungen und Senkungen an den mit zahlreichen, in rheinischer Richtung verlaufenden Verwerfungen die Umlenkung der Twiste bewirkt. Wenn auch ein Teil der Höhendifferenz von 65 m auf das natürliche Einschneiden der Twiste zurückgeführt werden kann, bleibt mindestens eine Differenz von 50 m, die nur durch die Absenkung einer Scholle des mittleren Buntsandsteins in den unteren Buntsandstein zustande gekommen sein kann. Da das Rothaargebirge seit 188 Mio. J. immer Festland gewesen ist, kann die Diemel ein hohes Alter haben.

Fulda und Werra

Die Rhön wird von mehreren Flüssen entwässert, die nach der Aufwölbung der Rhön vor 3 bis 2 Mio. J. entstanden sein können. Sie fließen entsprechend deren Abdachung nach allen Seiten. Nur am Westrand der Rhön ist eine während der Eiszeit eingetretene Veränderung im Gewässernetz festzustellen. Die Abbildung 131 zeigt das Gelände.

Die Döllau kommt in der Abbildung von rechts unten und floß früher in einem alten Talzug nach Norden über Altenhof bis zur Mündung in die Fulda bei Schmalnau. Dieser alte Talzug ist in der Abbildung punktiert gezeichnet worden, es liegen dort Flußschotter. Sie liegen bei Schmalnau an der Fulda heute 60 m über der Sohle des Fuldatales. Westlich dieses alten Döllau-Tal-

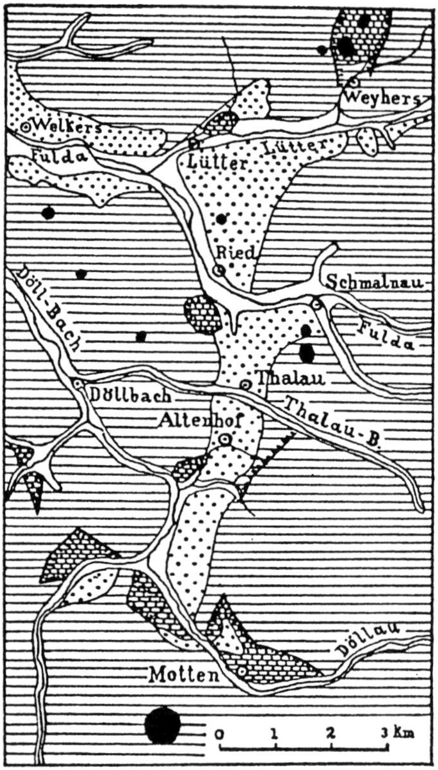

Abb. 131: Der alte Lauf der Döllau und seine Anzapfungen.

zuges hatten zwei Bäche, der Döllbach und der Thalaubach, ihre Quellen. Durch die Aufwölbung der Rhön wurde ihr Gefälle so vergrößert, daß sie durch rückschreitende Erosion die Döllau anzapfen konnten. Die Döllau floß infolgedessen zum Döllbach, und der Thalaubach arbeitete sich rückschreitend noch 3 km weiter nach Osten vor, so daß der alte Talzug heute nicht mehr von einem Gewässer durchflossen wird.

Die Fulda entspringt in 855 m Höhe am höchsten Berg der Rhön, der Wasserkuppe. Sie ist zunächst ein rasch dahinströmender Rhönbach, der auf der 8 km langen Strecke bis Schmalnau um fast 450 m fällt. Sie vereinigt sich bei Bronnzell mit der vom Vogelsberg kommenden Fliede. Bei 310 m Höhe erreicht sie das Fuldaer Becken, in dem sie bei der Stadt Fulda in 248 m Höhe fließt. In einer zuerst engen, später breiteren Erosionsfurche bahnt sie ihren Weg nach Norden und nimmt bei Hutzdorf die den Vogelsberg nach NO entwässernde Schlitz auf. Das zunächst immer noch enge Tal wird bei Hersfeld breiter. Ihr Lauf nach NNO wird im 3 km breiten Becken von Bebra, das wahrscheinlich durch Salzauslaugung entstanden ist, um fast 90° in die SO-NW-Richtung umgelenkt.

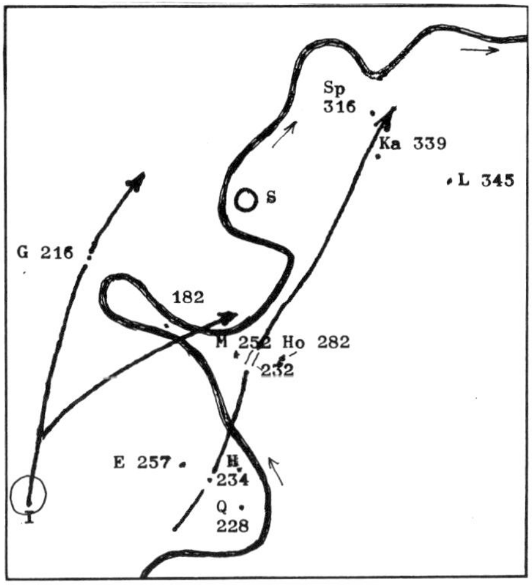

Abb. 132: Die untere Fulda.
E= Enkeberg, G= Gehegeberg, Ha= Hasenhecke, Ho= Hopfenberg, I= Ihringshausen, Ka= Kaiserbuche, L= Lutterberger Höhe, M= Mühlenkopf, Q= Quellberg, S= Speele, Sp= Speeler Kopf.

In der Nähe der 549 m hohen Buntsandsteinkuppe des Alheimers ist die Reliefenergie am größten. Die Fulda fließt nämlich bei Baumbach 3,7 km vom Alheimer entfernt 369 m tiefer. Bei Altmorschen quert die Fulda den Spangenberger Graben. Damit wird das hohe Alter des Grabens bezeugt, weil sich das Niveau seiner Ränder bereits dem der Umgebung angeglichen hatte. In einer abermals engen Talstrecke bahnt sich die Fulda mit mehreren Mäandern ihren Weg zur Eder-Mündung in 142 m Höhe. Sie fließt dann durch das weite Kasseler Becken. Unterhalb von Kassel mußte die Fulda abermals die Buntsandsteintafel durchbrechen, die sich hier zwischen dem Reinhardswald und dem Kaufunger Wald aufwölbt. Bei Kragenhof bildet sie in ihrem tief eingeschnittenen Tal eine große Schleife. Abbildung 132 zeigt das.

Diese Schleife ist aber kein durch Stau entstandener echter Mäander. Vielmehr hat die Fulda hier und bei Speele drei ungefähr in NW-SO-Richtung verlaufende sehr alte Schwächezonen als Talweg benutzt, weil sie ihr den geringsten Widerstand boten.

Daß die Fulda während der Eiszeit andere Fließwege benutzt hat, das beweisen Schotterablagerungen auf den das Kasseler Becken umgebenden Höhen. Eine Rekonstruktion alter Fließwege ist vielleicht möglich in dem in Abbildung 132 dargestellten Abschnitt von Kassel – unten links – bis zur Vereinigung mit der Werra – oben rechts – in Hannoversch-Münden. Die Schotter deuten auf drei frühere Routen hin. Es ist einmal der von Ihringshausen über den Gehegeberg führende Weg. Von ihm zweigt in Ihringshausen ein anderer Weg ab, der über den niedrigeren, 155 m hohen Paß zwischen der Höhe 182 der Kragenhofer Schleife und dem 252 m hohen Mühlenkopf führt. Ihn benutzt heute die Eisenbahn. Ein dritter Weg führt von der Hasenhecke über den – bei 232 m – höher liegenden Paß zwischen dem Mühlenkopf und dem Hopfenberg zu den nordöstlich von Speele liegenden Höhen. All diese Schotter liegen in Höhen von 200 bis 340 m, während die Fulda heute tiefer in rund 130 m Höhe bei Kragenhof fließt. Bei 120 mNN vereinigt sich die Fulda dann mit der Werra.

Die Werra entspringt am Südwesthang des Thüringer Waldes unweit des Rennsteigs in 766 m Höhe. Der als Teil des Variskischen Gebirges aus kristallinen Gesteinen aufgebaute Thüringer Wald erstreckt sich von SO nach NW. Die obere Werra kann also sehr alt sein. Aber ihr früherer Lauf hat sicher nicht überall mit dem der Gegenwart übereinstimmt. Ihre anfängliche Fließrichtung vom Fuß des Thüringer Waldes bis Meiningen erfolgt noch in der SO-NW-Richtung. Wahrscheinlich ist sie früher auch in dieser Richtung weitergeflossen. Darauf deuten Schotter hin, die eine von Meiningen nach NW gehende Fließrichtung anzeigen. Die Ur-Werra hätte danach über die Gegend von Geisa die Umgebung der Ortschaft Großenbach bei Hünfeld erreicht. Sie ist dann, wie oben bereits auf Seite 175 ausgeführt worden ist, ungefähr nach Süden zum Unter-Main geflossen. Dieser Weg nach Süden wurde der Ur-Werra jedoch versperrt, als im Oligozän – vor 36 bis 31 Mio. J. – im Gebiet der heutigen Rhön eine Bucht der Hessischen Meeresstraße entstand. In diese ist die Ur-Werra etwa bei Kaltensundheim eingemündet.

Als vor rund 11 bis 6 Mio. J. die Rhön sich aufzuwölben begann, mußte sich die Werra östlich von ihr den Weg nach Norden bahnen. Zwischen den Höhen des ThüringerWaldes im NO und den nördlichen Ausläufern der Rhön mußte sie nach W umbiegen und gelangte nach Vacha und Heimboldshausen. Mit der Hebung der Rhön war die gesamte Buntsandsteintafel, in der sie sich bewegte, allmählich schwach nach Norden geneigt worden, so daß sie ihren Lauf bei Heimboldshausen fast um einen rechten Winkel ändern und sich auch nach Norden wenden mußte. In der Nähe von Eisenach traf sie bei Herleshausen auf die aus Gesteinen des Muschelkalks und des Keupers aufgebauten Höhen des Ringgaus, den sie in zahlreichen Mäandern durchbrechen mußte. Danach schnitt sie sich bis zum Eschweger Becken in den Buntsandstein ein und von Niederhone bei Bad Sooden-Allendorf an teilweise auch in den Zechstein. Hier folgte sie einer NW-SO ausgerichteten Schwächezone.

Zwischen Werleshausen und der Burg Ludwigstein verengt sich das Tal der Werra. Die Werra hat hier eine Buntsandsteinscholle durchbrechen müssen. Am Ufer erhebt sich im Süden der Ludwigstein. Die Burg steht auf dem den Buntsandstein überlagernden Muschelkalk. Der am nördlichen Ufer gegenüberliegende Liebenberg hat den gleichen geologischen Aufbau. Wahrscheinlich hat die Werra den Durchbruch hier erst in der Eiszeit geschafft, nachdem Krustenbewegungen ihr Gefälle vergrößert hatten. 75 m über dem jetzigen Flußspiegel liegt die höchste Terrasse. Nach dem weiteren Einschneiden hinterließ sie 50 m über dem Flußspiegel eine weitere Terrasse und schließlich etwa 30 m über dem heutigen Flußspiegel die dritte Terrasse. Sicher sind die drei Terrassen in drei Eiszeiten entstanden, wahrscheinlich in der Elbe-Günz-Kaltzeit, der Elster-Mindel-Kaltzeit und der Saale-Riß-Kaltzeit. Zwischen Ober- und Unterrieden durchquert sie den alten Graben, der über Spangenberg nach Eichenberg geht. Danach fließt sie durch die Triasgesteine bis Hannoversch-Münden, wo sie sich mit der Fulda zur Weser vereinigt.

Aus der Rhön fließen der Werra die beiden in rheinischer Richtung nach Norden fließenden Gewässer Felda und Ulster zu, und bei Eschwege nimmt sie die aus dem Stolzingergebirge kommende Sontra auf, der nach der Hälfte ihres Laufes die vom Hirschberg kommende Wehre zufließt.

Da die Fulda ein größeres Einzugsgebiet als die Werra hat, steuert sie für die Wasser der Weser die größere Menge bei, nämlich etwa 56 %. Historisch hat man jedoch immer die Werra als den eigentlichen Quellfluß der Weser angesehen, was auch die sprachliche Verwandtschaft der Bezeichnungen Werra und Weser beweist.

Künstliche Gewässer: Kanalpläne

Bei der Beschreibung der Flußgeschichte ist mehrere Male erwähnt worden, daß ein Fluß durch rückschreitende Erosion seinen Einzugsbereich erweitern konnte. Die Voraussetzung war immer, daß seine Quelle nicht sehr tief unter einer Wasserscheide lag, auf deren anderer Seite sich ebenfalls ein Gewässer befand. Ein solcher Zustand hat die Menschen schon oft angeregt, die beiden Gewässer durch einen künstlichen Kanal miteinander zu verbinden, so daß der Schiffahrtsweg erweitert werden konnte. Da der Transport von Gütern zu Wasser oft wirtschaftlicher als der Transport zu Lande ist, sind zu allen Zeiten solche Kanalpläne erörtert worden.

Das größte Projekt dieser Art in Deutschland ist der Rhein-Main-Donau-Kanal. Schon Karl der Große unternahm im Jahre 793 den Versuch, den Main mit der Donau zu verbinden, indem er die Altmühl mit der schwäbischen Rezat durch einen Kanal auf der Treuchtlinger Wasserscheide aneinander anschließen wollte. Die Ausführung des Plans scheiterte damals. Ein kleiner Rest des Kanals ist bei der Ortschaft Graben unweit von Treuchtlingen heute noch zu sehen.

In der ersten Hälfte des 19. Jahrhunderts wurde dann der Ludwigskanal gebaut, der von Bamberg über Nürnberg führt und bei Dietfurt die Altmühl erreicht. Für die Großschiffahrt ist er mit teilweise geänderter Linienführung gegenwärtig durch die Main-Donau-Wasserstraße ersetzt worden. Zwischen Mainz (81,5 mNN) und der 764 km entfernten deutsch-österreichischen Grenze bei Passau (279,7 mNN) liegt der Scheitel unweit von Nürnberg bei Hilpoltstein 406 mNN hoch. Es müssen also 406 m minus 81,5 m = 324,5 m und 406 m minus 279,7 m = 126,3 m, insgesamt = 450,8 m Gefälle überwunden werden. Dazu braucht man 59 Staustufen und Schleusen. Diese Zahlen sind genannt worden, um ein anderes großes Projekt beurteilen zu können, das der hessische Landgraf Karl, der von 1677 bis 1730 regiert hat, verwirklichen wollte. Landgraf Karl mußte nämlich in Kauf nehmen, daß alle die Fulda und Weser befahrenden hessischen Schiffe gezwungen waren, in der zum Kurfürstentum Hannover gehörenden Stadt Münden Zoll zu entrichten, d. h. die Hälfte aller Waren dort auszuladen, damit sie im Kurfürstentum Hannover gehandelt werden konnten. Er faßte deshalb 1699 den kühnen Plan, Hannoversch-Münden auf dem Wasserweg zu umgehen. Die Abbildung 133 zeigt den geplanten Wasserweg.

Das schraffierte Gebiet gehört zum Kurfürstentum Hannover, darauf liegt

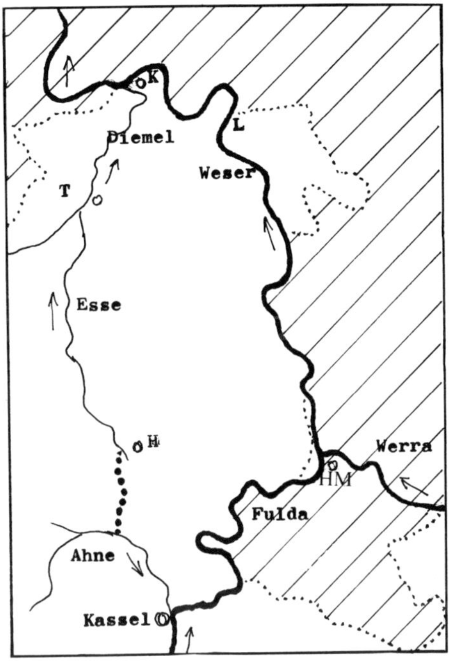

Abb. 133: Der Kanal Karlshafen-Kassel. H= Hohenkirchen, HM= Hannoversch-Münden, K= Karlshafen, L= Lippoldsberg, T= Trendelburg.

die Stadt Münden. Karlshafen und Kassel sind dagegen hessische Städte. Von Karlshafen an der Mündung der Diemel in die Weser (96 mNN) sollten die Schiffe die Diemel bis Trendelburg und dann das Flüßchen Esse bis zur Wasserscheide bei Hohenkirchen (250 mNN) befahren. Ein Kanal sollte die Wasserscheide überwinden und zum Flüßchen Ahne führen, das bei Kassel in die Fulda mündet (137 mNN). Dieser Wasserweg wäre etwa 19 km kürzer als der über Hannoversch-Münden. Die Abbildung 134 zeigt die Verhältnisse bei der Wasserscheide zwischen Esse und Ahne. Die Höhen über 250 mNN sind schraffiert.

Die gestrichelte Linie entspricht der heutigen Eisenbahn, welche den Sattel an der tiefsten Stelle passiert. Der Kanal hätte der Eisenbahn-Route entsprechend etwa 800 m nördlich der Wasserscheide die Esse verlassen müssen und nach zwei insgesamt 4,7 km langen Bögen westlich von Obervellmar die Ahne erreicht. Die Ahne mündete damals noch außerhalb des Stadtgebietes in die Fulda.

Man begann mit der Ausführung des Planes 1710 in Karlshafen und bei der Diemel. Bei der Arbeit wurden Soldaten eingesetzt. Der spanische Erbfolgekrieg unterbrach die Arbeiten, und erst nach dessen Ende 1714 konnte man fortfahren. Man begradigte zunächst den windungsreichen Lauf der Esse. 1716 hatte man das erste Teilstück des Kanals vollendet. In einer

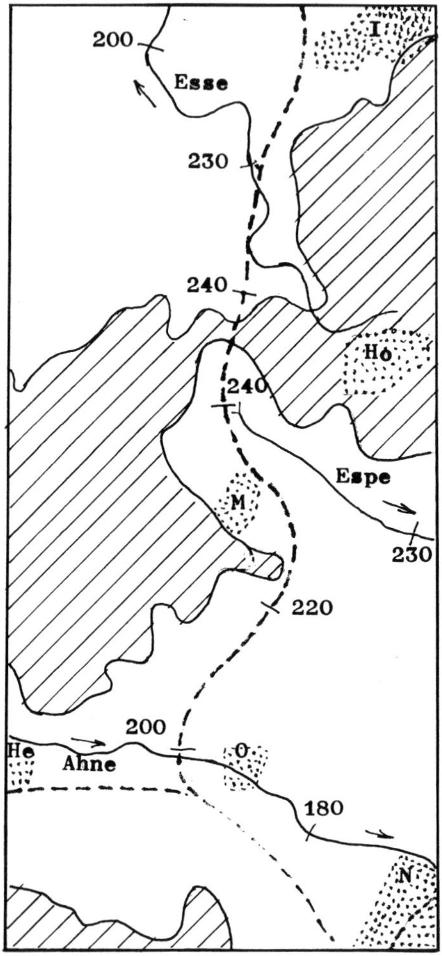

*Abb. 134: Die Wasserscheide bei Hohenkirchen.
He= Heckershausen, Ho= Hohenkirchen, I= Immenhausen, M= Mönchehof, N= Niedervellmar, O= Obervellmar.*

alten Karte ist der über 2 km lange Kanal von der Diemel bei Stammen bis zu der Ortschaft Hümme zu sehen (Abb. 135). 1726 war auch der zweite Abschnitt des insgesamt 4,5 km langen Kanals von Stammen bis über Hümme hinaus vollendet. Man konnte nunmehr die Schiffahrt von Karlshafen bis Hümme aufnehmen, hatte allerdings einige Schwierigkeiten, weil man keine Staustufen eingebaut und sich mit nur einer Schleuse im Hafen von Karlshafen begnügt hatte. Infolgedessen war die Schiffahrt flußaufwärts nicht immer leicht. Doch nun kam der Weiterbau ins Stocken. Vom vorläufigen Kanalende bei Hümme (134 m) bis zur 19,3 km entfernten Wasserscheide (250 m) hätte man zahlreiche Staustufen und Schleusen zur Überwindung der Höhenunterschiede einbauen müssen. Ähnliche Schwierigkeiten hätte

Abb. 135: Der Kanal von Stammen bis Hümme, 1716.

die Fortsetzung des Kanals südlich der Wasserscheide geboten. Dort wäre mit 7,45 km der kürzeste Weg zur Fulda die kleine Espe gewesen, deren Anfang auf der Abbildung 134 auch zu sehen ist und die bei Simmershausen in die große Fulda-Schleife mündet (129 mNN). Aber von der Überwindung des hier vorhandenen großen Gefälles hatten die Ingenieure von vornherein abgesehen und statt dessen die Kanalführung zur Ahne geplant. Auch hier hätte man zahlreiche Staustufen und Schleusen bauen müssen. Legt man die bei der Lahn geltenden Verhältnisse zugrunde, die in der ersten Hälfte des 19. Jahrhunderts kanalisiert worden ist, so hätte man für den etwa 52 Kilometer langen Kanal von Karlshafen über Hohenkirchen nach Kassel bei einem Gesamtgefälle von 267 m über 70 Staustufen und Schleusen einbauen müssen! Die technischen Möglichkeiten des frühen 19. Jahrhunderts waren der Verwirklichung des Kanalprojektes nicht gewachsen. Das wußten wahrscheinlich auch die den Bau leitenden Ingenieure von vornherein. Sie konnten sich dem Willen ihres Landesherrn aber nicht widersetzen. Wahrscheinlich haben sie den Weiterbau absichtlich verzögert und das Ende ihres erkrankten Herrschers abgewartet. Es kam 1730 und führte zur sofortigen Aufgabe des Kanalprojektes.

Nun muß zu dem gescheiterten Kanalprojekt noch hinzugefügt werden, daß es für den Landgrafen Karl nur ein sehr kleiner Teil eines weitaus größeren Planes gewesen ist: Nach der Fertigstellung der Umgehung von Hannoversch-Münden wollte er den Schiffahrtsweg von Kassel bis zum Rhein verlängern! Die Abbildung 136 zeigt den geplanten Verlauf: von Kassel bis Grifte die Fulda, dann bis zur Altenburg die Eder, bis Treysa die Schwalm und bis Neustadt die Wiera. Die Wasserscheide zwischen Weser und Rhein ist der Neustädter Sattel. Er sollte durch einen Kanal überwunden werden, der an Stadtallendorf vorbei bei Kirchhain zur Wohra führt, die in die Ohm mündet. Diese mündet bei Cölbe in die Lahn. Der Schiffahrtsweg sollte dann der Lahn bis zur ihrer Mündung in den Rhein bei Niederlahnstein folgen.

Dieser Plan geht auf den Mainzer Kurfürst Johann Philipp von Schönborn

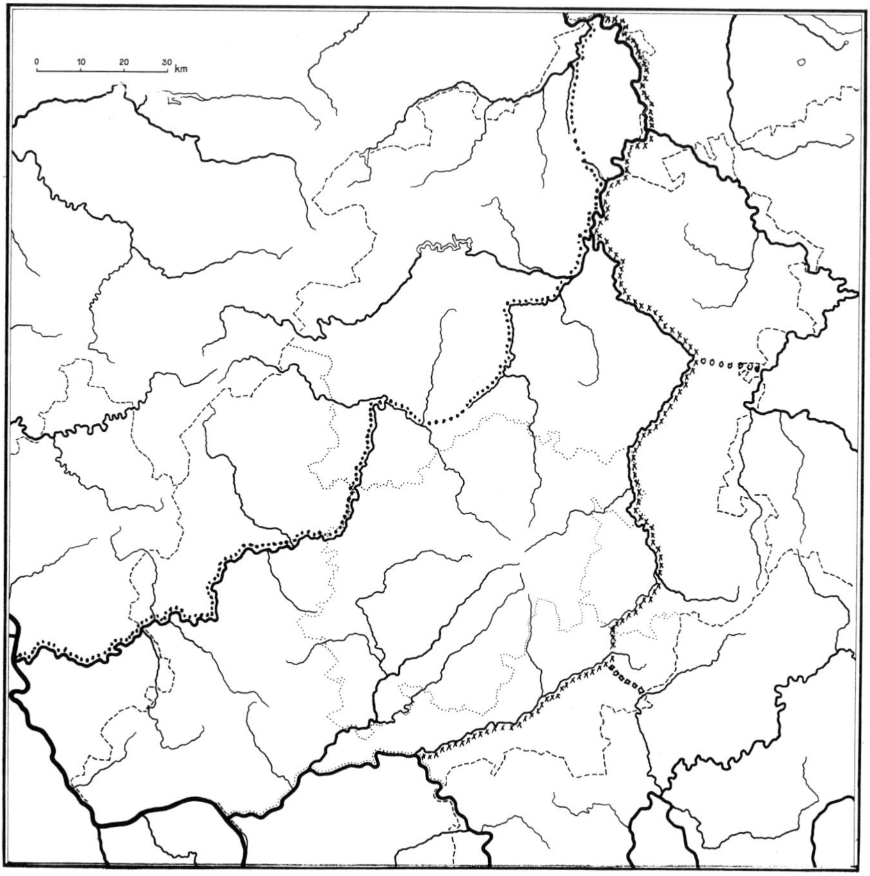

Abb. 136: Kanalpläne.

•••••• *Weser-Rhein,* xxxxxx *Weser-Main,* ooooo *Fulda-Werra,* ▫▫▫▫▫ *Kinzig-Sinn.*

zurück, der bis 1673 regiert hat. Der Landgraf hatte von diesem Plan gehört und war so begeistert davon, daß er ihn verwirklichen wollte.

Das größte Hindernis für seine Verwirklichung ist der Neustädter Sattel. Ihn zeigt Abbildung 137.

Ein ca. 2 km langer Kanal hätte von der Wiera zur Wasserscheide südlich der Wieraquellen führen müssen, wobei man ungefähr der Route der gestrichelt gezeichneten heutigen Eisenbahn gefolgt wäre, welche die Wasserscheide an ihrer tiefsten Stelle quert. Nach der Überwindung der Wasserscheide hätte ein 13,5 km langer Kanal bei Kirchhain die Wohra erreicht.

Die Gesamtlänge des geplanten Weser-Rhein-Kanals hätte einschließlich der Umgehung von Hannoversch-Münden schätzungsweise 360 km betra-

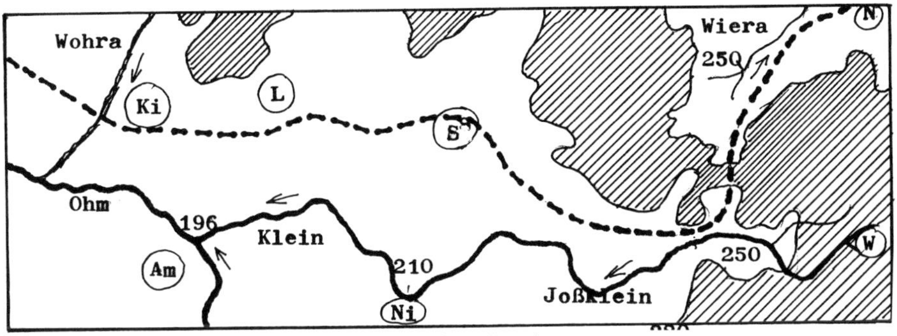

Abb. 137: Die Wasserscheide des Neustädter Sattels. Am= Amöneburg, Ki= Kirchhain, L= Langenstein, N= Neustadt, Ni= Niederklein, W= Wahlen, S= Stadtallendorf.

gen. Die Gesamtsumme der Höhendifferenzen mit beiden Wasserscheiden hätte 633,5 m betragen, womit das Gesamtgefälle rund 40 Prozent größer als das des gegenwärtigen Rhein-Main-Donau-Kanals ist, was abermals die großen Schwierigkeiten einer Verwirklichung zeigt!

In der ersten Hälfte des 19. Jahrhunderts ist die Lahn von Gießen (155 mNN) bis zur 142 km entfernten Mündung in den Rhein bei Niederlahnstein (58,5 mNN) schiffbar gemacht worden, um die im Westerwald geförderten Erze zu transportieren. Zur Überwindung des Gefälles wurden 24 Staustufen und Schleusen eingebaut, was Abbildung 138 zeigt.

Eine Besonderheit des Lahn-Kanals ist der Weilburger Schiffstunnel. Er schneidet die Weilburger Lahn-Schleife ab, ist 182 m lang, 6,30 m hoch und wurde 1847 für die Schiffahrt freigegeben.

Doch die auf den Lahn-Kanal gesetzten Hoffnungen erfüllten sich nicht. Die nach seiner Fertigstellung gebaute Eisenbahn arbeitet wirtschaftlicher! Heute wird auf der Lahn keine Schiffahrt mehr betrieben.

Ein zweites kühnes Kanalprojekt wurde 1922 vorgestellt: Man wollte die Nordsee über die Weser, Fulda und Kinzig mit dem Main verbinden. Dabei hätte man die zwischen dem Vogelsberg und der Rhön sich erstreckende Wasserscheide des Landrückens an seiner niedrigsten Stelle – am Distelrasen – überwinden müssen. In Abbildung 139 ist der Verlauf angegeben.

Von Norden kommend hätte man der Weser und von Hannoversch-Münden an der Fulda flußaufwärts folgen müssen bis etwa 4 km südlich der Stadt Fulda. Nun hätte man den kleinen Zufluß Fliede benutzen müssen, um bei der Ortschaft Flieden etwa 290 mNN Höhe zu erreichen. Die Abbildung 139 zeigt die Verhältnisse bei der Wasserscheide. Von Flieden an wäre ein etwa 5,5 km langer Kanal bis zur Wasserscheide erforderlich gewesen. Die größten Schwierigkeiten hätte dann der etwa 4,6 km lange Kanal von der Wasserscheide bis zur Kinzig bei Schlüchtern bereitet. Hier hätte ein Gefälle

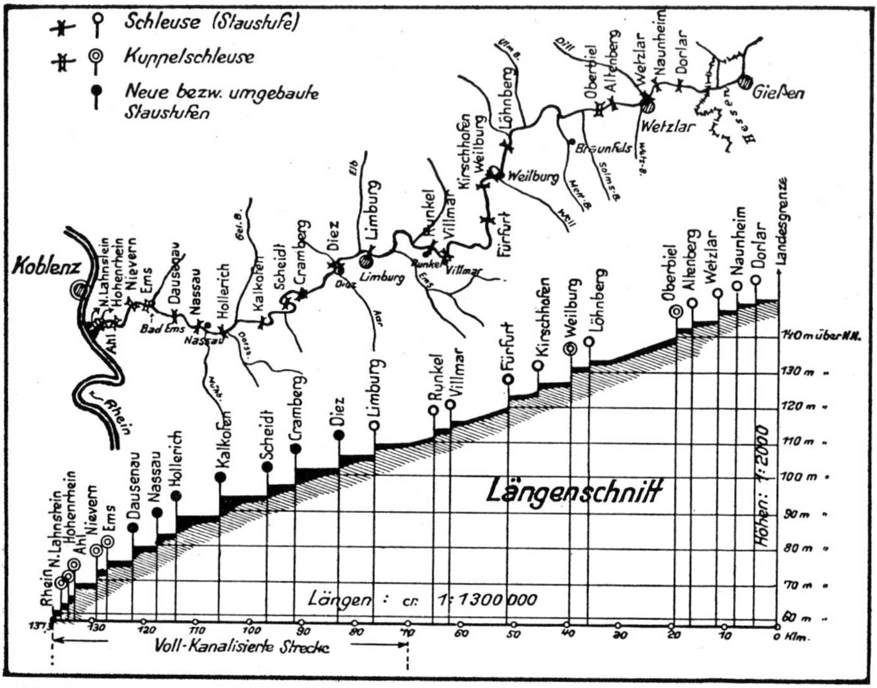

Abb. 138: Die Staustufen in der Lahn.

von 155 m überwunden werden müssen. Das entspricht fast genau dem Gefälle der oben erwähnten Lahn von Gießen bis Niederlahnstein auf der rund 30fach längeren Strecke! Nur mit einem enormen Aufwand an Staustufen und Schleusen könnte man das zustandebringen. Als Variante war deshalb an eine Untertunnelung der Wasserscheide gedacht. Der Kanal hätte im Norden über Nebenbäche der Fliede etwa 1,5 km südlich von Flieden bis zu 300 mNN Höhe geführt werden und dann in einem 4,3 km langen ungefähr von Norden nach Süden führenden Schiffahrtstunnel übergehen müssen, der nordöstlich von Elm bei 300 mNN in den Elmbach einmündete. Der Elmbach mündet in Schlüchtern in die Kinzig. Der Tunnel hätte zwar das Überwinden von 55 m Höhe erspart, wäre mit seiner Länge jedoch eine aufwendige Lösung gewesen.

Der Weser-Main-Kanal hätte von Karlshafen über Hannoversch-Münden und Kassel bis nach Hanau eine Länge von 290 bis 300 km und – ohne den Tunnel – ein Gesamtgefälle von 515 m zu überwinden, womit das Gesamtgefälle des Rhein-Main-Donau-Kanals um etwa ein Siebentel übertroffen wäre.

Als Variante des Planes wurde erörtert, den Kanal von der Kinzig über die Jossa in die Sinn zu führen, die bei Gemünden den Main erreicht. In

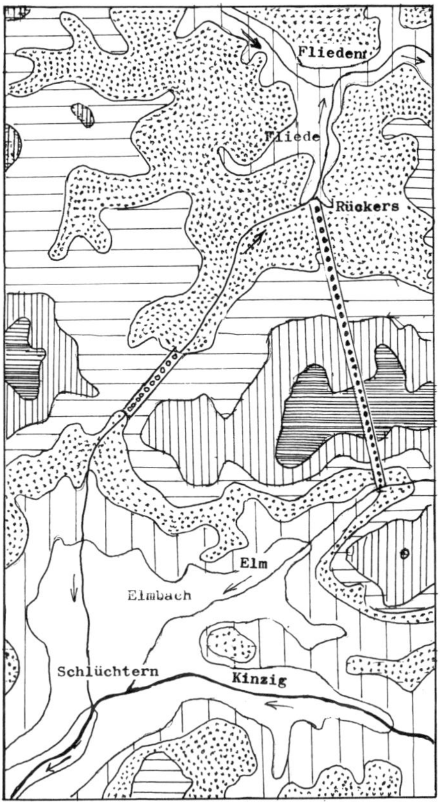

Abb. 139: Die Wasserscheide am Distelrasen bei Schlüchtern.
ooooo *Oberirdische Kanal-Route*
••••• *Unterirdische Kanal-Route.*

Abbildung 136 ist das durch kleine Kreise dargestellt. Die Abbildung 140 stellt die Verbindung genau dar.

Südlich von Niederzell sollte der Kanal bei 185 mNN die Kinzig verlassen und dem Ahlersbach folgend östlich der Ortschaft Bellinge bis zu 300 mNN geführt werden. Ein 2,8 km langer Tunnel sollte den Kanal unter dem 455 m hohen Tonkautenkopf hindurchführen bis zum Rohrbach, der östlich der Ortschaft Marjoß bei 235 mNN in die Jossa mündet. Diese mündet bei 213 mNN in die Sinn, und die Sinn bei 152 mNN in den Main.

1934 wurde in Deutschland das erste Schiffshebewerk gebaut, das den Höhenunterschied von 36 Meter überwinden kann. Das gab vielleicht den Anstoß zu einer Wiederaufnahme des Planes eines Fulda-Kinzig-Kanals. Jedenfalls wurde Ende der sechziger Jahre darüber diskutiert. Es wurde folgender Plan mit zwei Ausführungen vorgeschlagen:

Der erste Plan sah einen von Schlüchtern (200 mNN) ausgehenden doppelläufigen Tunnel vor, der etwa 9,5 km lang sein und bis zu der 2 km östlich

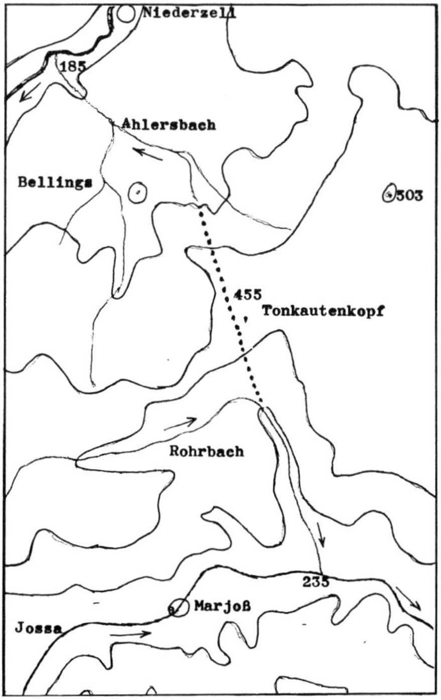

Abb. 140: Der Kanaltunnel unter dem Tonkautenkopf.
..... Tunnel.

von Flieden gelegenen Ortschaft Schweben führen sollte. Dort sollte der Kanal seinen Scheitelpunkt bei 225 mNN erreichen. Der Bergrücken sollte dort auf 2 km Länge aufgegraben werden, um ein Schiffshebewerk einzubauen, das die Schiffe bis zur Höhe der Fliede in 280 mNN um 55 Meter heben sollte.

Der zweite Plan sah einen von Schlüchtern ausgehenden doppelläufigen Tunnel vor, der 26,5 km lang sein und bis zu der 5 km nw der Stadt Fulda gelegenen Ortschaft Gläserzell führen sollte. Bei Gläserzell sollte der Erdrücken aufgegraben und ein Schiffshebewerk eingebaut werden, das die Schiffe aus der Kanalhöhe von 190 mNN auf die Höhe der Fliede von 245 mNN um 55 m heben sollte.

Ein weiterer Kanalplan, der schon in den zwanziger Jahren des 20. Jahrhunderts erörtert worden ist, war der Werra-Main-Kanal. Er sah vor, die Werra von Untermaßfeld an mit dem Main bei Bamberg zu verbinden. Dabei sollten die Milz, Kreck, Rodach und Itz benutzt werden. Bei einer Länge von 115 km sollten 17 Staustufen die Höhenunterschiede überwinden. Da das eine thüringisch-bayerische Angelegenheit gewesen wäre, wird hier nicht näher darauf eingegangen. Für Hessen war jedoch interessant, daß von

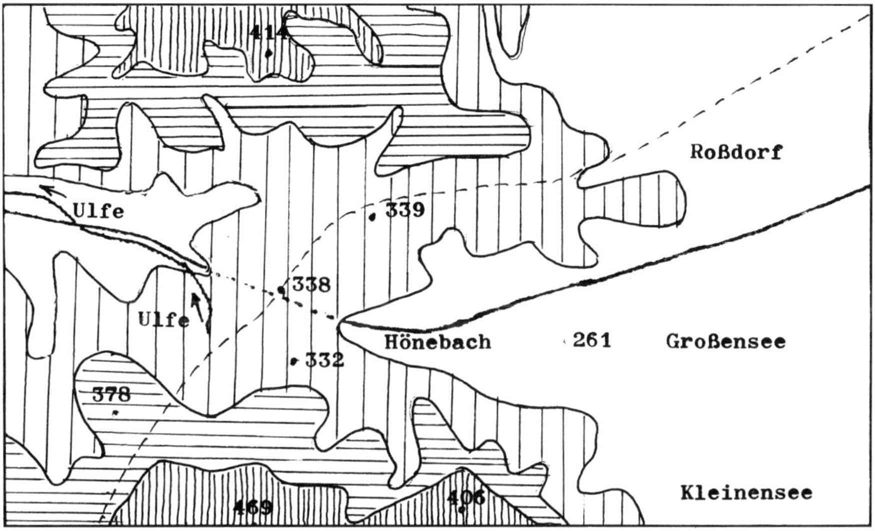

Abb. 141: Die Wasserscheide von Fulda und Werra bei Hönebach.

——— *Eisenbahn*

– – – – – *Autobahn*

Untersuhl südlich Gerstungen an die Werra durch einen 20 bis 21 km langen Kanal mit der Fulda bei Weiterode südlich von Bebra verbunden werden sollte, um den Kasseler Raum an den Werra-Main-Kanal anzuschließen. Diese Verbindung ist in Abbildung 136 mit kleinen Kreisen eingezeichnet. Der Verbindungskanal hätte die Wasserscheide von Fulda und Werra bei Hönebach überqueren müssen. Sie ist in Abbildung 141 dargestellt.

Vom nördlich gelegenen Richelsdorfer Gebirge führt hier ein sich bis zu 338 mNN herabsenkender Sattel zum südlich gelegenen Seulingswald. Die Eisenbahn quert ihn in einem ein Kilometer langen Tunnel bei 300 mNN. Die Autobahn geht diagonal über ihn hinweg. Der Kanal müßte parallel zur Eisenbahn geführt werden und den Scheitel wahrscheinlich auch in einem kleinen Tunnel queren. Nach Westen fließt die Ulfe. Die insgesamt von Gerstungen bis Bebra zu überwindenden Höhenunterschiede belaufen sich auf etwa 280 m.

Angesichts all der technischen Schwierigkeiten und der enormen Kosten hat man von der Ausführung dieser Pläne Abstand genommen, zumal die wirtschaftliche Rentabilität fraglich ist.

Die Bodenschätze

Der Bergbau

In den vorigen Kapiteln ist der hessische Bergbau mit seinen vielen Rohstoffen bereits an deren Fundstellen erörtert worden. Hier soll noch einmal ein zusammenfassender Überblick über die hauptsächlichen Rohstoffe des Hessenlandes gegeben werden. Es sind: Eisenerz, Braunkohle und Kalirohsalze. Die Abbildung 142 zeigt die geförderten Mengen in der Zeit von 1860 bis zur Gegenwart.

Der Eisenerzabbau im Lahn-Dill-Gebiet und im Marburger Hinterland reicht mit seinen Anfängen zwar bis in die um 500 v. Chr. begonnene Eisenzeit zurück, hat aber bis in das vorige Jahrhundert hinein immer nur geringen Umfang gehabt. Erst mit der beginnenden Industrialisierung nahm der Bedarf zu. Die größten Mengen an Eisenerz wurden 1907 und 1939 mit je 1,3 Mio. Tonnen erreicht. Hessen stellte in dieser Zeit etwa ein Viertel der deutschen Eisenerzförderung, also einen beachtlichen Teil. Die zunehmende Erschöpfung der Lager, aber auch die billigere ausländische Konkurrenz, führten in der zweiten Hälfte unseres Jahrhunderts zum vollständigen Erliegen. Im Jahre 1950 hatte der hessische Anteil an der bundesrepublikanischen Fördermenge noch bei rund 6 % gelegen, heute ist er auf Null zurückgegangen. Am 4.3.1983 hat die letzte hessische Eisenerzgrube ihre Förderung aufgegeben.

Der Braunkohlenbergbau ist sehr viel jünger, er begann als ältester deutscher Abbau im 15. Jahrhundert. Sein Schwerpunkt lag immer in Nordhessen. Auch er gewann erst im 19. Jh. größere Bedeutung. Von 1907 bis 1983 gab es 29 Gruben. Der hessische Anteil lag 1938 an der gesamtdeutschen Förderung bei 2,5 % und 1950 an der bundesrepublikanischen Förderung bei 3,8 %. Die größte Fördermenge wurde 1965 in noch 23 Gruben mit 4,4 Mio. Tonnen erreicht. Seitdem hat ein schneller Rückgang eingesetzt. Im Borkener Revier sind die Vorräte erschöpft, in Wölfersheim ist das auch der Fall, und nur im Bereich von Großalmerode findet noch ein Abbau statt, der aber wahrscheinlich noch in diesem Jahrhundert auch sein Ende finden wird. 1985 waren in fünf Gruben noch rund 1100 Arbeiter beschäftigt, 1988 dagegen nur noch 650.

Demgegenüber hat der Kalibergbau in Hessen eine Zukunft. Er begann erst um die Wende vom 19. zum 20. Jh. und erfuhr nach dem Zweiten

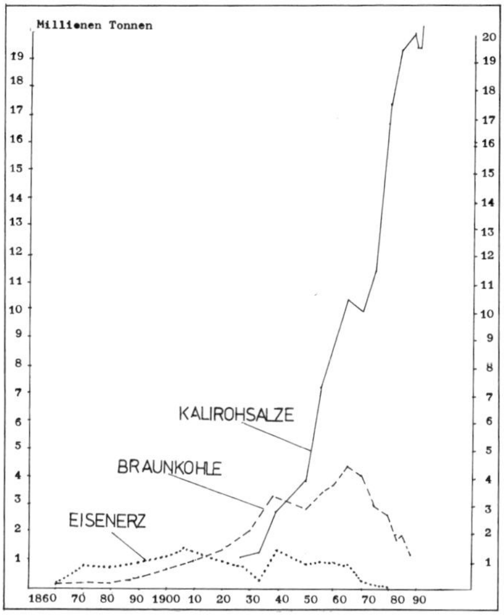

Abb. 142: Die Förderung von Rohstoffen.

Weltkrieg eine beträchtliche Steigerung. 1985 wurden 19,6 Mio. Tonnen gefördert, 1988 20,3 Mio.Tonnen. Hessen stellte bei der bundesrepublikanischen Förderung rund die Hälfte, eine etwa gleichgroße Menge wurde im benachbarten Thüringen gefördert. Während der feste Abraum der in der Bundesrepublik geförderten Kalirohsalze auf Halde genommen wird, ließ die DDR den dort flüssigen Abraum einfach in die Werra fließen, so daß in Werra und Weser das Tier- und Pflanzenleben weitgehend vernichtet wurde. 1987 hatte die DDR die Werra und Weser mit rund 14 Mio. Tonnen an Salzen belastet. Seit der Vereinigung der DDR mit der Bundesrepublik ist dem zum Teil ein Riegel vorgeschoben worden. Die Zahl der im hessischen Kalibergbau Beschäftigten betrug 1985 4700. Die Produktion des Kalisalzes ist in den Jahren nach 1988 bis 1992 in gleichem Umfang mit gut 20 Mio. Tonnen fortgesetzt worden.

Auf die nunmehr erschöpfte Förderung von Erdöl und Erdgas bei Darmstadt wurde bereits eingegangen. Im Betrieb war 1985 noch der Abbau von 6,5 Mio. Tonnen Sand, 0,8 Mio.Tonnen Kalk, 0,7 Mio.Tonnen Basalt und 0,65 Mio.Tonnen Ton. Die Zahl der hier Beschäftigten belief sich auf 405. Damit nimmt der Bergbau und Abbau von Rohstoffen an der Wirtschaft des Landes Hessen nur noch in einem geringen Umfang teil. Man hat den Anteil dieser Rohstoffe am Gesamtproduktionswert bei der Wirtschaft (Industrie und Gewerbe) auf 3 % berechnet. Die Anzahl der bei der Förderung bzw. beim Abbau Beschäftigten an der Gesamtzahl der Berufstätigen liegt sogar bei nur 3 Promille.

Hessen als geohistorischer Pate

Keinen realen Bodenschatz, doch ein geohistorisches Aktivum stellen die Namen einiger Minerale und Gesteine aus Hessen dar, die im Lauf der Erforschung des Gebietes entstanden sind und in den Welt-Wortschatz der Geowissenschaften übergingen.

Hessische Mineral-Namen

Der nach dem Lande Hessen benannte Hessonit ist ein Granat, ein rotgelber Halbedelstein, der im Granit des Odenwalds vorkommt. Der nach dem Spessart benannte Spessartin ist auch ein Granat, ein bräunliches Silikat aus dem Gneis des Vorspessarts. Der nach der Ortschaft Bieber im Vorspessart benannte Bieberit wurde in den dortigen Kobalterz-Gängen gefunden und ist bereits erwähnt worden. Der nach der Grube Messel bei Darmstadt benannte Messelit ist ein farbloses bis bräunliches Phosphat. Der nach der Rhön benannte Rhönit fand sich in Hohlräumen des Basalts, wo er in farblosen Gläsern Dendriten gebildet hat. Der nach dem Sohn des Hessenlandes Goethe benannte Goethit ist ein Eisenmineral, das früher als Nadeleisenerz bezeichnet wurde. All diese Mineralien außer dem Goethit kommen verhältnismäßig selten vor.

Hessische Gesteins-Namen

Nach den Ortschaften Ober- und Unter-Beerbach unweit Darmstadt ist der dem Amphibolit ähnliche Beerbachit benannt worden, er ist ein nur in magmatischen Gesteinsgängen vorkommendes Ganggestein. Das gilt auch für den nach der Ortschaft Schriesheim benannten Schriesheimit, ein dem Gabbro verwandtes Ganggestein. Auch kristalline Gesteine des Odenwaldes sind nach ihrem Vorkommen benannt worden: Es gibt ein nach der Ortschaft Alsbach an der Bergstraße benanntes porphyrisches Gestein Alsbachit. Ein anderes ist nach dem Berg Malchen (Melibocus) Malchit genannt worden, ein drittes nach dem Odenwald Odinit. Der nach der Stadt Weilburg benannte Weilburgit ist eine Gesteinsart, die im wesentlichen aus Diabasmandelstein besteht. Der Name Weilburgit ist allerdings veraltet.

Die Mineralquellen

Auf lange Sicht sind Hessens Mineralquellen als Grundlage der Bäder-Industrie wertvoller als der Bergbau, weil die Mineralquellen nicht so bald versiegen werden. Mineralquellen sind mineralstoffreiches Grundwasser.

Das Grundwasser als der weitaus wichtigste Bodenschatz des Landes entsteht durch Einsickern von Niederschlagswasser oder auch durch Einsickern von Flußwasser. Beim Einsickern nimmt das Grundwasser Mineralsubstanzen auf: Es löst Steinsalz aus Salzlagerstätten, manchmal auch Sulfate, Karbonate und Eisenverbindungen. In Gebieten mit tertiärem Vulkanismus lösen sich auch die letzten vulkanischen Gase, die in den Magmen-Herden nach der Erkaltung noch vorhanden sind, im Grundwasser auf. Praktisch handelt es sich dabei um Kohlensäure, die nur als freie, nicht gebundene Kohlensäure in Erscheinung tritt. In Hessen enthält ungefähr die Hälfte aller Mineralwässer die Kohlensäure. Man betrachtet sie als den letzten Ausklang der vulkanischen Erscheinungen, die gerade in Hessen besonders rege gewesen sind. Es scheint jedoch keine »juvenilen« Mineralwässer im Lande zu geben, die direkt aus der Erdtiefe durch aufsteigendes Magma mitgebracht werden. Die Mineralwässer sind sämtlich »vados«, d. h. sie haben ihren Mineralstoffgehalt beim Durchwandern der Oberflächen-nahen Gesteinschichten aufgenommen. Die Mineralwässer sind in porösen Gesteinen gespeichert, zum Teil auch in Klüften, und wandern in offenen Kluftzonen sehr weit. Allerdings sprechen die Geologen nicht von einer Strömung – dazu ist die Wanderungsgeschwindigkeit zu gering – sondern nur von der Bewegung der Mineralwässer. Auf alle Fälle breiten sich von den Mineralisationszentren die mineralführenden Wässer aus, so daß viele Bäder recht weit entfernt von den primären Auflösungsorten zu finden sind. Die Wanderungsentfernung kann 50 oder gar 100 km betragen. Die Abbildung 143 zeigt die Fließrichtung der Mineralwässer in Hessen.

Der Untergrund von Hessen enthält drei wichtige Steinsalz-Reviere, in denen hochkonzentrierte »chloridische« Salzwässer entstehen. Es ist hier an erster Stelle das Zechstein-Vorkommen in Nordost-Hessen an der Werra zu nennen. Hier lagern bis zu 300 m mächtige Steinsalzschichten, von denen konzentrationsstarke Solen ausgehen. An zweiter Stelle ist das Zechstein-Revier von Fulda-Neuhof zu nennen, das ebenfalls chloridische Mineralwässer und sogar Solen liefert. Ein drittes Vorkommen von konzentrationsstarken Natriumchloridwässern befindet sich im Oberrheintalgraben, wo vor 20 bis 15 Jahrmillionen das letzte Meer auf hessischem Boden eindunstete und sein Salz hinterließ. Ein weiteres – weniger wichtiges – Vorkommen von Natriumchlorid-Wässern ist die Triasformation von Lothringen, die in ihrem Muschelkalk auch Salze enthält. In Abbildung 144 hat der Verfasser versucht, die Wanderwege etwas detaillierter festzulegen.

Ein Hauptstrom führt von Bad Salzschlirf (1), Großenlüder (2), Schlitz-Pforch (3) sowie Rothenkirchen (4), Buchenau (5) und Sieglos (6) nach Norden. Ein zweiter beginnt im Zentrum der dortigen Salzlager in Philippstal (7) und Hattorf (7) an der Werra. Die beiden Ströme vereinigen sich in Meckbach (8). Die Sole folgt dann über Breitenbach (9) und Rotenburg-

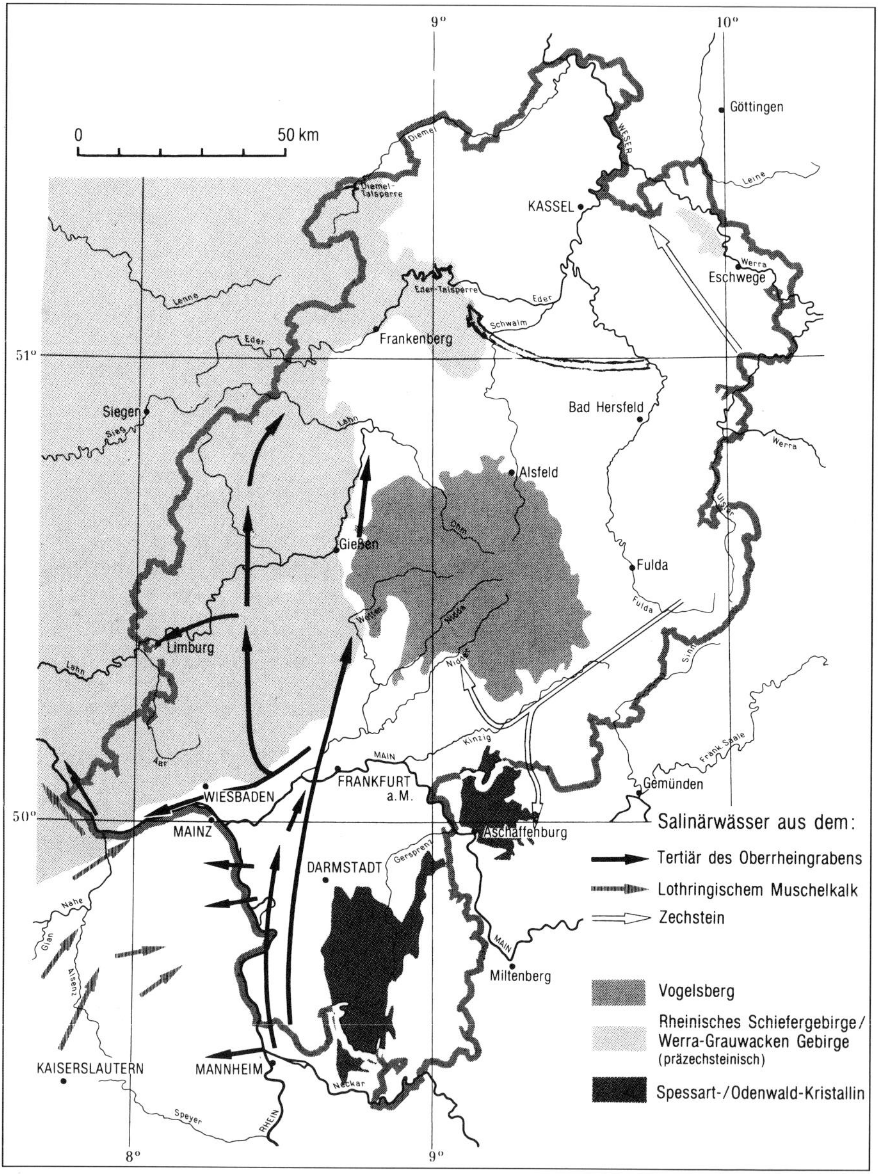

Abb.143: Fließrichtung von Salinarwässern.

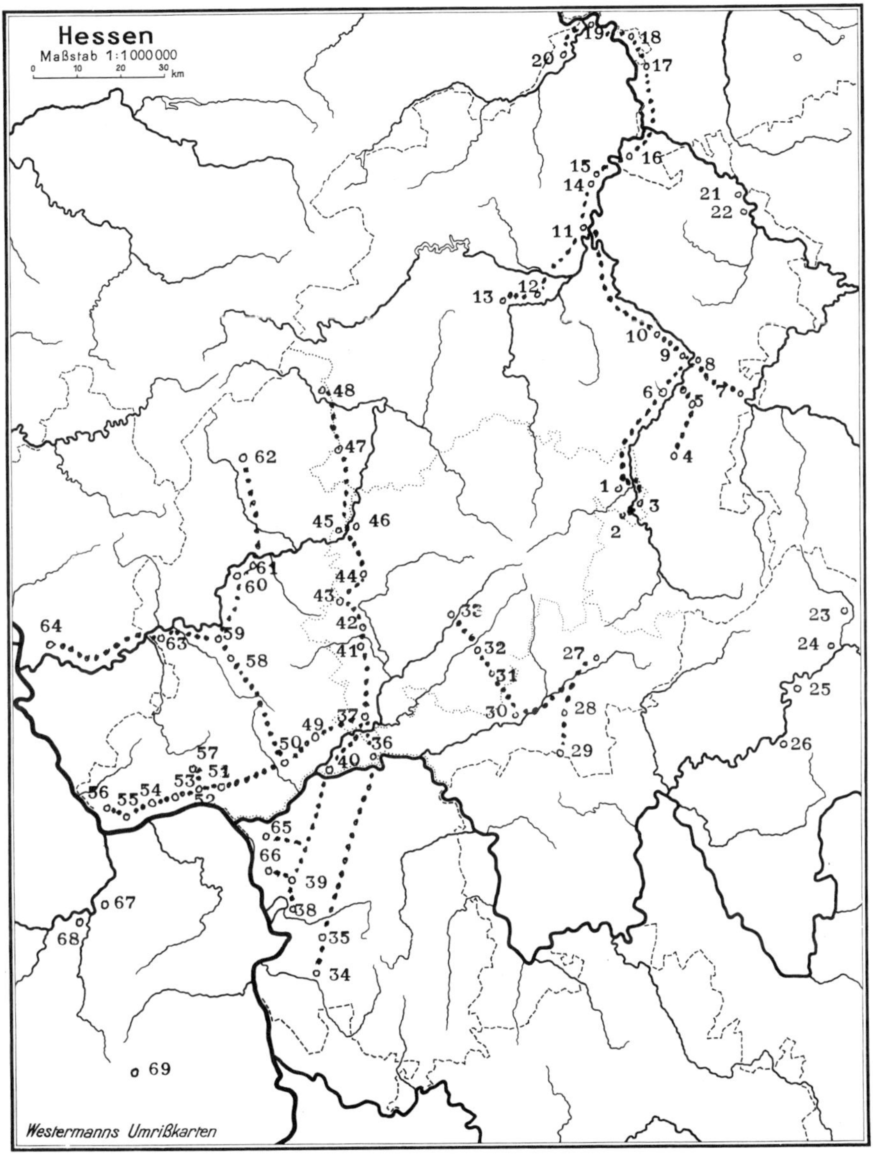

Abb. 144: Die Wanderwege der Sole.

Braach (10) etwa dem Tal der Fulda. Ein schmaler Abzweig führt von Grifte (11) über Borken (12) nach Zwesten (13). Der nach Norden gehende Strom speist die Quellen in Kassel-Wilhelmshöhe (14), Kassel-Ihringshausen (15) und Speele (16) sowie die an der Weser liegenden Quellen der Orte Oedelsheim (17), Bodenfelde (18) und Karlshafen (19). Dieser Strom folgt wahrscheinlich der Weser weiter nach Norden. Ein kleiner Abzweig speist die Quelle in Trendelburg (20). Die Sole bewegt sich auf diesen Wegen meist in einer einige hundert Meter tief liegenden Schicht von Gesteinen der Zechsteinzeit, von Kassel an dagegen im mittleren Buntsandstein. An den meisten Orten mußte gebohrt werden, an einigen Orten tritt die Sole aber auch in freien Quellen zutage.

An der Werra gibt es noch zwei Orte, in denen man Solequellen erbohrt hat: Herleshausen (21) und Bad Sooden-Allendorf (22). Vielleicht liegen sie an einem etwa der Werra folgenden und ebenfalls nach Norden führenden Wanderweg.

Vom südlichen und südöstlichen Salzhang des Zechstein-Gebietes gehen auch Solen aus. Sie müssen einen Weg nach Süden oder Südwesten einschlagen. Ob die Solequellen in Bayern in Heustreu (23), Bad Neustadt (24), Bad Bocklet (25) und Bad Kissingen (26) an einem Wanderweg liegen, ist freilich eine offene Frage, da die dort vorhandenen Verwerfungsspalten und Gräben alle von Nordwesten nach Südosten verlaufen und senkrecht zu einem möglichen Wanderweg liegen. Dagegen ist die Annahme eines zunächst dem Kinzigtal in variskischer Richtung folgenden Wanderweges begründet. Die Sole speist die Quellen in Bad Soden-Salmünster (27), Bad Orb (28) sowie Roßbach (29) und durch einen Abzweig auch in Gelnhausen (30), Büdingen (31), Bad Selters (32) und Bad Salzhausen (33). Die von Gelnhausen an erfolgende Umlenkung dieses Wanderweges nach Nordwesten ist auf die im Untergrund lagernde Scholle des Rotliegenden zurückzuführen, die dem Wasser großen Widerstand entgegensetzt. Die Sole fließt hier meist in nicht sehr tief liegenden Zechstein-Schichten, weil der Zechstein hier ausstreicht, d. h. an die Erdoberfläche gelangt.

Damit dürften die aus dem Zechstein-Salzgebiet führenden Wanderwege alle aufgezählt sein. Man hat zwar vermutet, daß die Sole auch noch unter dem Vogelsberg hindurch z. B. nach Bad Nauheim gelangt. Diese Vermutung stützte sich auf die Feststellung, daß in den Salzkörnern sowohl im Salzgebiet von Neuhof wie in Bad Nauheim die gleichen Bakterien eingeschlossen sind. Die geologischen Verhältnisse am Südwesthang des Vogelsberges sprechen jedoch dagegen, weil hier das Rotliegende den Wassern den Weg von Osten nach Westen versperrt. Die Nauheimer Salze können z. B. auch aus dem Oberrheingraben stammen, wo im Oligozän und Miozän in Baden und im Elsaß Salzlager entstanden sind. Man hat im Oberrheingraben nach Norden führende Wanderwege festgestellt. Ein Wanderweg führt am

Westrand des Odenwaldes entlang von Heppenheim (34) über Hähnlein (35) nach Frankfurt (36) und Bad Homburg (37). Ein zweiter geht von Stockstadt (38) und Dornheim (39) sowie Frankfurt-Nied (40) nach Norden, wo er sich mit dem ersten in der Gegend von Bad Homburg (37) vereinigt. Der vereinigte Strom speist dann am Ostrand des Rheinischen Schiefergebirges die Quellen von Schwalheim (41), Bad Nauheim (42), Fauerbach (43), Oberhörgern (44), Gießen (45), Großen-Wieseck (46), Lohra (47) und Kombach (48). Zwischen Münzenberg und Ober-Hörgern (44) ist ein 65 ha großes Stück Land an der Wetter 1977 unter Naturschutz gestellt worden, es sind die Salzwiesen von Münzenberg. Auf ihnen quillt an mehreren Stellen steinsalzhaltiges Wasser an die Oberfläche, so daß sich hier eine Küstenflora entwickelt hat, die sich durch dickfleischige Blätter und Stengel auszeichnet. In der Gemarkung Wisselsheim bei Bad Nauheim (42) gibt es ebenfalls Salzwiesen, sie wurden 1982 unter Naturschutz gestellt.

Im Raum von Bad Homburg (37) zweigt von dem nach Norden führenden Weg ein nach Westsüdwest führender Strom ab, der den Südrand des Taunus begleitet. Er speist die Quellen von Krontal (49), Bad Soden im Taunus (50), Wiesbaden (51), Schierstein (52), Niederwalluf (53), Kiedrich und Eltville (54), Geisenheim (55) und Aßmannshausen (56). Hier biegt der Strom in das Rheintal um. Von dem am Taunusrand entlang führenden Strom zweigt in Schierstein (52) ein Abstecher nach Schlangenbad (57) ab und in Bad Soden (50) ein solcher, welcher der Idsteiner Senke folgt und die Quellen von Oberselters (58), Niederselters (59), Löhnberg-Selters (60), Biskirchen an der Lahn (61) und Eibach (62) speist. Im Lahntal zweigt von diesem Wanderweg wieder ein Strom ab, der im Lahntal hinunter nach Fachingen (63) und Bad Ems (64) führt.

Im Mainzer Becken führen vielleicht einige kurze Ströme nach Rüsselsheim (65) und Astheim (66). Die im Oberrheingraben beginnenden Wanderwege liegen bis Bad Homburg in Schichten des Tertiärs oder Pleistozäns. Man mußte dort 1066 m tief bohren, um die Sole zu erreichen. Am Ostrand des Schiefergebirges befindet sich der Wanderweg in einer bis zu 210 m tiefer liegenden Schicht des Devons und zuletzt in einer solchen des Karbons in 132 m Tiefe. Zum Teil treten die Wässer aber auch ohne Bohrung zutage.

Der am Südrand des Taunus vorhandene Wanderweg führt zum Teil durch Schichten des Devons und zum Teil auch durch solche der kristallinen Gesteine in Tiefen bis zu 375 m. Auch der durch die Idsteiner Senke führende Wanderweg bewegt sich im Devon, und zwar in einer Tiefe bis zu 307 m.

Die an der Nahe liegenden Bäder Kreuznach (67) und Bad Münster am Stein (68) werden nicht mehr aus dem Oberrheingraben gespeist, sondern aus dem lothringischen Muschelkalk, Bad Dürkheim (69) am Rande des Pfälzerwaldes wahrscheinlich auch.

Zum Schluß soll noch ein Blick auf einige hessische Badeorte gerichtet werden, die noch nicht bei einem der Wanderwege genannt worden sind. Das ist einmal Bad Hersfeld an der Fulda. Seine Wasser enthalten neben dem Steinsalz auch Sulfate. Sie stammen aus einer anderen Schicht des Zechsteins als das Steinsalz, die ziemlich nahe bei Hersfeld liegen muß, so daß keine große Wanderung der Sulfate erfolgt. Die Bohrung in den Zechstein geht bis zu einer Tiefe von 420 m.

Die Helenenquelle von Bad Wildungen enthält neben dem Steinsalz Kalium- und Magnesium-Salze der Kohlensäure. Die anderen Quellen führen hier hauptsächlich Salze des Kalziums mit der Kohlensäure. Alle Wasser entstammen dem hier nicht sehr tief liegenden Devon und Karbon.

Die Sprudel von Bad Vilbel enthalten außer dem Steinsalz ebensoviele Kalzium- und Magnesium-Salze vorwiegend der Kohlensäure. Sie stammen aus dem Rotliegenden in Tiefen bis zu 323 m.

Bad Schwalbachs Quellen im Taunus enthalten vorwiegend Kalzium- und Magnesium-Salze der Kohlensäure und z. T. auch Eisen.

Bad König im Odenwald hat Wässer, die sowohl Natrium- wie Kalium-, Kalzium- und Magnesium-Salze der Salzsäure, Schwefelsäure und Kohlensäure enthalten und aus bis zu 366 m tiefen Bohrungen bis in die kristallinen Gesteine des Erdaltertums stammen. Diese kristallinen Gesteine sind für das Wasser nur wenig durchlässig. In all den eben genannten Bädern stammen die Wässer unmittelbar aus dem Untergrund, so daß sie keine großen Wanderungen zurückgelegt haben.

Die Reihe der hessischen Mineralquellen ist noch nicht erschöpft, es sind seither nur etwa zwei Drittel von ihnen genannt worden, Hessen ist das an Mineralquellen reichste deutsche Land. Das ist einmal verursacht durch die großen Zechstein-Ablagerungen und zum anderen durch die im Zusammenhang mit den vulkanischen Ereignissen vorhandene Kohlensäure.

Zum Abschluß folgt ein Blick auf die Thermalquellen. Mineralwässer von einer Temperatur über 20° werden als Thermalwässer bezeichnet. Es gibt eine Reihe von ihnen, aber es sind nur drei dabei, bei denen das Wasser eine höhere Temperatur als der menschliche Körper hat (37°). Hier ist Borken zu nennen, wo die Bohrung in den Zechstein bis zu einer Tiefe von 1257,8 m ein Thermalwasser von 40,7° zutage führt. Fast genauso liegen die Verhältnisse in Kassel-Wilhelmshöhe: Eine 1316 m tiefe Bohrung in den Zechstein brachte ein 41,4° warmes Wasser. Ganz anders ist es in Wiesbaden. Hier spendet der als natürliche Quelle vorhandene Kochbrunnen ein 64,3° warmes Wasser; die Thermalwässer müssen hier nicht nur in tiefen Erdschichten verweilt haben, sondern auch außergewöhnlich gute Aufstiegsbahnen besitzen, so daß sie schnell an die Erdoberfläche gelangen. Eine bis 71° warme Sole wurde inzwischen auch in der Baugrube des Pariser Hofes nachgewiesen. Die Thermalwässer legen die Frage nach der Erdwärme nahe.

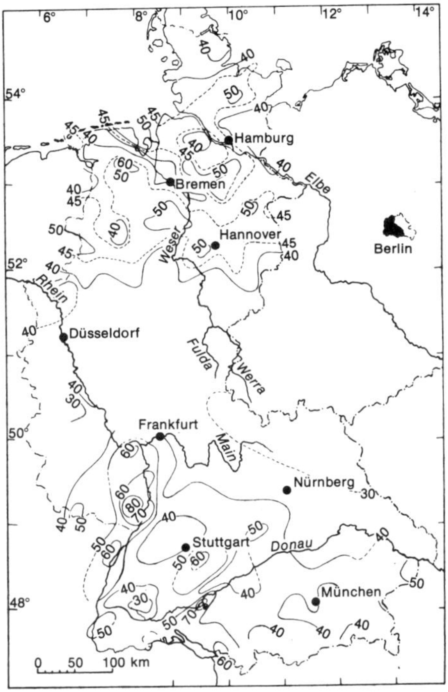

Abb. 145: Die Erdwärme in 1000 m Tiefe.

Die Erdwärme

Die Abbildung 145 zeigt die Temperaturverteilung in der früheren Bundesrepublik Deutschland in 1000 Meter Tiefe.

Hessen ist leider nur mit wenigen Angaben vertreten. Nahe der Erdoberfläche beträgt die durchschnittliche Temperaturzunahme 3° Celsius pro 100 m. In 1000 m Tiefe ergibt das 30°. Im Oberrheingraben herrschen bei Landau in der Pfalz jedoch Temperaturen um 100°. Sonst betragen sie im Gebiet des Grabens und des Mainzer Beckens im allgemeinen 60 bis 80°. Im übrigen Hessen betragen die Temperaturen in 1000 m Tiefe anscheinend nur 30 bis 40°. Eigenartigerweise sind die Tiefen-Temperaturen auch unter dem Vogelsberg nicht hoch. Man konnte vermuten, daß sie wegen eines im Untergrund vorhandenen Magma-Herdes höher seien. Man hat zwar durch Messung der Fortpflanzungsgeschwindigkeit von Erdbebenwellen unter dem Vogelsberg einige Magma-Kammern feststellen können, aber sie haben nur einen kleinen Umfang. Die Beobachtung beim Vogelsberg stimmt mit entsprechenden Feststellungen in der Eifel überein. Ihr Vulkanismus ist erst vor rund 10 000 Jahren zu Ende gegangen, trotzdem sind in der Tiefe auch keine übernormal hohen Temperaturen vorhanden. Die Tiefbohrungen nach Mineralwässern ergaben im Vogelsberg in Herbstein bei 1000 m Tiefe nur 32,9° und in Bad Salzhausen auch nur 27,3°. In der niederhessischen Senke hat man bei Borken in 1103 m Tiefe 37° und in 1258 m Tiefe 40,7° festgestellt und in Kassel-Wilhelmshöhe in 1316 m Tiefe 41,5°. Auf 1000 m reduziert ergeben sich Werte zwischen 31 und 34°. Eine Ausnahme bilden nur die Quellen in Wiesbaden. Die große Adlerquelle spendet bei einer Bohrtiefe von 115 m ein 64,9° warmes Wasser und der oben bereits erwähnte Kochbrunnen als natürliche Quelle ebenfalls.

Eine Nutzung der Erdwärme als alternative Energiequelle ist für Hessen nur ganz beschränkt möglich, nämlich zur Gewinnung von Heizwärme (Niedertemperatur-Energie) aus Flachsonden, wie es z. B. in der Schweiz in ähnlich ungünstigen Erdwärme-Gebieten praktiziert wird. Hochtemperatur-Energie, wie z. B. zur Erzeugung von Elektrizität, wird aus dem Boden Hessens kaum zu gewinnen sein.

Hessen in Raum und Zeit

panta rhei »Alles fließt«. (Spruch eines Griechen um 500 v. Chr.)

Der zeitliche Rahmen für die geologische Entwicklung des Hessenlandes hat sich verändert. Die Ursache dafür ist der Begleiter der Erde, der Mond. Er verursacht die Gezeiten, durch die sich mehrere Größen des Zeitrahmens verändern. Die ältesten Gesteine des Hessenlandes stammen aus der Zeit des Ordoviziums, das vor 505 Mio. J. begann. Der Tag dauerte damals 22 Stunden und 26 Minuten, und das Jahr hatte 391 Tage. Der Monat währte 28 Tage, und das Jahr hatte 13 Monate. Die Entfernung des Mondes von der Erde betrug nur 95,7 % der gegenwärtigen, so daß die Gesamtflut 7,5 % höher war als heute. In der Mitte der Zechsteinzeit, kurz vor dem Ende des Erdaltertums und dem Beginn des Erdmittelalters vor 253 Mio. J. dauerte der Tag 23 Stunden und 13 Minuten, und das Jahr hatte 378 Tage. Der Monat währte fast 29 Tage, und das Jahr hatte 12,7 Monate. Die Entfernung des Mondes von der Erde war auf 98,5 % der gegenwärtigen Entfernung gestiegen, so daß die Gesamtflut nur noch 3,3 % höher war als heute. Am Ende des Erdmittelalters und am Beginn der Erdneuzeit vor 65 Mio. J. dauerte der Tag 23 Stunden und 48 Minuten, und das Jahr hatte 368,3 Tage. Der Monat währte 29,3 Tage, und das Jahr hatte 12,5 Monate. Die Entfernung des Mondes von der Erde war auf 99,6 % der gegenwärtigen gestiegen, so daß die Gesamtflut nur noch 1 % größer war als heute. Diese durch die Flutreibung bewirkten Veränderungen des Zeitrahmens werden sich auch in der Zukunft fortsetzen. Im Anhang sind dazu noch einige Ausführungen vorhanden.

Die seitherigen Betrachtungen der geologischen Entwicklung des Hessenlandes zeigen, daß der gegenwärtige Zustand nur eine Art von Momentaufnahme im Kräftespiel der Erdkruste unseres irdischen Planeten sein kann, weil die Entwicklung sich so wie in der Vergangenheit auch in der Zukunft unaufhaltsam fortsetzen wird. Die physikalische, chemische und biologische Verwitterung der Gesteine wird weitergehen und die Höhen allmählich abtragen. Die Größenordnung des Abtrags in den vergangenen 140 Mio. J. ist bekannt: Über Mergentheim im Tal der Tauber sind seit dem Ende der Jurazeit vor 137 Mio. J. 1100 m Gestein abgetragen worden, das ergibt 0,8 mm in 100 Jahren. Über Heidelberg sind in derselben Zeit rund 1400 m abgetragen worden, 1,0 mm in 100 Jahren. Über dem vulkanischen Katzenbuckel sind seit seinem letzten Ausbruch vor 53,1 Mio. J. 610 m abgetragen worden, 1,15 mm in 100 Jahren. Über Messel bei Darmstadt sind im oberen Jura und während der Kreide, also in 97 Mio. J., über 1000 m abgetragen worden, 1,0 mm in 100 Jahren. Im Südwesten von Thüringen sind vom Tertiär an 600 bis 700 m, also durchschnittlich 650 m in 65 Mio. J. abgetragen worden, 1,0 mm in 100 Jahren. Diese fünf Werte liegen nahe beieinander, so daß sich für Hessen ein durchschnittlicher Abtrag von 1 mm in 100 Jahren ergibt. Für 1000 Jahre ergibt das 1 cm, für 100 000 Jahre 1 Meter und für 10 Millionen Jahre 100 Meter. Für das gesamte Maingebiet von 27 212 km^2 errechnet sich bei einer jährlichen Ausbaggerungsmenge von in den Jahren 1970 bis 1972 durchschnittlich 160 000 m^3 ein Abtrag von 0,6 mm in 100 Jahren. Da aber nur auf der 337 km langen schiffbaren Strecke von der Mündung bis Bamberg des insgesamt 524 km langen Mains gebaggert wird, dürfte für die nicht ausgebaggert werdenden Zuflüsse des Mains noch ein Zuschlag kommen. Ein genauer Wert läßt sich nicht errechnen, weil die Nebenflüsse nur einen unbekannten Teil ihres Abtrags in den schiffbaren Teil des Mains transportieren und einen anderen Teil besonders neben ihren Mittel- und Oberläufen auch ablagern, z. B. als Auenlehm. Immerhin dürfte deshalb der Betrag von 0,6 mm in 100 Jahren schätzungsweise um etwa die Hälfte vergrößert werden müssen, zumal auch noch ein gelöster Abtrag in den Kalkgebieten zu berücksichtigen ist, der von der Baggermenge nicht erfaßt wird. Der genaue Wert dürfte damit auch nahe bei 1 mm in 100 Jahren liegen.

Der Abtragungsschutt wird in die Täler geschwemmt, schüttet die Senken auf oder wird ins Meer getragen. Im Netz der Gewässer könnten sich viele Bäche und Flüsse durch rückschreitende Erosion auf Kosten anderer Gewässer ein größeres Einzugsgebiet verschaffen, sofern das der Mensch nicht durch seine Maßnahmen wie zum Beispiel Quellen-Fassung oder Straßenbau verhindert.

Dem Abtrag der Gesteine wirkt an vielen Stellen jedoch eine Hebung der Gebiete entgegen. Der Odenwald hatte sich schon vor dem Pliozän um rund 200 m gehoben und ist in den letzten 3 Mio. J. um weitere 1000 Meter aufgestiegen, die Rhön im Pliozän um 800 Meter und der Taunus in den letzten 1,5 Mio. J. um rund 600 Meter. Das ergibt durchschnittliche Hebungsraten von etwa 3 Zentimeter in 100 Jahren. Wesentlich langsamer ist das Werra-Gebirge aufgestiegen, in 30 Mio. J. um etwas mehr als 1000 m, was einer Hebungsrate von nur 1/3 cm in 100 Jahren entspricht. Die Blockhebungen werden durch innerirdische Kräfte bewirkt. Da deren Ursachen von der geologischen Wissenschaft noch nicht restlos geklärt werden konnten, ist die weitere Entwicklung auch nicht bestimmt. Es steht jedoch fest, daß weitere Hebungen auch in der Zukunft stattfinden werden.

Hessen ist als Teil Mitteleuropas in der geologischen Vergangenheit zudem auch als Ganzes kräftig gehoben worden. In der Muschelkalkzeit lag

Hessen noch vor 223 Mio. J. ganz unter »Normal-Null«, weil es vollständig vom Meer bedeckt war. Die variskischen Gebirge waren längst abgetragen, und ihre Stümpfe waren in das Erdinnere versunken. Erst seit dem Tertiär sind die Reste der variskischen Gebirge wieder zu Mittelgebirgen emporgestiegen, während mitten zwischen ihnen der Meeresarm des Oberrheintalgrabens unter Normal-Null sank und sich hier eine später von Sedimenten aufgefüllte Schlucht von über zwei Kilometer Tiefe bildete.

Es ist noch nicht festgestellt worden, welche durchschnittliche Höhe über dem Meeresspiegel das Hessenland gegenwärtig hat. Seine sicher mit Bedacht ausgewählten Wetterstationen liegen im Durchschnitt bei 288 mNN. Der Verfasser schätzt die durchschnittliche Meereshöhe der hessischen Erdoberfläche auf etwa 310 mNN, so daß Hessen als ganzer Block seit der Muschelkalkzeit um mehrere Hundert Meter gehoben worden ist!

Den Hebungen von Teilen Hessens stehen Senkungen von anderen Teilen zur Seite, was z. B. der Oberrheintalgraben beweist, auch der benachbarte Thüringer Wald sinkt gegenwärtig ab. Über die weitere Entwicklung der Hebungen und Senkungen kann keine Vorhersage gemacht werden.

Nun gibt es neben den senkrechten Bewegungen der Erdschollen auch waagerechte Verschiebungen. Im Zusammenhang mit dem in der Vergangenheit erfolgten Einbruch des Oberrheingrabens und seiner Verlängerung über die Wetterau und niederhessische Senke sowie den Leinetalgraben stellt sich für die Zukunft die Frage, ob sich dieser Graben in der Zukunft ausweiten könnte. Auch für den Abzweig des Oberrheingrabens durch das Neuwieder Becken zum Niederrhein kann diese Frage gestellt werden. Falls sich der Graben erheblich ausweiten sollte, könnte er sich zu einer Trennfuge entwickeln, an der die Erdschollen auseinandertreiben. Wenn die Trennfuge vom Oberrhein über die niederhessische Senke zum Leinetal liefe, würde Hessen in der Mitte gespalten. Es ist zum mindestens denkbar, daß dann in dem Graben ein Meeresarm einbricht und vulkanische Ausbrüche am Grabenrand erfolgen, was geradezu phantastische Zukunftsbilder ergeben würde! Tatsächlich ist der tiefe Untergrund der Erdkruste unter dem Oberrheintalgraben noch nicht stabilisiert, doch die modernen geologischen und geodätischen Untersuchungen lassen vermuten, daß die Grabenbildung zur Zeit nicht weitergeht.

Falls eine Trennfuge entstehen sollte, wäre gegenwärtig ihr Verlauf über den Niederrhein der wahrscheinlichere, weil der Niederrhein noch eine Zone der Erdbeben-Aktivität ist, während in Mittel- und Nordhessen keine Erdbeben-Aktivität mehr vorhanden ist.

Es steht aber fest, daß Hessen mit dem gesamten europäischen Kontinent nach Osten driftet, denn seit rund 200 Mio. J. hat sich zwischen den Kontinentblöcken Amerika einerseits und Europa-Afrika andererseits der Atlantik geöffnet. Amerika driftet dabei nach Westen, so daß der Abstand zwischen Amerika und Europa in jedem Jahr knapp 2 Zentimeter gegenwärtig zunimmt. Für das Auseinanderdriften von Amerika und Europa gibt es nicht nur geologische Beweise, sondern auch Präzisionsmessungen quer über den Atlantik mit modernster Geodäsie unter Zuhilfenahme von Satelliten und geodätischen Meßpunkten auf dem Mond. Sie weisen nach, daß sich der Atlantik auch im letzten Jahrzehnt kontinuierlich verbreitert hat, und zwar mit einer Größenordnung des Auseinanderdriftens, die durchaus den auch sonst ermittelten Werten bei anderen Platten der Erdkruste entspricht.

Ob sich auch die geographische Breite von Hessen in der Zukunft ändern könnte, ist eine offene Frage. Weil sich dabei das Klima ändern würde, hat die Erörterung dieser Frage auch für die Erklärung der Klimaänderungen in der geologischen Vergangenheit eine große Bedeutung. Die Erforschung des erdmagnetischen Feldes hatte dazu geführt, anhand der Orientierung von Mineralkörnern, vor allem von Magnetit, die Lage der Gesteine zu den Magnetpolen der Erde in den letzten 540 Mio. J. zu bestimmen. Im Eingangskapitel über die geologische Urzeit sind darüber bereits Ausführungen gemacht worden. Danach hat Hessen vor 540 Mio. J. auf dem 56. Grad südlicher Breite gelegen und ist dann nach Norden gewandert. Es hat vor etwa 327 Mio. J. den Äquator überschritten und vor 186 Mio. J. den 42. Grad nördlicher Breite erreicht. In der Folgezeit bis vor 155 Mio. J. ist es dann bis zum 22. Grad nördlicher Breite zurückgewandert. Es hat dann abermals eine Wanderung nach Norden begonnen, so daß Hessen vor 120 Mio. J. den 35. Grad erreichte. Eine erneute Rückwanderung führte bis vor 86 Mio. J. zum 33. Grad. Von da an ist Hessen beständig nach Norden gewandert bis zum gegenwärtigen 51. Breitengrad. Mit diesen Wanderungen ist der Klimawechsel in den verschiedenen Erdzeiten in großen Zügen erklärt.

Nicht alle Geologen erkennen diese detaillierte Rekonstruktion der Wanderung der Platten und Schollen der Erdkruste als gesicherte Erkenntnis der Wissenschaft an. Sie begründen das mit dem Argument, daß es zweifelhaft ist, ob die Lage der hypothetischen Magnetachse immer annähernd mit der Lage der Rotationsachse der Erde übereingestimmt hat, und auch mit der Tatsache, daß die Magnetpole langsam wandern, ferner mit der Erkenntnis, daß in der geologischen Vergangenheit sogar zahlreiche Umpolungen des irdischen Magnetfeldes stattgefunden haben. Aber in der neuesten – 1990 erschienenen – geologischen Literatur werden die auf Seite 17 wiedergegebenen Erdkarten für die letzten 540 Mio. J. als gesicherte Erkenntnis der geologischen Wissenschaft anerkannt.

Legt man diese Erdkarten zugrunde, dann folgt aus ihnen auch die Erkenntnis, daß sich das Hessenland mit der mitteleuropäischen Scholle bei der Wanderung gedreht hat. Im Anhang Seite 239 sind die Orientierungen verzeichnet. Nach der anfänglichen Orientierung von N nach S vor 540 Mio. J. kam es zu einer Orientierung von NW nach SO vor 420 Mio. J.

Abb. 146: Die geographische Orientierung.

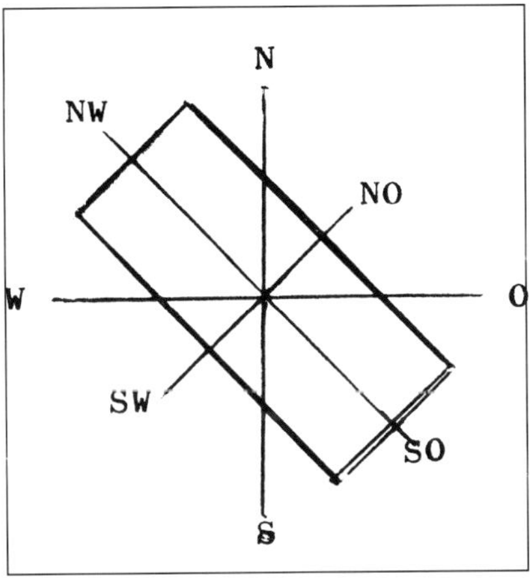

Sie blieb – bis auf geringe Schwankungen – bis vor 155 Mio. J. bestehen und ging vor 120 Mio. J. wieder in die NS-Richtung über. Diese Orientierungen hängen vielleicht mit der Lage der Lineamente, Bruchspalten und Verwerfungen zusammen, die bereits beschrieben worden sind. Die auffällige Orientierung der Spalten und Gräben des Teritärs von N nach S und von W nach O könnte mit der Gestalt des Erdkörpers zusammenhängen, der ja keine vollkommene Kugel, sondern annähernd ein abgeplattetes Rotationsellipsoid ist. Falls das so sein sollte, würden sich die von NW nach SO und von SW nach NO orientierten Spalten und Verwerfungen des Variskischen Gebirges ebenso erklären, weil Mitteleuropa vor 360 Mio. J. statt von N nach S damals von NW nach SO orientiert war. Sie entsprachen in früheren Erdzeiten der damaligen N-S bzw. W-O-Richtung, wie das die Abbildung 146 zeigt.

Ob diese Vermutungen über einen Zusammenhang zwischen dem Erdkörper und der Orientierung der Spaltensysteme zutreffen, ist eine noch offene Frage.

Es steht jedoch fest, daß gegenwärtig keine Änderungen der geographischen Breite feststellbar sind. Mit ihnen könnten Veränderungen des Klimas einhergehen. Dagegen kann sich das Klima in absehbarer Zeit auch aus anderen Gründen ändern. Ob die zur Zeit viel diskutierte Einwirkung des Menschen auf das Klima – vor allem die Steigerung des Spurenstoff-Gehalts der Atmosphäre und die Zunahme von Kohlendioxid und Methan – einen »Treibhaus-Effekt« mit einer beträchtlichen Erwärmung hervorrufen könnte, ist eine noch offene Frage. Selbst wenn diese Befürchtungen zutreffen, können sie die in einem geologischen Maßstab in Jahrzehntausenden eintretenden Klimaänderungen nur gering beeinflussen.

Die Klimaforscher stimmen dagegen in der Ansicht überein, daß wir zur Zeit in der ersten Hälfte einer warmen Zwischenzeit zwischen der letzten

Weichsel-Würm-Kaltzeit und einer kommenden neuen Kaltzeit leben. Da die Ursachen der Eiszeiten auch noch nicht restlos geklärt sind, kann über die Dauer der jetzigen Warmzeit und über den Zeitpunkt des Beginns einer neuen Kaltzeit noch nichts Bestimmtes gesagt werden. Einige Geologen datieren das Minimum einer neuen Kaltzeit auf den in 60 000 Jahren vor uns liegenden Zeitraum. Eine neue Kaltzeit würde möglicherweise die Alpen wieder mit Gletschern überziehen, die bis nach München und Augsburg vorstoßen könnten, und das skandinavische Inlandeis könnte sich wieder bis nach Norddeutschland vorschieben. Dann würde Hessen wieder in eine Tundra umgestaltet, die von den Eisrändern her mit Löß-Staubstürmen überweht werden könnte.

Wenn sich diese Möglichkeiten verwirklichen sollten, würde das sicher erst in einem nach Jahrzehntausenden zu bemessenden Zeitraum der Fall sein. Ob das Menschengeschlecht dann noch lebt, ist eine offene Frage. Vielleicht können kurzfristige Klimaänderungen zu seinem Untergang beitragen, aber das große geologische Geschehen mit seiner viereinhalb Milliarden Jahren langen Geschichte war immer unabhängig vom Menschen, und das wird auch in der Zukunft der Fall sein.

Anhang

Zur Gesteinskunde

Die die Erdkruste aufbauende Materie besteht aus Gesteinen. Es gibt Hunderte verschiedener Gesteine. Gesteine sind Gemenge mehrerer Mineralien. Mineralien haben eine bestimmte chemische Zusammensetzung und ein definiertes Kristallgitter. Man kennt über 300 Minerale, nur sehr wenige sind gesteinsbildend. Bei den Gesteinen unterscheidet man ihrem Werdegang nach drei Hauptarten: Magmatite, Sedimente und Metarmorphite.

Magmatite

Die in tieferen Bereichen der Erdkruste vorhandenen Gesteinsschmelzen werden als Magma bezeichnet. Das aufsteigende Magma kann in Spalten oder Hohlräumen der Erdkruste bei der Abkühlung zu Gestein erstarren, zu einem »Tiefengestein« oder »Plutonit«. Es kann aber auch durch Vulkane zur Erdoberfläche gefördert werden, als »Eruptiv- oder Ergußgestein« oder »Vulkanit«. Die aus Magma erstarrten Gesteine sind insgesamt »Erstarrungsgesteine«.

Übersicht über die wichtigsten Erstarrungsgesteine:

Tiefengestein	Eruptivgestein	
	alt	jung
Granit	Quarzporphyr	Liparit
Syenit	Porphyr und Keratophyr	Trachyt
Diorit	Porphyrit	Andesit und Phonolith
Gabbro	Diabas und Melaphyr	Basalt und Dolerit

Sedimente

Die an der Erdoberfläche lagernden Gesteine werden durch die Kräfte der Verwitterung – Regen, rinnendes Wasser, Wind, Wellen, Temperaturwechsel – allmählich zerstört. Teils bleiben Trümmer übrig, teils werden sie chemisch gelöst. Das hauptsächlich vom Wasser abtransportierte Verwitterungsmaterial kann wieder abgesetzt oder aus der Lösung ausgefällt werden. Dabei

entstehen neue, meist geschichtete Gesteine: Sedimente. Man unterscheidet mechanische, chemische und organische Sedimente. Die mechanischen Sedimente werden nach der Größe der Trümmer unterteilt. Die wichtigsten sind:
Breccien: Sie bestehen aus sehr groben, kaum gerundeten, erbsengroßen oder noch größeren Trümmern.
Konglomerate: Sie bestehen aus sehr groben, doch abgerollten Trümmern.
Sandsteine: Sie bestehen aus feinkörnigen, doch noch mit bloßem Auge erkennbaren Trümmern.
Feinstkörnige, aus Ton-Mineralien aufgebaute, teils mit kleinkörnigen Trümmern (Sand) oder chemischen Sedimenten gemischte Sedimentgesteine sind: Ton und Schieferton, Löß, Mergel (kalkhaltig), Lehm und Tuff (Vulkan-Asche).
Die wichtigsten chemischen Sedimente sind: Kalkstein, Steinsalz, Dolomit, Gips. Die wichtigsten organischen Sedimente sind: Torf, Kohle, Erdöl.

Metamorphite

Der geologische Kreislauf führt die Gesteine der Erdoberfläche, zum Beispiel bei Gebirgsbildungsvorgängen, wieder in größere Tiefen, in Bereiche erhöhten Drucks, erhöhter Temperatur und zirkulierender heißer chemisch aktiver Lösungen. Dort werden die Sedimente umgewandelt, es entstehen neue Mineralien, die oft identisch sind mit den Mineralien der Magmatite. Oft werden die Mineralkristalle durch gerichteten Druck lagenweise parallel ausgerichtet, so daß Schichtung entsteht. Öfter sind sie auch geschichtet, weil sie aus schon geschichteten Sedimenten entstanden. Diese durch »Metamorphose« (Umwandlung) in größerer Tiefe entstandenen Gesteine werden als »Metamorphite« oder auch nach den beiden Kennzeichen – Aufbau aus Kristallen und Schieferung – als »Kristalline Schiefer« bezeichnet.

Man unterscheidet:
Orthogesteine – entstanden durch Umwandlung von ehemaligen magmatischen Gesteinen und
Paragesteine – entstanden durch Umwandlung ehemaliger Sedimente.
Die wichtigsten sind:
Gneis (aus Granit, Syenit, Diorit und deren Ergußgesteinen entstanden = Ortho-Gneis) (aus Mergel entstanden = Para-Gneis)
Glimmerschiefer (aus Ton entstanden)
Phyllit (aus Ton entstanden)
Grünschiefer oder Chloritschiefer (aus Syenit oder dessen Ergußgesteinen entstanden)
Tonschiefer (aus Ton entstanden)
Marmor (aus Kalkstein entstanden)
Quarzit (aus Sandstein entstanden)

Das »Kristallin«

Für die Tiefengesteine und Metamorphite hat sich als zusammenfassender Oberbegriff die Bezeichnung »das Kristallin« oder »Kristallingestein« eingebürgert. Das ist nicht völlig logisch, denn auch Steinsalz ist z. B. kristallin, doch üblich.

Beide Gesteinsklassen gehören deshalb zusammen, weil sie überall auf der Welt die Basis des Untergrunds bilden, auf der die Sedimente lagern.

Die geographische Lage von Hessen seit dem Erdaltertum

Punkt	Vor Mio. J.	Geogr. Breite	Geogr. Länge	Geogr. Breite	Richtung	Entfernung	Geschw.
1	540	56° S	64° W		N–S	5400 km	9,0 cm/J.
2	480	35° S	6° W		NNW–SSO	2500 km	4,1 cm/J.
3	420	13° S	4° W		NW–SO	2200 km	3,6 cm/J.
4	360	5° S	14° O		NW–SO	1200 km	2,1 cm/J.
5	300		21° O	4° N	NNW–SSO	470 km	1,4 cm/J.
6	266		22° O	8° N	NNW–SSO	1100 km	4,4 cm/J.
7	240		24° O	18° N	NW–SO	2000 km	5,6 cm/J.
8	204		29° O	36° N	NW–SO	700 km	3,8 cm/J.
9	186		31° O	42° N	NW–SO	360 km	6,0 cm/J.
10	180		32° O	39° N	NW–SO	1900 km	7,6 cm/J.
11	155		29° O	22° N	NW–SO	1500 km	4,3 cm/J.
12	120		25° O	35° N	N–S	1000 km	3,0 cm/J.
13	86		14° O	33° N	N–S	800 km	3,1 cm/J.
14	60		6° O	36° N	N–S	360 km	1,9 cm/J.
15	41		7° O	39° N	N–S	1340 km	3,3 cm/J.
16	0		9° O	51° N	N–S		
		Nach Quelle I		Quelle II			

Quelle I: Siever, R. *Einführung in die Dynamik der Erde, Spektrum der Wissenschaft, Heidelberg 1987.*
Quelle II: Closs, H., Giese, P., Jacobshagen, V. *Alfred Wegeners Kontinentalverschiebung in heutiger Sicht*, Spektrum der Wissenschaft, Heidelberg 1984.
Die Geschwindigkeiten beruhen auf Berechnungen des Verfassers.

Geologische Zeittafel

Erd-Zeitalter Ära	Periode	Epoche	Stufe	Alter	Dauer	
				In Millionen Jahren		
Erd-Neuzeit Känozoikum	Quartär	Gegenwart Holozän		0,01	0,01	0,01
		Eiszeit Pleistozän		2,5 – 0,01	2,49	2,49
	Tertiär	Pliozän	Ober Unter	3,8 – 2,5 5,1 – 3,8	1,3 1,3	2,6
		Miozän	Ober Mittel Unter	11,3 – 5,1 16,5 – 11,3 24,6 – 16,5	6,2 5,2 8,1	19,5
		Oligozän	Ober (Chatt) Mittel Unter	32,8 – 24,6 35,6 – 32,8 38 – 35,6	8,2 2,8 2,4	13,4
		Eozän	Ober Mittel Unter	42 – 38 50 – 42 54,9 – 50	4 8 4,9	16,9
		Paläozän		65 – 54,9	10,1	10,1
Erd-Mittelalter Mesozoikum	Kreide	Ober Unter		97,5 – 65 144 – 97,5	32,5 46,5	79
	Jura	Malm Dogger Lias		163 – 144 188 – 163 213 – 188	19 25 25	69
	Trias	Keuper Muschelkalk Buntsandst.		223 – 213 233 – 223 248 – 233	10 10 15	35
Erd-Altertum Paläozoikum	Perm	Zechstein Rotliegendes		258 – 248 286 – 258	10 28	38
	Karbon	Ober Unter (Kulm)		333 – 286 360 – 333	47 27	74
	Devon			408 – 360	48	48
	Silur			438 – 408	30	30
	Ordovizium			505 – 438	67	67
	Kambrium			590 – 505	85	85
Erd-Frühzeit Proterozoikum				2500 – 590	1910	1910
Erd-Urzeit Archaikum				4600 – 2500	2100	2100

Die Erdoberfläche von Hessen innerhalb seiner politischen Grenzen

1) geordnet nach der zeitlichen Folge der Ablagerung:

	Fläche in km²	Durchschnittliche Mächtigkeit in Metern
Pleistozän	1760	200
Basalt	2958	250
Tertiär-Sedimente	1498	150
Muschelkalk	840	100
Buntsandstein	7523	250
Zechstein	476	100
Rotliegendes	441	200
Schiefer	4752	150
Urgesteine	860	100

2) geordnet nach der Größe der Fläche:

Buntsandstein	36 %
Schiefer	23 %
Basalt	14 %
Pleistozän	8 %
Tertiär-Sedimente	7 %
Urgesteine	4 %
Muschelkalk	4 %
Zechstein	2 %
Rotliegendes	2 %

Quelle. Geologisches Jahrbuch 1980 von Hessen.

Gliederung des Eiszeit-Alters

	Jahrtausende vor heute	Dauer in Jahrtausenden
Gegenwärtige Warmzeit Beginn	 10	 10
Weichsel-Würm-Kaltzeit Ende Hochglazial B Hochglazial A Beginn	 10 36 82 115	105
Eem-Warmzeit	128–115	13
Saale-Riß-Kaltzeit Ende Hochglazial C Hochglazial B Hochglazial A Beginn	 128 154 219 258 297	169
Holstein-Warmzeit	502–297	205
Elster-Mindel-Kaltzeit Ende Hochglazial B Hochglazial A Beginn	 502 539 632 688	186
Cromer-Warmzeit Ende Elbe-Kaltzeit Elmshorn-Kaltzeit Beginn	 688 705 733 750	62
Menap-Günz-Kaltzeit Ende Hochglazial B Hochglazial A Beginn	 750 790 905 950	200
Waal-Warmzeit	1300–950	350
Eburon-Donau-Kaltzeit Ende Beginn	 1300 1700	400
Tegelen-Warmzeit	2100–1700	400
Brüggen-Biber-Kaltzeit Ende Beginn	 2100 2470	370

Quelle: Liedtke, H., *Eiszeitforschung*, Darmstadt 1990.

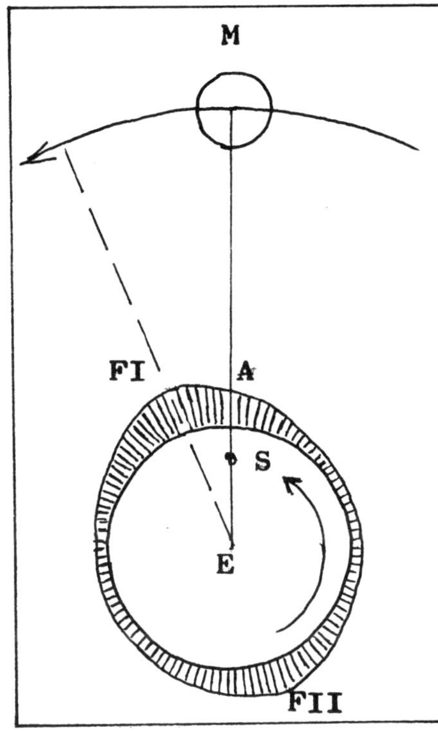

Abbildung 147: Die Gezeiten. A= Ursprünglicher Scheitelpunkt des Flutbergs I, E= Erd-Mittelpunkt, FI= Flutberg I, FII= Flutberg II, M= Mond-Mittelpunkt, S= Schwerpunkt des Systems Erde-Mond.

Erde und Mond kreisen um den Schwerpunkt des Systems Erde-Mond S. Er liegt 3/4 Erdradius entfernt vom Erd-Mittelpunkt E. Die Anziehung des Mondes verursacht den ihm auf der Erde zugewandten Flutberg I. Die Fliehkraft verursacht auf der dem Mond abgewandten Seite der Erde den Flutberg II. Da die Erde schneller rotiert als der Mond umläuft, verlagert sich der ursprüngliche Scheitelpunkt A des Flutbergs I etwas in der Rotationsrichtung. Der Flutberg I zieht den Mond an und beschleunigt seine Umlaufgeschwindigkeit, so daß er sich immer mehr von der Erde entfernt. Andererseits bewirkt die Anziehung des Mondes auf den Flutberg I eine Bremsung der Erdrotation, so daß der Tag immer länger wird. Ein größerer Mondabstand läßt die Fluthöhen etwas zurückgehen. Dagegen bleiben der Abstand Sonne-Erde und die Dauer eines Jahres sowie die Höhe der durch die Sonne verursachten Flut konstant. Die Sonnen-Flut erreicht gegenwärtig etwa ein Drittel der Höhe der Gesamt-Flut.

	Prä-Kambrium vor 650 Mio. J.	Beginn des Ordiviziums vor 505 Mio. J.	Mitte der Zechsteinzeit vor 253 Mio. J.	Beginn der Erd-Neuzeit vor 65 Mio. J.	Gegenwart	Anmerkungen
Zunahme der Mondentfernung	2,0 cm/J.	2,3 cm/J.	2,8 cm/J.	3,17 cm/J.	3,3 cm/J.	Quelle I, II, III
Mondentfernung (in km)	367 800	371 504	378 504	382 744,5	384 405	Quelle I
in % der gegenw. Entf.	95,7	96,6	98,5	99,6	100	
Mond-Flut-Höhe	40 cm	38,8 cm	36,7 cm	35,5 cm	35 cm	Quelle IV
Sonnen-Flut-Höhe	16 cm	16 cm	16 cm	16 cm	16 cm	Quelle IV
Gesamt-Flut-Höhe	56 cm	54,8 cm	52,7 cm	51,5 cm	51 cm	
in % der gegenwärtigen	109,8	107,5	103,3	101	100	
Jahreslänge (mittlere Sonnentage)	365,2564	365,2564	365,2564	365,2564	365,2564	
Tageslänge	21 Std., 59 Min.	22 Std., 26 Min.	23 Std., 13 Min.	23 Std., 48 Min.	24 Std.	Quelle I, II
Tage im Jahr	398,8	390,8	378,4	368,3	365,26	
Siderischer Monat	613,7 Std.	622,99 Std.	640,55 Std.	651,48 Std.	655,72 Std.	
Synodischer Monat	659,9 Std. =27,5 Tage	670,65 Std. =27,94 Tage	691,05 Std. =28,79 Tage	703,78 Std. =29,32 Tage	708,73 Std. =29,53 Tage	
Monate im Jahr	13,3	13,1	12,7	12,5	12,4	
Länge der Flutperiode	12 Std., 22 Min.	12 Std., 22,5 Min.	12 Std., 23,3 Min.	12 Std., 24,1 Min.	12 Std., 24,4 Min.	
Fluten im Jahr	708,9	708,4	707,6	706,9	706,6	
Zunahme gegenüber der Gegenwart	0,3 %	0,25 %	0,1 %	0,04 %	0 %	

Der Australier Williams hat an 650 Millionen Jahren alten Sedimentgesteinen 1981 Schichtstrukturen entdeckt, die er 1988 als durch Gezeiten verursachte Ablagerungen deutete. Das ermöglichte ihm und anderen Forschern zu berechnen, daß vor 650 Millionen Jahren ein Tag 22 Stunden dauerte, das Jahr 399 Tage hatte, die Monatslänge 27,5 Tage betrug und das Jahr somit rund 13 Monate umfaßte.
Der Mond entfernte sich damals von der Erde im Jahr um 2 Zentimeter. In der Gegenwart entfernt er sich jedoch jährlich um 3,3 cm. Es ist anzunehmen, daß sich die jährliche Mond-Entfernungs-Rate linear vergrößert hat, weil alle die Größe der Flutreibung beeinflussenden Faktoren, zum Beispiel die Größe der Meere und die Länge der Ufer sowie deren Beschaffenheit, ob flach oder steil, sich nur allmählich verändert haben können und sprunghafte Veränderungen ausschließen. Unter dieser Voraussetzung einer linearen Zunahme der Mond-Entfernung ist die Tabelle auf Seite 244 errechnet worden.

Zur Mond-Flut-Höhe: Die Fluthöhen ändern sich mit der 3. Potenz der Mondentfernung

Zum Siderischen Monat: Er mißt eine auf den Sternenhimmel bezogene Umkreisung des Mondes um die Erde. Die Zeiten wurden nach dem 3. Keplerschen Gesetz errechnet: Die Quadrate der Zeiten verhalten sich wie die 3. Potenzen der Mondentfernungen.

Zum Synodischen Monat: Er mißt eine auf die Erde bezogene Umkreisung des Mondes um die Erde, d. h.: die Zeit zwischen zwei Vollmonden.

$$\text{Synodischer Monat} = \frac{\textit{Jahreslänge mal Siderischer Monat}}{\textit{Jahreslänge minus Siderischer Monat}}$$

Zur Länge der Flut-Periode: Sie errechnet sich aus der Formel:

$$\text{12 Stunden plus} \left[\frac{(\textit{Tageslänge})^2 \, x \, 30}{\textit{Synodischer Monat}}\right] \text{Minuten}$$

Quellen:
I: Sonett, C. P., Finney, S. A. u. Williams, C. R., *The lunar orbit in the Late Precambrium and the Elatine sandstone laminae, Nature, Band 335, Seite 806 ff., 988*
II: Schreiben von Dr. A. Wittmann von der Universitätssternwarte Göttingen vom 17.12.1992 an den Verfasser
III: Schreiben von B. Fischer von der Physikalische-Technischen Bundesanstalt in Braunschweig vom 22.12.1992 an den Verfasser
IV: R. Tomaschek, Flut der festen Erde, Umschau 1957, Heft 21, S. 647 ff. Der angegebene Wert betrifft die flüssige Erde.

Die Menge des Vogelsberg-Basalts

Die gegenwärtige Basis des Vogelsberg-Basalts beträgt 2260 km^2. Da sie annähernd kreisförmig ist, beträgt der Radius 26,8 km. Das Niveau der Basis am Rande des Basalts liegt im Durchschnitt etwa 285 m hoch. Der Vogelsberg hat sich über einer schüsselförmigen Senke aufgetürmt, die in der Mitte am tiefsten ist. Der Mittelpunkt der Senke wird auf das Niveau 100 Meter unter Normal Null geschätzt, so daß die Höhe bzw. Tiefe t des »unterirdischen« Kreiskegels 285 m plus 100 m gleich 385 m groß ist. (Siehe Abbildung 148.) Sein Volumen beträgt dann

$$\frac{\Pi}{3} \text{ x } 26{,}8^2 \text{ (km}^2\text{) x } 0{,}385 \text{ (km)} = 290 \text{ km}^3$$

Die Basis des »oberirdischen« Basalts ist früher größer gewesen. Allein für das Schlüchterner Becken und seine Umgebung kamen mindestens 200 km^2 hinzu. Da dieser Sektor nur etwa dem sechsten Teil des Umfangs der Basis entspricht, können noch 5mal 200 km^2 gleich 1000 km^2 hinzugerechnet werden, insgesamt also 1200 km^2. Die frühere Basalt-Basis kann danach 2260 km^2 plus 1200 km^2 gleich 3460 km^2 groß gewesen sein und der frühere Radius 33 km.

Die Mächtigkeit des Basalts ist früher auch größer gewesen. Da die Eruptionen vor 19 Mio. J. begonnen haben und vor 9 Mio. J. zu Ende waren, ist der Basalt im Mittel vor 14 Mio. J. entstanden. Da der Höhepunkt der Eruptionen jedoch schon vor etwa 17 Mio. J. stattfand, kann mit einem im Durchschnitt etwas höheren Basalt-Alter von vielleicht 15 Mio. J. gerechnet werden. Bei einem für Hessen ermittelten mittleren Abtrag von 1 Millimeter in 100 Jahren, kommt noch eine 150 m mächtige Basaltschicht hinzu. Die höchste Erhebung des Vogelsbergs ist der Taufstein mit 774 mNN. Sein früherer Gipfel kann also 150 m höher bei 924 mNN gelegen haben.

Für die Höhe des »oberirdischen« Basalts ergeben sich damit 924 m minus 285 gleich 639 m. Das Volumen des Kreiskegels beträgt:

$$\frac{\Pi}{3} \text{ x } 33^2 \text{ (km}^2\text{) x } 0{,}639 \text{ (km)} = 729 \text{ km}^3$$

Das gesamte Basalt-Volumen beträgt dann:

$$290 \text{ km}^3 + 729 \text{ km}^3 = 1019 \text{ km}^3$$

Die Berechnungen stammen vom Verfasser.

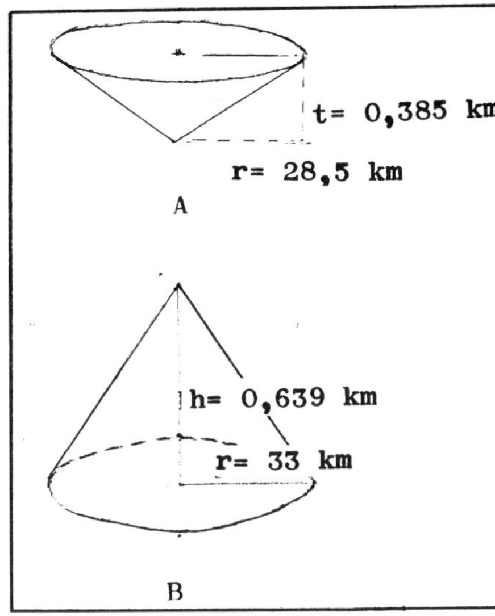

Abbildung 148

Museen in Hessen

Zusammengestellt nach der vom Hessischen Museumsverband im Gutenberg-Verlag in Melsungen 1988 herausgegebenen 3. Auflage.

Übersicht

Nach Stadt- und Landkreisen alphabetisch geordnet:
Bergstraße: Bensheim, Bürstadt, Lautertal.
Darmstadt: Darmstadt.
Darmstadt-Dieburg: Alsbach, Fischbachtal-Lichtenberg, Messel, Weiterstadt.
Frankfurt: Frankfurt, F-Bergen-Enkheim, F-Schwanheim.
Fulda: Fulda, Gersfeld, Großenlüder, Hünfeld, Wasserkuppe.
Gießen: Gießen, Laubach.
Groß-Gerau: Gernsheim, Groß-Gerau, Riedstadt, Riedstadt-Erfelden, Stockstadt, Trebur.
Hersfeld-Rotenburg: Nentershausen, Rotenburg, Heringen.
Hochtaunus: Oberursel.
Kassel: Eisenberg, Hofgeismar, Kassel, Naumburg.
Lahn-Dill: Breitscheid, Greifenstein, Haiger, Siegbach, Solms.
Limburg-Weilburg: Bad Camberg, Waldbrunn, Weilburg, Weilburg-Kubach.
Main-Kinzig: Bad Orb, Gelnhausen, Großkrotzenburg, Steinau, Wächtersbach.
Marburg-Biedenkopf: Biedenkopf, Marburg.
Odenwald: Michelstadt.
Offenbach: Dietzenbach, Dreieich.

Schwalm-Eder: Felsberg-Gensungen, Fritzlar, Homberg, Spangenberg.
Waldeck-Frankenberg: Bad Wildungen, Korbach, Willingen.
Werra-Meißner: Berkatal, Eschwege, Großalmerode, Meißner, Witzenhausen.
Wiesbaden: Wiesbaden.

Alphabetische Übersicht

Abterode, 1,8 km nord-nord-östlich Schaubergwerk Grube Gustav mit Steingarten.

Alsbach, Heimatmuseum Hähnlein. Prähistorische Tierknochen aus den Kiesschottern des Hessischen Rieds.

Bad Camberg, Stadt- und Turmmuseum. Lagerstätten-Übersicht, Bodenprofile, Fossilien des Devons.

Bad Nauheim, Salzmuseum. Salze und Salzgewinnung.

Bad Orb, Heimatmuseum. Gesteine des Zechsteins und Buntsandsteins.

Bad Vilbel, Brunnen- und Heimatmuseum. Gesteine des Rotliegenden und Tertiärs.

Bad Wildungen-Bergfreiheit, Museum »Altes Bergamt«. Mineralien und Erze des Kellerwaldes.

Bauersberg 1,25 km nördlich von Bischofsheim in der Rhön. Naturkundlicher Lehrpfad.

Bensheim, Museum der Stadt. Geologie des Raumes, Mineralien und Fossilien.

Berkatal, Heimatmuseum Frankershausen. Mineralien des Meißner-Gebietes.

Biedenkopf, Hinterlandmuseum. Geologische Sammlung, Bodenschätze.

Borken, Braunkohle-Museum.

Breitscheid, Ausstellung zur Erdgeschichte. Mineralien, Gesteine und Fossilien des Karbons und Quartärs.

Bürstadt, Geologischer Garten »Steingarten«.

Darmstadt, Hessisches Landesmuseum. Große geologische-paläontologische und mineralogische Sammlungen, geologisches Relief von Südhessen, Gesteine des Odenwaldes und des Mainzer Beckens.

Dietzenbach, Heimatmuseum. Mineralien und Gesteine.

Dreieich-Dreieichenhain, Dreieichmuseum. Heimische Mineralien und Gesteine.

Eisenberg bei Korbach, Geologischer Lehrpfad.

Eschwege, Heimatmuseum. Mineralien, Gesteine und Fossilien aus dem Kreisgebiet, darunter vom Meißner und von der Blauen Kuppe.

Felsberg-Gensungen, Heimatmuseum Gensungen. Heimische Mineralien, Gesteine und Fossilien.

Felsberg im Odenwald, Geologisch-historischer Lehrpfad.

Fischbachtal-Lindenberg/Odenwald, Museum Schloß Lichtenberg. Mineralien des Odenwaldes.

Frankfurt am Main, Naturmuseum Senckenberg. Große Sammlungen von Mineralien, Gesteinen und Fossilien, darunter von Messel, Erläuterungen zur Gesteinsentstehung.

Frankfurt-Bergen-Enkheim, Heimatmuseum. Geologischer Aufbau der Landschaft.

Frankfurt-Schwanheim, Heimatmuseum. Erläuterungen zu den Besonderheiten der Gemarkung (Sanddünen).
Fritzlar, Museum. Überblick über die geologische Struktur des Umlandes, Fährtenplatten aus dem Perm.
Fulda, Vonderau-Museum. Geologie der Rhön.
Gelnhausen, Heimatmuseum. Naturraum Gelnhausen.
Gernsheim, Heimatmuseum der Stadt. Eiszeitliche Tiere.
Gersfeld, Schloß- und Heimatmuseum. Mineralien der Rhön.
Gießen, Oberhessisches Museum. Funde aus Messel.
Greifenstein, Burg- und Ortsmuseum. Mineralien der früheren Erzgruben.
Großalmerode, Glas- und Keramik-Museum. Geologie des Kaufunger Waldes.
Großenlüder, Heimatmuseum. Heimische Mineralien und Fossilien.
Groß-Gerau, Heimatmuseum. Geologische Funde aus dem Tertiär des Mainzer Beckens und paläontologische Funde aus dem Quartär des Gerauer Landes.
Großkrotzenburg, Museum. Fossilien des Pleistozäns.
Haiger, Heimatmuseum. Gesteine und Fossilien.
Haiger-Langenaubach, Heimatmuseum.. Heimische Mineralien und Bodenschätze.
Heringen, Heimatmuseum. Kali-Bergbau an der Werra.
Hofgeismar, Stadtmuseum. Gesteine und Fossilien, Bergbau, Steinbrüche
Homberg (Efze), Heimatmuseum. Eisengewinnung und Verhüttung im Homberger Raum.
Hünfeld, Heimatmuseum. Gesteine und Mineralien der Rhön, Muschelkalk-Sammlung, Saurierfährten, Geologisches Profil.
Kassel, Naturkunde-Museum. Aufbau der Erdkruste und des nordhessischen Raumes, geologisches Profil, Gesteinssammlung, Saurierfährten. Muschelkalk-Sammlung. Auf der Treppenstraße sind einige Gesteine aufgestellt und erläutert.
Korbach, Heimatmuseum. Mineralien und Gesteine, Bergbau- und Hüttenwesen.
Laubach, Heimatmuseum Fridericianum. Geologie des Raumes, Eisengewinnung.
Lauterbach, Hohhaus-Museum. Geologie des Vogelsberges.
Lautertal, Felsberg-Museum. Mineralien des Odenwaldes, Fossilien des Pleistozäns.
Lautertal, Heimatmuseum Gadernheim. Gesteine des Odenwaldes.
Marburg, Mineralogisches Museum. Umfangreiche mineralogische und petrographische Sammlungen.
Meißner, Besucherbergwerk »Grube Gustav« bei Abterode. Mineralien und Gesteine des Raumes, der frühere Kupferschiefer- und Schwerspat-Abbau.
Messel, Fossilien- und Heimatmuseum. Ausgrabungen der Grube Messel.
Michelstadt, Odenwaldmuseum. Geologische Struktur des Mümling-Tales, Versteinerungen aus Muschelkalk.
Naumburg, Heimatmuseum. Heimische Mineralien und Fossilien.
Nentershausen, Heimat- und Bergbau-Museum auf Burg Tannenberg. Kupferschiefer- und Schwerspat-Bergbau im Richelsdorfer Gebirge.

Nieder-Mörlen bei Bad Nauheim. An der Mehrzweckhalle befindet sich ein geologischer Lehrgarten in Form einer Erdzeit-»Uhr«.

Oberursel, Vortaunus-Museum. Geologie und Mineralogie des Taunus-Lahn-Gebietes und des Mainzer Beckens.

Riedstadt, Heimatmuseum Crumstadt. Fossilien aus dem Pleistozän.

Riedstadt-Erfelden, Heimatmuseum Erfelden. Erläuterungen zur Geologie des heimischen Raumes, Fossilien aus dem Pleistozän.

Rotenburg, Kreisheimatmuseum. Gesteine, Fährten-Platten, Richelsdorfer Kupferschiefer-Bergbau.

Schotten, Vogelsberger Heimatmuseum. Bau des Vogelsberges, heimische Mineralien und Gesteine.

Siegbach, Heimatmuseum. Mineralien.

Siegen südwestlich Schaubergwerk Grube »Bindweide«.

Solms/Lahn, Besucherbergwerk Grube »Fortuna«. Eisenerz-Abbau, geologische Spezialführungen.

Spangenberg, Heimatmuseum. Geologie des Spangenberger Raumes.

Steinau (Main-Kinzig-Kreis) Teufelshöhle. 4 km nördlich des Ortes im Steinebachtal.

Stockstadt am Rhein, Regionalmuseum. Mineraliensammlung, Gesteine des Oberrheingrabens, quartäre Fossilien.

Trebur, Heimatmuseum. Fossilien des Pleistozäns.

Wächtersbach, Heimatmuseum. Heimische Gesteine, geologische Schauwand.

Waldbrunn/Westerwald, Gesteinssammlung, Darstellung der Geologie der Landschaft.

Wasserkuppe, Geologischer und biologischer Lehrpfad. Laemmlen hat eine im Literatur-Verzeichnis aufgeführte Beschreibung dazu verfaßt.

Weilburg, Heimat- und Bergbau-Museum. Geologie des Lahn-Dill-Gebietes, mineralogische Lagerstätten-kundliche Sammlung, Bergbau-Geschichte, Geologischer Wanderpfad.

Weilburg-Kubach, Höhlenmuseum Kubacher Kristallhöhle. Entstehung der Höhle, Mineralien, Gesteine und Fossilien.

Weiterstadt, Stein- und Beinmuseum. Gesteine und Fossilien (Mammut).

Wiesbaden, Museum. Geologisch-paläontologische Sammlungen, Mineralien aus Hessen und den Erzgruben, Geologie des Rhein-Main-Gebietes, Fossilien, Meteorite, Edelsteine.

Willingen, Waldmuseum. Gesteinssammlung, darunter Schiefer mit Fossilien, Besucherbergwerk Schiefergrube »Christine«.

Witzenhausen, 15 km langer Rundwanderweg mit geologischen Stationen, er beginnt bei Dohrenbach.

Literatur

Ahorner, L., Murawski, H. Schneider, G., Eine neue Karte der Erdbebenzonen. Umschau 1971, Heft 9.

Anderle, H. J., Die Mächtigkeiten der sandig-kiesigen Sedimente im nördlichen Oberrheingraben und der östlichen Untermain-Ebene. Notizbl. Hess. L-amt Bodenf. 96, S. 185. Wiesbaden 1968.

Anderle, H. J., Entwicklung und Stand der Unterdevon-Stratigraphie im südlichen Taunus. Geologisches Jahrbuch Hessen 1987.

Becksmann, E., Geologie als Erdgeschichte. Stuttgart 1947.

Berckhemer, H., Grundlagen der Geophysik. Darmstadt 1990.

Bergamt Weilburg, Mitteilungen vom 18.03.1988 und 28.04.1993.

Beurlen, K., Entstehung und Werdegang des süddeutschen Schichtstufenlandes. Naturforschende Gesellschaft Bamberg LVII. Bericht 1982.

Birkenhauer, J., Tal- und Höhenrelief der deutschen Mittelgebirge. Geographische Rundschau Januar 1987, S. 27.

Birkenholz, C., Land Nassau. In: Sternberg. L. Leipzig 1927.

Blum, R., Die magnetische Totalintensität am Meißner. Geol. Jahrbuch Hessen 1993, S.181ff.

Blum, R., Horn, M., Koschyk, K., Seismische Untersuchungen in der nördlichen Hessischen Senke. Geol. Jahrbuch Hessen 1984.

Born, M., Der Burgwald. In: Lauer, W. (siehe dort).

Boschke, F. L., Die Welt aus Feuer und Wasser. Stuttgart 1981.

Büdel, J., Grundzüge der klimamorphologischen Entwicklung Frankens. Würzburger geogr. Abh. Band 4/5, 1957.

Cailleux, A., Der unbekannte Planet. Frankfurt a. M. 1972.

Calder, N., Erde – ruheloser Planet. Stuttgart 1972.

Closs, H., Giese, P., Jacobshagen, V., Alfred Wegeners Kontinentalverschiebung aus heutiger Sicht. In: Ozeane und Kontinente, Spektrum der Wissenschaft. Heidelberg 1984, S. 51.

Delisie, G., Jung, R., Erdwärmenutzung auch in Deutschland? Umschau 1976 Heft 20, S. 651.

Diederich, G., Die Klüftung im Buntsandstein des Blattes 5721 Gelnhausen. Geol. Jahrbuch Hessen 1973.

Diederich, G., Die Bruchtektonik des nördlichen Buntsandstein-Odenwaldes. Geol. Jahrbuch Hessen 1987.

Dolezol, T., Planet des Menschen. Heidelberg 1975.

Dongus, H., Besprechung des Werks von Rutte, E. »Rhein, Main, Donau« in der Geolit. der Geograph. Rundschau Januar 1988. Braunschweig.

Dorn, P., Geologie von Mitteleuropa. Stuttgart 1960.

Ehrenberg, K. H., Hickethier, H., Erläuterungen zum geologischen Blatt 5623 Schlüchtern. 1971.

Ehrenberg, K. H., Hickethier, H., Erl. z. geol. Bl. 5620 Ortenberg. 1978.
Ehrenberg, K. H., Hickethier, H., Erl. z. geol. Bl. 5622 Steinau. 1982.
Ehrenberg, K. H., Hickethier, H., Die Basaltbasis im Vogelsberg. Geol. Jahrbuch Hessen 1985.
Einecke, E. J., Bergbau gestern heute und morgen. Bergbaumuseum Weilburg 1972.
Entwicklungsgeschichte der Erde. Band I und II. Hanau 1971.
Fairbridge, R. W., Spaltet der Rheingraben Europa? Umschau 1978 Heft 3, S. 69.
Flohn, H., Das Problem der Klimaänderungen. Darmstadt 1985.
Franke, H. W., Heck, H. D., Unsere Erde kommt niemals zur Ruhe. Bild der Wissenschaft 1976, Heft 12, S. 52.
Frisch, W. und Loeschke, J., Plattentektonik. Darmstadt 1993.
Geyer, O. F., Gewinner, M. P., Einführung in die Geologie von Baden-Württemberg. Stuttgart ^{2}1968.
Golwer, A. , Paläographie des Hanauer Beckens im Oligozän und Miozän. Not. hess. L.Amt f. Bodenf. Bd. 96. Wiesbaden 1968.
Haber, H., Planet im Meer der Zeit. Reinbek 1976.
Hantke, R., Eiszeitalter. Band I. Thun 1978.
Harms, Landeskunde von Hessen, Band I. München 1961.
Hauschulz, J., Gewässerkundliches Kartenwerk Hessen. Teil I Hess. Min. f. Landw. u. Forsten. Wiesbaden 1959.
Häuser, F., Die Hanau-Seligenstädter Senke und ihre Randgebiete. Verl. d. Hanauer Geschichtsvereins 1954.
Heck, H. D., Schick, R., Erdbebengebiet Deutschland. Stuttgart 1980.
Heine, K., Fluß- und Talgeschichte im Raum Marburg. Bonn 1970.
Henningsen, D., Einführung in die Geologie der Bundesrepublik Deutschland. Stuttgart 1981.
Hesemann, J., Geologie Nordrhein-Westfalens. Paderborn 1975.
Hessler, C., Blanckenhorn, M., Geologischer Führer durch die Umgebung von Cassel. Marburg 1911.
Hillesheim-Kimmel, U., Karafiat, H., Lewejohann, K., Lobin, W., Die Naturschutzgebiete in Hessen. Institut f. Naturschutz. Darmstadt 1978.
Hölting, B., Vorkommen und Verbreitung von tiefen Grundwässern des Na_2SO_4-Typs in Hessen. Geol. Jahrbuch Hessen 109, S. 139. Wiesbaden 1981.
Hölting, B., Mineral- und Heilwasser-Vorkommen in Hessen. Karte 1: 300000 mit Erläuterungen. Wiesbaden 1985.
Hölting, B., Gedanken zur Geohydraulik von Mineralwässern in Hessen. Geol. Jahrbuch Hessen 113, S. 145. Wiesbaden 1985.
Hoppe, W. und Seidel, G., Geologie von Thüringen. Leipzig 1974.
Horn, P., Lippold, H. G., Todt, W., Kalium-Argon-Altersbestimmungen an tertiären Vulkaniten des Oberrheingrabens. Eclogae geol Helv. Vol 65/1. Basel 1972.
Hottenroth, M., Palynologie, Stratigraphie und Paläographie im Tertiär von Mittelhessen und Umgebung. Geol. Jahrbuch Hessen. Wiesbaden 1988.
Humboldt, Alexander von, Kosmos, Entwurf einer physischen Weltbetrachtung. Erster Band. Stuttgart und Tübingen 1845.

Illies, H., Ein Grabenbruch im Herzen Europas – die Oberrheinebene. Geogr. Rundschau Heft 8 1967, S. 281.
Jantzen, H. u. F., Naturdenkmale Hessens. Hannover 1985.
Karte der Anomalien der Totalintensität des erdmagnetischen Feldes in der Bundesrepublik Deutschland. 1: 500 000. Bundesanstalt für Geowissenschaften und Rohstoffe. Hannover 1976.
Keusgen, A., Aus dem Bericht 1988 über das Bergwesen im Lande Hessen. Glückauf 125 Nr. 23/24. 1989.
Klein, H., Herder-Lexikon Geologie und Mineralogie. Freiburg 1990.
Klein, Th. F., Der Basaltpark im Hohen Westerwald. FAZ vom 3.5.1992.
Klingsporn, E. E. H., Hessen in Karte und Luftbild. Neumünster 1969.
Knetsch, G., Geologie von Deutschland. Stuttgart 1963.
Kockel, C. W., Schiefergebirge und Hessische Senke um Marburg. Sammlung geol-Führer Borntraeger 1958.
Körber, H., Zur oberpliozänen und altpleistozänen Entwicklung der östlichen Untermainebene und des Aschaffenburger Beckens. Not. Hess. L.Amt f. Bodenf. Bd. 87. Wiesbaden 1959.
Körber, H., Die Entwicklung des Maintals. Würzburger geogr. Arbeiten, Heft 10. Würzburg 1962.
Krafft, M., Führer zu den Vulkanen Europas. Bd. 2. Stuttgart 1984.
Krafft, T., Alexander v. Humboldt und die Neptunismus-Vulkanismus-Kontroverse. Die »10 der Montagsrunde«. Darmstadt 1980. Nachwort zu: A. v. Humboldt, Mineralogische Betrachtungen über einige Basalte am Rhein. Braunschweig 1790.
Krauße, H.-F., Geologie des Waldecker Landes. Waldeckische Landeskunde Bing-Korbach 1971.
Kreisausschuß des Oberlahnkreises, Eine Handvoll Welt. Der Oberlahnkreis. Weilburg/Lahn 1967.
Kremer, B. P., Der Laacher See – zur Naturgeschichte einer bedeutenden Vulkanlandschaft. Natur u. Museum, Senckenbergische Ges. Nov. 1986 und Jan. 1987.
Kremer, B. P., Deutschlands jüngste Vulkan-Region: Das Laacher See-Gebiet. Geogr. Rundschau Mai 1987.
Kuhn, O., Geologie von Bayern. München 1964.
Kühn, R., Tiefenberechnung des Zechsteinmeeres nach dem Bromgehalt der Salze. Zeitschr. d. D. Geol. Ges. Bd 105, S. 646, 1953.
Kulick, J., Petrofazielle und chemische Erkundung des Kupferschiefers der Hessischen Senke. Bundesamt f. Geowissenschaften Hannover 1984.
Kupfahl, H. G. u. Andres, W., Die geol. u. geomorphol. Entwicklung des Burgwaldes. Allg. Forstzeitschrift H. 35 1983.
Kutscher, F., Prinz, H. u. Schwarz H., Bodenbewegungen in Hessen und ihre geologische Deutung. Zeitschrift für Vermessungswesen 93, Heft 2 Februar 1968, S. 45 ff. Stuttgart.
Laemmlen, M., Erläuterungen zum geologischen Blatt 5523 Neuhof. Wiesbaden 1970.
Laemmlen, M., Der geologische Lehrpfad an der Wasserkuppe. Fulda 1971.
Laemmlen, M., Erläuterungen zum geologischen Blatt 5225 Geisa. 1975.

Laemmlen, M., Prinz, H., Roth, H., Folgeerscheinungen des tiefen Salinarkarstes zwischen Fulda und der Spessart-Rhön-Schwelle. Geol. Jahrbuch 1979.
Lauer, W., Marburg u. Umgebung. Ein landeskundlicher Exkursionsführer. Marburger Geogr. Schriften. Geogr. Inst. Marburg 1967, H. 30.
Lehmann, S., Der Vogelsberg. Essen 1957.
Lenz, K., Das naturlandschaftliche Gefüge des Marburger Raumes. In: Lauer, W.
Leydecker, G., Der Gebirgsschlag vom 23.6.1975 im Kalibergbaugebiet des Werratals. Geol. Jahrbuch Hessen 1976.
Liedtke, H., Stand und Aufgabe der Eiszeitforschung. Geogr. Rundschau 7–8, 1986, S. 412.
Liedtke, H., Eiszeitforschung. Darmstadt 1990.
Lippolt, H. J., Baranyi, J., Todt, W., Das Kalium-Argon-Alter der postpermischen Vulkanite des nordöstlichen Oberrheingrabens. Aufschluß, Sonderband 27. Heidelberg 1975.
Lippolt, H. J., K/Ar, Age Determinations and the Correlation of Tertiary Volcanic Activity in Central Europe. Geol. Jahrbuch D 52. Hannover 1982.
Lippolt, H. J., Sonderdruck: Distribution of Volcanic Activity in Space and Time. Aus: Plateau Uplift, ed. by E. Fuchs. Berlin, Heidelberg 1983.
Lotz, K., Die Erdgeschichte oder Geologie des hessischen Kinzigtales. Hanau 1983.
Lotze, F., Geologie Mitteleuropas. Stuttgart 1971.
Lukas, V., Die Terebratel-Bänke (unterer Muschelkalk, Trias) in Hessen – ein Abbild kurzzeitiger Faziesänderungen im westlichen Germanischen Becken. Geol. Jahrbuch Hessen 119, S. 122. Wiesbaden 1991.
Main-Weser-Kanal. Stichwort in Meyers Lexikon 1927, Band 7, Seite 1535.
Martin, G. P. R., Kleine Erdgeschichte der Taunuslandschaft. Bad Homburg v. d. H. 1963.
Matthes, S., Okrusch, M., Spessart. Sammlung geol. Führer Borntraeger Berlin 1965.
Meyer, L., Einführung in die Geologie Niedersachsens. Clausthal-Zellerfeld 1973.
Meyers Lexikon, Bibliog. Inst. ^{7}1926 Leipzig.
Milius, E., Landkreis Friedberg. Heimat u. Wirtschaft-Verl. Lahn 1966.
Möhring, C., Überraschende Spuren von den Ahnen der Säuger. FAZ vom 19.6.1991.
Münscher, F., Geschichte von Hessen. Marburg 1894.
Murawski, H., Die Bedeutung der »Kinzigtalzone« als Scharnierbereich zwischen der Spessartschwelle und dem nördlich vorgelagerten Becken. Notizbl. Hess.L.Amt f. Bodenf. 91, S. 217. Wiesbaden 1963.
Murawski, H., Geologisches Wörterbuch. Stuttgart 1983.
Murawski, H., Lineationen und Lineamente im Gebirgskörper Mitteleuropas. Mitt. Geol. Paläont. Inst. Univ. Hamburg, 56, S. 185. 1984.
Nagel, G., Beiträge zur Geomorphologie des Ronneburger Hügellandes. Rhein-Main-Forsch. 57 Frankfurt a. M. 1965.
Neubauer, W., Vom Fulda-Kinzig-Sinnkanal. Mitteilungsblatt der Heimatstelle Main-Kinzig, Heft 4/89, S. 170 ff.

Nickel, E., Fettel, M., Odenwald. Sammlung geologischer Führer Borntraeger. Berlin 1985.
Nöring, F., Tektonische Auswertung einer Reliefdarstellung von Hessen. Not. hess. L. Amt f. Bodenf. Vi, Heft 2. Wiesbaden 1951.
Nöring, F., Die Fortsetzung der Saar-Senke in Hessen. Not. Bl. hess. L.Amt f. Bodenf. VI. Heft 2, S. 41. Wiesbaden 1951.
Philippi, H., Landgraf Karl von Hessen. Marburg 1976.
Pflug, R., Bau und Entwicklung des Oberrheingrabens. Darmstadt 1982.
Physik in unserer Zeit, 1989, Nr. 2, Mondbewegung aus Sedimenten abgelesen. S. 63.
Pletsch, A., Hessen. Wissenschaftliche Länderkunde. Darmstadt 1989.
Reul, K. u. Thews J. D., Unser Lebensraum aus 900 km Höhe. Umschau Heft 16. Frankfurt 1977.
Richter-Bernburg, G., Über salinare Sedimentation. Zs. d. deutsche Geol. Ges. 105, S. 593. Hannover 1955.
Rietschel, S., Geologische Einführung. Führer durch die Kubacher Kristallhöhle. Höhlenverein Kubach Weilburg 1979.
Rösing, F., Geol. Bl. 4622 Kassel-West. Wiesbaden 1969.
Rösing, F. u. a., Geologische Übersichtskarte 1: 300 000 von Hessen 1989.
Rothausen, K., Sonne, V., Mainzer Becken. Sammlung geologischer Führer Borntraeger Berlin 1984.
Rutte, E., Einführung in die Geologie von Unterfranken. Würzburg 1957.
Rutte, E., Mainfranken und Rhön. Sammlung geologischer Führer Borntraeger Berlin 1965.
Rutte, E., Hundert Hinweise zur Geologie der Rhön. München 1974.
Rutte, E., Bayerns Erdgeschichte. München 1981.
Rutte, E., Rhein Main Donau. Sigmaringen 1987.
Sante, G. W., Handbuch der historischen Stätten Deutschlands, Hessen. Stuttgart 1967.
Schmidt, K. u. Walter, R., Erdgeschichte. Berlin 1990 .
Schminke, H.-U., Vulkanismus. Darmstadt 1986.
Schmitt, G. E., Naturkundliche Wanderungen in Hessen. Marburg 1990.
Schmitt, H., Naturwunder Hessen. Zürich 1978.
Schneider, G., Erdbeben im Werratal. Umschau, Heft 15, 1975, Frankfurt.
Schneider, H. (I.), Geomorphologische Probleme in der Umgebung von Schlüchtern. Jahrbuch U. v. Hutten-Schule Schlüchtern, S. 30, 1963.
Schneider, H. (II.), Ausbau der europäischen Binnenschiffahrtswege im Zeichen des Container-Verkehrs. Sonderdruck aus »fördern und heben« Dezember 1969, Heft 17, Mainz.
Schönenberg, R., Neugebauer, J., Einführung in die Geologie Europas. Rombach 1981.
Schönenberg, R., Geotektonische Entwicklung im außeralpinen Europa. Geogr. Rundschau Januar 1983.
Schönhals, E., Die Böden Hessens und ihre Nutzung. Hess. L. Amt f. Bodenf. Wiesbaden 1954.
Schönwiese, C. D., Klima-Schwankungen. Berlin 1979.

Schottler, W., Der Vogelsberg. Not. d. Hess. Geol. Landesanstalt Darmstadt V, 18, 1937.
Schottler, W., Geologische Karte von Hessen Blatt Nr. 5418 Gießen mit Erläuterungen. Wiesbaden 1980.
Schrepfer, H., Rhein-Mainische Landschaften. Frankfurt 1934.
Schröder, K.-H., Beschreibung der Kubacher Höhlen. Rietschel, S., Geologische Einführung. Führer durch die Kubacher Kristallhöhle. Höhlenverein Kubach, Weilburg-Kubach, 1983.
Schwarz, E., Präzisionsnivellement und rezente Krustenbewegung dargestellt am nördlichen Oberrheingraben. Zs. für Vermessungswesen, Nr. 1/1976, S. 14ff.
Schwarzbach, M., Das Klima der Vorzeit. Stuttgart 1974.
Seidenschwann, G., Zur pleistozänen Entwicklung des Main-Kinzig-Kahl-Gebietes. Dissertation Frankfurt 1978.
Seidenschwann, G., Die mittel- und jungquartäre Flußgeschichte von Main und Kinzig im Hanauer Raum. Jahrbuch der. Wetterau. Ges. Naturk. Hanau 1987.
Semmel, A., Geomorphologie der Bundesrepublik Deutschland. Geogr. Zeitschr. Wiesbaden 1980.
Semmel, A., Geomorphologische Fragen im Kasseler Raum. Marburger Geogr. Schriften, Heft 60. Marburg 1973.
Siebeck, J., Morphologie des Sinntales. Frankf. Geogr. Hefte 1918, Heft 2.
Siever, R., Einführung in die Dynamik der Erde. Spektrum der Wiss. Heidelberg 1987.
Sonett, C. P., Finney, S. A. u. Williams, C. R., The lunar orbit in the late Precambrian and the Elatina sandstone laminae. Nature, Band 335, S. 806 ff.; 988.
Stäblein, G., Gräben und Schilde. Geogr. Rundschau Februar 1985.
Steinert, H., Kleine Gesteinsfibel. Orion-Bücher Band 108. Murnau 1957.
Stengel-Rutkowski, W., Karsterscheinungen im oberdevonischen Riffkalkstein von Erdbach und Breitscheid. Mitt. Verb. Dt. Höhlen- u. Karstforscher 14, 1968.
Stengel-Rutkowski, W., Karst- und Höhlenbildung in Hessen aus Hydrogeologischer Sicht. Zeitschrift Karst und Höhle, 1994/85. München 1985.
Straub, A., Nordhessen. Nürnberg 1969.
Taborsky, F. K., Gesichtspunkte zur Petrogenese des Odenwaldes. Geol. Jahrbuch Hessen Bd. 104. Wiesbaden 1976.
v. Tein, M., Ergebnisse der Hochwasserstände im Deutschen Rheingebiet. VI. Heft Das Main-Gebiet. Berlin 1901.
Thews, J. D., Hessen heute vor dem Hintergrund seiner geologischen Entwicklung. Geol. Jahrbuch Hessen 1987, S. 463 ff.
Tomaschek, R., Flut der festen Erde. Umschau 1953, Heft 21, Seite 647 ff.
Turk, P. G., Lohse, H. H., Schürmann, K., Fuhrmann, U., Lippolt, H. J., Petrograph. und Kalium. Argon-Untersuchungen an basischen tertiären Vulkaniten zwischen Westerwald und Vogelsberg. Sonderdruck aus der Geol. Rundschau Bd. 73, 1984, Heft 2, Juli 1984.
Völker, K., Beiträge zur Morphologie der Kinziglandschaft. Frankf. Geogr. Hefte 1928, Heft 2.

Vorsough-Abedini, M., Die porphyrischen basischen Vulkanite des oberen Mitteldevons und des Oberdevons in der Lahnmulde. Geol. Jahrbuch Hessen 1979.

Wagner, G., Einführung in die Erd- und Landschaftsgeschichte. Öhringen 1960.

Wagner, G., Einführung in die Geologie. Frankfurt 1969.

Wagner, J., Hessen. Harms Landeskunde, Band 1, München 1961.

Wasser- und Schiffahrtsverwaltung des Bundes Süd in Würzburg. Schreiben vom 8.8.1985 an den Verfasser.

Weber, H., Einführung in die Geologie Thüringens. Berlin 1955.

Wedepohl, H. H., K/Ar, Altersbestimmungen an basaltischen Vulkaniten der nördlichen hessischen Senke. Neues Jahrbuch f. Mineralogie Abb. 144/2. Stuttgart 1982.

Weyl, R., Geologischer Führer durch die Umgebung von Gießen. Gießen 1967.

Wilke, H. J., Mineralfundstellen Hessen. München ^{2}1979.

Woldstedt, P., Das Eiszeitalter. Stuttgart 1961.

Wurm, A., Beiträge zur Flußgeschichte des Mains und zur diluvialen Tektonik des Maingebiets. Geol. Bav. 1955, Bd. 25. München 1955.

Abbildungsverzeichnis

Kurze Hinweise auf das Literaturverzeichnis geben die Quellen an. Die nicht aufgeführten Abbildungen stammen vom Verfasser.

Titelbild: Die Steinwand in der Rhön, Jantzen, S. 129. Abb. Titelei: Der Hangarstein bei Kassel, Hessler, C. / Blanckenhorn, M., S. 101. Abb. 1: Cloos, H. Geologische Strukturkarte der Mittelgebirge.Geol. Rundschau 44, S. 480–481, Stuttgart 1955. Abb. 2 :gezeichnet nach Blum, S. 223. Abb. 3: Siever, S. 12. Abb. 5: gezeichnet nach Schmidt, IK., S. 91. Abb. 6: gezeichnet nach Schönenberg und Neugebauer, S. 70. Abb. 8: gezeichnet nach Schmidt, K., S. 109. Abb. 9: Entwicklungsgeschichte der Erde, S. 389. Abb. 11: Henningsen, S. 20. Abb. 12: Nickel, S. 41. Abb. 13: gezeichnet nach Matthes, Kartenbeilage. Abb. 14: gezeichnet nach Matthes, Kartenbeilage. Abb. 15: Henningsen, S. 34. Abb. 16: Harms, S. 228. Abb. 17: gezeichnet nach Anderle, Unterdevon, S. 88/89. Abb. 18: Heimat- und Bergbau-Museum Weilburg. Abb. 19: Stengel-Rutkowski, Karst- und Höhlenbildung, S. 59. Abb. 20: Rietschel. Abb. 21: Vorsough-Abedini. Abb. 22: Heimat- und Bergbau-Museum Weilburg. Abb. 23: Stengel-Rutkowski, Karsterscheinungen. Abb. 24: Wagner, Erdgeschichte, S. 416. Abb. 25: gezeichnet nach Ehrenberg, Blatt Ortenberg S. 12. Abb. 26: Wagner, Erdgeschichte, S. 422. Abb. 27: Wilke, S. 158. Abb. 28: Kulik, Kartenbeilage, Laemmlen, Prinz, S. 210, Ergänzungen vom Verfasser. Abb. 30: gezeichnet nach Laemmlen, Blatt Neuhof, Kartenbeilage. Abb. 31: Wilke, S. 51. Abb. 32: gezeichnet nach Laemmlen, Blatt Neuhof, Bohrergebnisse, Wagener, J., Hessen, S. 281. Abb. 33: Wagner, G., Erdgeschichte, S. 435. Abb. 34: Wagner, G., Erdgeschichte, S. 437. Abb. 35: Diederich, G., Buntsandstein-Odenwald, S. 310. Abb. 36: Matthes, S., Kartenbeilage. Abb. 39: gezeichnet nach Lukas, S. 122. Abb. 41: Entwicklungsgeschichte, S. 430. Abb. 42: Wagner, Erdgeschichte, S. 536. Abb. 43: Stäblein, S. 50. Abb. 45: Lippolt, Baranyi, Todt, S. 207. Abb. 46: Wagner, Erdgeschichte, S. 596. Abb. 47: Lipolt, Baranyi, Todt, S. 207. Abb. 48: Pflug, S. 12. Abb. 49: Wagner, Erdgeschichte, S. 537. Abb. 50: Ehrenberg Blatt Steinau, S. 52. Hottenroth, S. 160. Laemmlen Blatt Neuhof, S. 78, Ergänzungen vom Verfasser. Abb. 51: gezeichnet nach Hottenroth, S. 115 ff.. Abb. 52: gezeichnet nach Hottenroth, S. 115 ff. Abb. 53: gezeichnet nach Hottenroth, S. 115 ff. Abb. 55: Kupfahl, S. 14. Abb. 58: Weyl, S. 11. Abb. 59: Blum, S. 221. Abb. 60: Pletsch, S. 23. Abb. 61: Murawski, Lineationen, S. 189. Abb. 63: Murawski, Lineationen, S. 190. Abb. 66: Henningsen, S. 89. Abb. 68: Lippolt, Baranyi, Todt, S. 207. Abb. 69: Turk, S. 602. Abb. 70: Rutte, Rhön, S. 65. Abb. 72: Laemmlen, Wasserkuppe, Tafel 54. Abb. 73: gezeichnet nach Ehrenberg, Basaltbasis, Kartenbeilage. Abb. 74: gezeichnet nach Ehrenberg, Basaltbasis, S. 105. Abb. 76: Lotz, S. 55. Abb. 78:

Wedepohl, S. 174. Abb. 79: Rösing, Blatt Kassel-West. Abb. 80: Pletsch, S. 34. Abb. 81: Geol. Blatt 4725 Bad Sooden-Allendorf, Geol. Blatt 4825 Waldkappel, Karte der Anomalien der Totalintensität des erdmagnetischen Feldes in der BRD 1: 300 000, 1976, Bundesanstalt für Geowissenschaften und Rohstoffe, Hannover. Gezeichnet vom Verfasser. Abb. 83: Dolezol, S. 185. Abb. 84: Wagner, Erdgeschichte, S. 622. Abb. 85: Entwicklungsgeschichte, S. 481. Abb. 86: Schönhals, S. 55. Abb. 87: Laemmlen, Prinz, S. 243. Abb. 88: Ahorner, S. 313. Abb. 89: Ehrenberg, Blatt Schlüchtern, S. 198. Abb. 90: Laemmlen, Blatt Geisa, S. 157. Abb. 91: Berckhemer, S. 62. Abb. 92: Franke, S. 59. Abb. 94: gezeichnet nach Rutte, Rhein, S. 134. Abb. 95: gezeichnet nach Rutte, Rhein, S. 52. Abb. 96: gezeichnet nach Rutte, Rhein, S. 57. Abb. 97: gezeichnet nach Rutte, Rhein, S. 71. Abb. 100: Nickel, S. 73. Abb. 101: Rösing, Übersichtskarte. Abb. 102: gezeichnet nach Beurlen, S. 92. Abb. 103: gezeichnet nach Rutte, Erdgeschichte, S. 218. Abb. 127: gezeichnet nach Krauße, S. 90. Abb. 128: gezeichnet nach Krauße, S. 91. Abb. 131: Schrepfer, S. 49. Abb. 135: Wolff, F. und Engel, W., Hessen im Bild alter Landkarten, Hessisches Staatsarchiv Marburg 1988. Abb. 138: Heimatkalender des Kreises Wetzlar, Heimatverlag 1957. Abb. 142: Hölting, Mineralwasservorkommen, S. 8. Abb. 145: Delisie, S. 652.

Orts- und Bergeverzeichnis

Abterode 57
Abtsroda 152
Adorf 48, 57
Ahlersbach 154
Ahna-Tal 137
Albungen 50
Alheimer 76, 202
Allendorf 82
Alsbach 222
Alsfeld 24, 104
Alte Burg 131
Altenburg 213
Altenhasungen 84
Altenhaßlau 56
Altenhof 205
Altenmittlau 56
Altenstadt 190
Altkönig 38
Altmorschen 81, 104, 207
Alzenau 33, 132
Alzey 98
Amöneburg 133, 196, 197
Andreasteich 20
Angersbach 84, 85
Aschaffenburg 34, 56, 118, 177, 179
Astheim 227
Aßmannshausen 192, 227
Atzenhain 200
Auerbach 31, 94

Bamberg 185
Bärenberg 110, 137
Basel 165
Baumbach 50, 207
Bebra 152, 206, 219
Beilstein 46, 130
Belgerkopf 138
Bellings 217
Bellnhausen 197, 198
Bensberg 137
Bensheim 31
Bergfreiheit 49
Bergheim 152
Bermutsheim 128
Beuern 132
Bieber 35, 59, 222
Biedenkopf 48
Bieler Burg 122
Bielstein 77, 138
Bilstein (Albungen) 50, 57
Bilstein (Vogelsberg) 128
Bingen 94, 165
Binger Loch 36
Birkenkopf 137
Bischofsheim 125
Biskirchen 227
Blaue Kuppe 139
Blasiusberg 121
Bocklet 226
Bockshorn 135
Bodenfelde 226
Boppard 165
Borken 102, 111, 136, 226, 228, 230
Boxberg 124
Boyneburg 81, 154
Bracht 134
Brasselsberg 137
Braubach 41, 42
Braunfels 120
Breitenbach/Fulda 223
Breitenborn 75
Breitscheid 46, 122
Brest 167
Breungeshain 155
Bromskirchen 48
Bronnzell 206
Brückenau 28
Brunhildenstein 38

Buchberg 182
Buchenau 223
Büchertsgräben 150
Buchschirmküppel 125
Büdesheim 53
Büdingen 98, 113, 226
Bühne 138
Burgberg (Burghasungen) 110
Burgberg (Grebenstein) 138
Burghasungen 85, 110
Buschhorn 135
Butzbach 40

Cölbe 195, 196
Cornberg-Rockensüß 58
Cornwall 167

Dalherda 28
Dallenberg 38
Dammersfeld 124
Darmstadt 29, 53, 87, 158, 161
Dernbach 41
Dexbach 48
Dieburg 29
Dietzenbach 92
Dillenburg 46
Distelrasen 129, 215
Dorfprozelten 181, 182, 184
Dornberg 94
Dörnberg 81, 134, 137
Dornburg 121
Dornheim 227
Dossenheim 53
Dünsberg 46
Dürkheim 227

Eberbach 168, 169, 170
Ebsdorfer Grund 197, 200
Ederkopf 201
Ehlen 85
Ehlhalten 39
Ehringen 85
Eibach 46, 227
Eichelskopf 136
Eierhauck 124
Eisenach 54
Eisenberg 49, 136
Eiterfeld 85
Elm 216
Eltmann 185
Eltville 227
Emmertsberg 32
Ems 41, 42, 227
Eppstein 24, 38, 87, 158, 167, 192
Erbach 71, 83, 94
Erdbach 46
Eschenbach 39
Eschwege 81
Ersen 85
Eulenhard 196

Fachingen 227
Falkenstein 46
Farenberg 92
Felsberg (Gensungen) 138, 201
Felsberg (Odenwald) 32
Felsenmeer 71
Feuerbach 227
Flieden 153, 215
Forstberg 94
Fortuna 40
Frankenberg 56, 82, 107, 113
Frankfurt a. M. 53, 159, 188, 189, 227
Franzosenkopf 192
Freiburg 162
Friedberg 132
Friedigerode 84
Fritzlar 82, 102 111, 136, 201
Fuchskaute 43, 121
Fulda 63, 82, 84, 107, 206

Gackerstein 128
Gadernheim 32
Gahrenberg 102, 138
Galgenberg 130, 132
Gebaberg 124
Gebrochener Rücken 48
Gehaus 157
Gehegeberg 207
Geiersberg 72
Geisa 63, 122, 208
Geiselstein 128
Geisenheim 227
Geislingen 168

Geislitz 33
Gelnhausen 56, 59, 158, 226
Gembeck 57
Gemünden/Main 24, 182, 183, 184
Gensungen 138
Germerode 139
Geroldstein 159
Gersfeld 124
Gerstungen 219
Gießen 20, 22, 40, 46, 102, 103, 115, 132, 194, 198, 199, 227
Gladenbach 155
Glasberg 32
Glaskopf 40
Gläserzell 218
Gleiberg 132
Goldhausen 49
Gonsenheim 150
Göppingen 170
Göttingen 146
Graburg 81, 154
Grebenstein 138
Greifenstein 122
Grifte 202, 213, 226
Großalmerode 101, 103, 220
Groß-Auheim 131
Großenbach 175, 176, 178, 179, 208
Großenlüder 82, 223
Großenmoor 155
Großenwieseck 227
Großer Badenstein 134
Großer Feldberg 36, 38
Großes Loh 101
Groß-Gerau 158
Groß-Sachsen 32
Groß-Umstadt 53
Großwallstadt 94
Grünberg 24
Gudensberg 110, 138
Gundelfingen 168, 169

Habertshof 175, 176, 178
Habichtswald 112, 136
Hahnenkamm 33
Hähnlein 227
Hailer 56
Haingründau 56
Hainlache 97
Hanau 33, 53, 113, 173, 174
Hangarstein 134
Hann. Münden 209
Hansteingraben 101
Hartenrod 48
Hasenhecke 208
Hasselborn 127
Haßfurt 107, 113, 185
Hattorf 223
Hauberg 128
Heegküppel 182
Heidelberg 24, 29, 53, 168, 169, 231
Heidelstein 80
Heidenhäuschen 121
Heilbronn 168
Heiligenberg 78, 138
Heimboldshausen 208
Heinebach 59
Helfensteine 137
Hellenberg 136
Helsa 138
Heppenheim 155, 227
Herbstein 157, 230
Hering 32
Heringen 63, 64
Herleshausen 208, 226
Herlinghausen 85, 204
Hersfeld 50, 63, 113, 157, 206, 207, 228
Herzberg 58
Heskem 197
Hess. Lichtenau 84, 101
Hettenhausen 28
Heusenstamm 181
Heustreu 226
Hilders 125
Hilpoltstein 210
Hirschberg 102, 138
Hirschhausen 46
Hirschhorn 169
Hirzenhain 46
Hochstadt 181
Hochstädten 31, 32
Höchst 190, 191
Hofheim 13
Hohberg 180
Hohenkirchen 211, 213

Hoherodskopf 125
Hohen-Sachsen 32
Hohenstein 32
Hoher Berg 92, 130, 138
Hoher Hagen 138
Hohes Gras 136, 137
Hohl-Hörstein 87, 92
Hohl-Rückersbach 87, 92
Höllental 50, 57
Holzberg 125
Holzhausen (Knüll) 136
Homberg (Efze) 136
Homburg 226, 227
Hönebach 219
Hopfenberg 208
Hopper Kopf 204
Horbach 94, 130
Hörgrenzhausen 122
Horloff 107
Hornberg 135
Hörre 44
Horst 128
Hübelsberg 122
Hülsa 136
Hümme 212
Hundelshausen 57
Hünfeld 122, 152, 157, 175, 176, 208
Hungen 126, 132, 161, 190
Hutten 129
Hutzdorf 206

Idstein 159, 167
Ihringshausen 207
Ilbeshausen 127, 128
Immenhausen 101
Ippinghausen 202
Isthaberg 137

Jägerhorn 192
Johannisberg 37
Jossa 186, 187
Jugenheim 90

Kaiserstuhl 162, 165
Kalbach 130
Kalsmunt 120
Kaltensundheim 178, 208
Kammerbach 57
Karlshafen 60, 212, 226
Karlsruhe 54, 162
Kassel 81, 100, 112, 207, 211, 226, 228, 230
Kassel a. d. Bieber 131
Katzenbuckel 93, 231
Kehrenberg 136
Kiedrich 227
Kirchhain 213, 214
Kirschhausen 32
Kirschhofen 193, 199
Kissingen 24, 28, 82, 107, 113, 226
Kitzingen 186
Kleine Leuchte 49
Kleinostheim 87
Klein-Steinheim 120, 132
Klingenberg 24, 174, 178
Knüllköpfchen 136
Koblenz 166
Kolmbach 32
Köln 120
Kombach 227
König 228
Königstein 38, 39
Königstuhl 122, 171
Konstein 81, 154
Koppe 122
Korbach 21, 48, 49, 51, 56, 57
Kornfeld 59
Kottenberg 135
Kragenhof 207
Kraichgau 92
Kreßberg 82
Kreuzberg 80, 125
Kreuznach 227
Kripp- u. Hie-Löcher 57
Krontal 227
Kubach 42
Kühkopf 171

Lampertheim 171
Landau 229
Landrücken 113, 128, 176
Landsburg 134
Langd 132
Lauderbach 138

Launsbach 132
Lauterbach 128
Lerchenküppel 125
Leun 122
Lich 102
Lichter Berg 122
Liebenberg 208
Limburg 40, 43, 121, 199
Lindener Mark 22, 40
Listingen 85
Löhnberg 194, 227
Lohr 182, 183, 184
Lohra 227
Londorf 132
Lorch 192
Lorsbach 38
Lorsch 158
Ludwigshafen 171
Ludwigstein 208
Lumda 200
Lützelberg 132

Maar 82
Mader Stein 138
Madstein 130
Mainz 161, 171, 210
Mainzer Berg 53
Malchen (Melibocus) 29, 32, 222
Mannheim 171
Marburg 59, 198
Mardorf 136
Marjoß 186, 187
Markberg 72
Marktbreit 183, 184
Marmorstein 38
Martenberg 48
Martinrode 157
Mauer 171
Mechenhard 174, 177, 180
Meckbach 223
Meiningen 176, 178, 208
Meißner 57, 102, 112, 138
Mengsberg 82
Mergentheim 231
Merkers 157
Merlau 200
Mernes 186, 187
Mespelbrunn 177
Messel 94, 95, 222, 232
Michelstadt 82
Milseburg 124
Miltenberg 173, 174, 178, 184
Montabaur 121
Mosbach 147
Mosheim 136
Mottgers 60, 84, 130
Mühlbach 50
Mühlenkopf 207
Münster 191
Münster am Stein 227
Münzenberg 132, 227
Muschenheim 190

Napoleonnase 132
Nassau 121
Nauheim 24, 132, 226, 227
Naumburg 82, 111, 136
Naurod 93
Neckarbischofsheim 52
Neckarelz 169
Neckarelz-Diedesheim 82
Neckargemünd 170, 171
Nentershausen 58
Neuenhain 135
Neuhof 63, 64, 157, 223
Neu-Isenburg 181, 189
Neunkircher Höhe 29
Neustadt (Bad) 226
Neustadt (Hessen) 213
Neuwied 199
Nidda 132
Nieder-Appenfeld 81
Nieder-Beerfelden 32
Nieder-Florstadt 190
Nieder-Gemünden 132
Niederlahnstein 199
Niedernhausen 167, 193
Nieder-Ofleiden 101
Nieder-Ohmen 103, 132
Nieder-Ramstadt 32
Niederrodenbach 56, 158
Niederseelbach 167
Niederselters 227
Niederwalluf 227

Niederzell 217
Niederzwehren 137
Nierstein 94

Ober-Beerbach 222
Oberberg 86
Oberellenbach 59
Oberhausen 125
Oberhörgern 227
Ober-Leichtersbach 82
Obernburg 94
Oberscheld 46
Oberselters 227
Obervellmar 211
Oberweißenbrunn 125
Oberzell 82
Oberzella 157
Ochsenfurt 184
Ochsenkopf 185
Odenhausen 132
Odensberg 138
Odersbach 193, 199
Oedelsheim 226
Ölberg 138
Oos 51
Oppenrod 191
Orb 130, 226
Ortenberg 152
Ottrau 81
Otzberg 29, 32, 120

Passau 210
Pfaffenhausen 186
Pferdsdorf 157
Pfungstadt 155
Philippsthal 63, 223
Plesse 81, 153
Plochingen 168, 170
Presberg 94

Querberg 94

Rabenkuppe 81
Raboldshausen 81, 136
Rainrod 127
Rasdorf 85
Reddehäuser Berg 196
Reichenbach 32
Reinheim 29, 92, 94, 120
Remsfeld 81
Rentmauer 38
Riesenstein 78
Rimbach 32
Rinnebach 136
Rochusberg 94
Rockenstein 125
Rockensüß 152
Rodenberg 152
Rodheim a. d. Bieber 122
Rohrberg 110
Röllshausen 135
Ronneburg 131
Roßbach 187, 226
Roßberg 94
Roßdorf 94
Rotenburg a. d. Fulda 24, 50, 59, 76, 156
Rotenburg-Brach 223
Rotes Moor 155
Rothenbergen 130
Rothenkirchen 223
Rotläufchen 46
Rottenberg 56
Rückershausen 155
Rüdigheim 134
Ruhlkirchen 50
Rüsselsheim 227

Saalburg 193
Sababurg 138
Sachsenhausen 189
Sackenbach 182
Sackenbacher 182
Sackpfeife 48
Sailauf 175, 177, 178
Salzhausen 102, 226, 230
Salzschlirf 63, 223
St. Goar 165
Schaafheim 150
Schafstein 125
Schannenbach 155
Scharfenstein 138
Schickeberg 154
Schierstein 227

Schiffsweghohl 150
Schippach 174, 177
Schlangenbad 193, 227
Schlierbach 82
Schlitz-Pforch 223
Schlüchtern 63, 74, 80, 102, 113, 130, 153, 157, 175, 176, 215, 217, 246
Schmalnau 205, 206
Schotten 126
Schrecksbach 98
Schriesheim 32, 53, 222
Schwabenhimmel 124
Schwalbach 159, 228
Schwalheim 227
Schwanheim 150
Schwarzenborn 136
Schwarzenfels 82
Schwarzes Moor 155
Schweben 217
Schweinfurt 184
Schweinsberg 134, 155
Schwenningen 170
Selke 51
Selters 226
Siebengebirge 120
Siebertshausen 136
Sieglos 223
Siershahn 122
Simmershausen 213
Singenrain 82
Soden 227
Soden-Salmünster 226
Sommerkahl 56
Sooden-Allendorf 57, 226
Spahl 124
Spangenberg 104, 207
Speele 208, 226
Sporneiche 87, 92
Sprendlinger Horst 29, 53, 92
Stadtallendorf 215
Stadtprozelten 181, 182
Stallberg 122
Stammen 212
Staufenberg 132, 138
Steigerwald 51
Steina 135
Steinau (Kinzig) 80, 82
Steinbuckel 120
Steinernes Haus 124
Steinheim 131
Steinsberg 92
Steinwand 124
Stellberg 136, 138
Stempel 134, 197
Stetteritz 94
Stirnberg 124
Stockstadt 97, 227
Stoppelsberg 120, 132
Strassburg 56
Stucksförst 77
Stuttgart 54, 168, 169, 170
Sünna 157

Tann 102
Taufstein 125, 246
Teufelshöhle 82
Thalitter 49
Tonkautenkopf 217
Trebur 171, 181
Trechtlingshausen 94, 192
Treffurt 24, 81
Treisa 120
Treischfeld 63
Trendelburg 152, 211, 226
Treuchtlingen 210
Treysa 161, 213
Trier 32
Trösel 53
Twiste 77, 204

Uffenbach 56
Uhuklippen 128
Ulm 185
Ulrichstein 128
Unter-Beerbach 222
Untermaßfeld 218
Unterstrütchen 40
Untersuhl 219
Usingen 39, 40, 86
Usseln 204

Vacha 157
Vilbel 190, 228

Vogelskopf 130
Völkers 157
Völkershausen 157
Volkmarsen 85, 110, 112

Wabern 201, 202
Wächtersbach 103, 130, 187
Walburg 81
Waldburghöhe 94
Waldgirmes 46
Waldknüll 136
Wald-Michelbach 56
Waldshut 164, 166
Wallenfels 46
Wallroth 129
Walterstein 38
Wanfried 81, 153, 154
Warburg 82, 84
Waschenbach 32
Wasserberg 77
Wasserkuppe 80, 124, 152, 186
Wattenbach 138
Wehrholz 136
Weida 85
Weidelsburg 136, 202
Weihen 85
Weilburg 40, 42, 46, 193, 194, 215, 222
Weilers 187
Weinheim 53, 56
Weiperz 175, 177, 178, 179
Weißenborn 136
Weißer Stein 71, 75, 171
Weiterode 219
Wellingerode 57
Wenigenhasungen 85
Werleshausen 208
Wernborn 40
Wertheim 182, 184, 188
Wesel 166
Wetzlar 40, 44, 45, 46, 120
Weyhers 82, 84
Wichtelkirche 137
Widdershausen 157
Wiesbaden 24, 148, 227, 228, 230
Wiesbütt 155
Wildungen 22, 49, 228
Wilhelmsteine 46
Willingen 48
Wingertsberg 32
Wirtheim 187
Wisselheim 227
Witzenhausen 50, 57, 81
Wölfersheim 179
Wolfhagen 82, 111, 137
Wolfskehlen 97
Wolkenbrüche 152
Worms 165
Würzberg 72
Wüstegarten 49

Ziegenhain 102
Ziegenrück 78
Zierenberg 110
Züntersbach 82
Zwesten 226
Zwingenberg 29

Naturkundliche Wanderungen in Thüringen

Werner Ernst / Heinrich Weigel
Naturkundliche Wanderungen in Thüringen
1992, 241 Seiten mit zahlreichen, teil farbigen Abbildungen, Kartenskizzen, Blockreliefs und Graphiken, 1 Übersichtskarte, Brosch., DM 19,80/ ÖS 155,-/ SFr 21,-
ISBN 3-89616-085-0

Thüringen, das „grüne Herz Deutschlands", gilt es mit dieser anspruchsvollen naturkundlichen Gesamtdarstellung neu zu entdecken. Kenntnisreich und leicht verständlich werden die Erdgeschichte und Geographie sowie die bunte Pflanzen- und Tierwelt von den Autoren umfassend beschrieben. Bereichert wird die Vorstellung ausgewählter Gebiete durch Geschichten um wunderbare Naturdenkmäler, so zum Beispiel der sagenumwobenen Hörselberge und der märchenhaften Saalfelder Feengrotten. Wanderempfehlungen, Routenbeschreibungen sowie Karten ergänzen das Ganze und begleiten den Leser sachkundig durch die verschiedenartigen und reizvollen Landschaften Thüringens.

Fachwerkbuntes Hessen

Jürgen Weishaupt
Fachwerkbuntes Hessen
1992, 266 Seiten mit 139 Abbildungen, davon 34 in Farbe, geb., DM 44,-/ ÖS 343,-/ SFr 45,30
ISBN 3-89616-110-5

Jürgen Weishaupt stellt in Wort und Bild die schönsten, historisch bedeutendsten und außergewöhnlichsten Fachwerkbauten und -ensembels im „Fachwerkland Hessen“ vor, wo mehr als in anderen Landschaften diese Bauweise das Bild der Städte und Dörfer prägt. Seine detailgenauen kunsthistorischen und baugeschichtlichen Beschreibungen bereichert der Autor um zahlreiche interessante, oft auch amüsante Geschichten über die Bauwerke und deren Bewohner. Vor dem Leser und Betrachter breitet sich so ein buntes Panorama einer einzigartigen deutschen Baulandschaft aus.